U0875253

混凝土结构耐久性丛书

锈蚀混凝土构件的承载性能评估与设计

李富民　著

中国铁道出版社

2011年·北京

内 容 简 介

本书以工程结构的工作体系为线索，重点论述混凝土中钢筋的锈蚀原理与特征、锈蚀钢筋力学性能退化规律及概率强度预计模型、锈蚀钢筋黏结性能退化规律及预计模型、锈蚀混凝土构件的结构性能退化规律、锈蚀混凝土构件承载力评估与设计方法等内容。本书是作者近年来从事混凝土结构耐久性、尤其是其中钢筋锈蚀行为以及锈蚀结构抗力衰变规律与模型等问题的研究工作总结。

本书可供土木工程专业领域的科学研究人员、工程技术人员及研究生、本科生参考使用。

图书在版编目(CIP)数据

锈蚀混凝土构件的承载性能评估与设计／李富民著.
北京：中国铁道出版社，2011.4
(混凝土结构耐久性丛书)
ISBN 978-7-113-12426-7

Ⅰ.①锈… Ⅱ.①李… Ⅲ.①钢筋混凝土结构-结构构件-承载力-评估②钢筋混凝土结构-结构构件-承载力-结构设计 Ⅳ.①TU37

中国版本图书馆 CIP 数据核字(2010)第 259417 号

书　　名：混凝土结构耐久性丛书
锈蚀混凝土构件的承载性能评估与设计
作　　者：李富民　著

策划编辑：时　博
责任编辑：时　博　　电话：010-51873141　　电子信箱：crph@163.com
封面设计：冯龙彬
责任校对：孙　玫
责任印制：郭向伟

出版发行：中国铁道出版社（100054，北京市宣武区右安门西街 8 号）
网　　址：http://www.tdpress.com
印　　刷：三河市华丰印刷厂
版　　次：2011 年 4 月第 1 版　2011 年 4 月第 1 次印刷
开　　本：720 mm×1 000 mm　1/16　印张：15　字数：292 千
书　　号：ISBN 978-7-113-12426-7
定　　价：38.00 元

版权所有　侵权必究

凡购买铁道版的图书，如有缺页、倒页、脱页者，请与本社读者服务部调换。
电　　话：市电（010）51873170，路电（021）73170（发行部）
打击盗版举报电话：市电（010）63549504，路电（021）73187

《混凝土结构耐久性丛书》序

我国正处于土木工程基础设施大规模建设阶段，钢筋混凝土材料仍是土木工程基础设施中最重要的建筑材料，水泥基混凝土用量已达到人均世界第一的水平。但是，我们必须清醒地看到，土木工程基础设施的百年大计问题，特别是混凝土结构耐久性方面，尚有很多问题需要去解决。值得庆幸的是，混凝土结构的耐久性问题不仅得到学术界的重视，而且也得到工程界的关注。在混凝土结构耐久性设计方法、使用寿命预测，以及既有结构耐久性加固修复等方面，学术界已开展了广泛的研究，同时在工程实践过程中，特别是重大工程，其耐久性问题也得到高度重视。

中国矿业大学混凝土结构耐久性课题组在国家自然科学基金的多次资助下，经过十余年的不懈努力，在混凝土结构耐久性方面获得了较系统的研究成果，在国内外重要学术刊物和重要学术会议上发表了近百篇论文。为进一步推动混凝土结构耐久性研究的深入开展，现将本课题组所得到的研究成果汇总成这套丛书。

本丛书所论述的混凝土结构耐久性问题主要包括两个方面：一是大气环境氯盐侵蚀引起的地面混凝土结构钢筋锈蚀耐久性问题；二是岩土环境硫酸盐侵蚀引起的地下结构混凝土腐蚀耐久性问题。

丛书由以下五部著作组成：

(1)钢筋混凝土的全寿命过程与预计

(2)混凝土构件的钢筋锈蚀与退化速率

(3)锈蚀混凝土构件的承载性能评估与设计

(4)锈蚀混凝土结构的耐久性修复与保护

(5)地下结构混凝土硫酸盐腐蚀机理及性能退化

前四部著作以论述大气环境氯盐侵蚀引起混凝土内钢筋锈蚀所产生的一系列耐久性问题为主线，分别从不同角度、途径对此进行深入论述，相互之间又存在着衔接、递进的关系。著作(1)将钢筋起始锈蚀条件、钢筋锈胀力分布和发展、钢筋锈胀开裂预计和锈胀开裂后的锈蚀演进联系起来，考察混凝土结构的全寿命过程，提出钢筋锈蚀速率变化的时变模型，可以预计全寿命过程的各个时段长度。著作(2)通过混凝土内钢筋锈蚀速率的研究，将混凝土结构的服役时间、锈蚀程度联系起来；在基本电化学预测模型基础上，综合构件受荷载作用引起横向裂缝的影响，以及构件钢筋骨架配筋的影响；钢筋锈蚀速率模型可以预测与时间相关的钢筋锈蚀量。著作(3)基于人工气候和自然气候氯盐侵蚀环境的试验研究，论述了普通混凝土结构和预应力混凝土结构内钢筋的力学性能及黏结性能以及构件结构性能的退化规律，建立与锈蚀程度相关的钢筋强度与构件承载能力预计概率模型，提出锈蚀混凝土构件承载性能评估与设计的体系与方法。著作(4)论述混凝土结构的耐久性修复问题,其中重点考虑本体混凝土与修复材料之间存在的早期物理、力学性能与电化学性能相容性问题;如不很好解决加固修复中的不相容问题,将不能达到恢复结构耐久性的目的。

著作(5)以地下混凝土结构为对象,考虑岩土环境硫酸盐侵蚀作用,介绍混凝土受硫酸盐腐蚀的试验和检测方法,论述侵蚀物类型、浓度、地下水压力以及荷载应力等因素对混凝土腐蚀速率的影响,建立混凝土腐蚀速率预计模型;论述混凝土强度及黏结性能,以及构件结构性能的退化规律,提出受硫酸盐腐蚀构件结构性能评估方法及抗硫酸盐腐蚀的设计建议。

《混凝土结构耐久性丛书》的作者均是本课题组主要研究人员。每部著作均以作者本人研究成果为主,同时还综合历届研究生相应成果撰写而成;另外,为达到论述系统、便于阅读的目的,每部著作还兼顾介绍了有关的背景和基础知识。

感谢国家自然科学基金会对《混凝土结构耐久性丛书》相关研究工作的资助,感谢中国矿业大学深部岩土力学与地下工程国家重点实验室和煤矿深井建设技术国家工程实验室对本丛书出版的资助。

中国矿业大学教授

2010 年 8 月

前　言

随着我国建设规模和领域的不断扩大，大量土木工程结构已经或即将建造在海洋环境、盐湖环境、盐碱环境、除冰盐环境、腐蚀工业环境、高湿大气环境等各种侵蚀环境中。而侵蚀环境作用引起的耐久性问题相当突出，在土木工程科学研究领域，目前已逐渐将重心由结构初期强度与变形问题转到结构耐久性问题上来。

中国矿业大学混凝土结构耐久性课题组在袁迎曙教授的带领下，经过十余年的不懈努力，在侵蚀环境作用及其响应规律与定量模型、结构抗力衰变规律与定量模型、结构性能评估与全寿命周期设计理论、侵蚀环境作用与地震作用耦合下的结构性能退化规律等方面开展了较为系统的研究工作。作者近年来有幸参与其中，重点对混凝土结构(包括预应力混凝土结构)中钢筋的锈蚀行为以及结构抗力衰变规律与定量模型等问题进行了研究，本书便是对其中主要研究工作的总结。

本书的论述对象涉及普通混凝土结构和预应力混凝土结构；将所研究的混凝土结构耐久性问题纳入到整个结构工作体系框架中去进行论述，问题的来龙去脉比较清楚；从概率角度建立锈蚀钢筋的强度指标模型，并以此为基础论述锈蚀环境混凝土构件承载能力评估与设计方法，这一思想与目前广为采用的实用概率极限状态方法相一致；分别论述锚固区段和裂缝区段锈蚀钢筋与混凝土的黏结性能，使不同的黏结问题对构件的影响情况更加明了。

本书在写作过程中得到恩师袁迎曙教授的悉心指导、帮助和审阅；得到课题组吴庆博士、李学田硕士、马欢硕士、陈瑞硕士、王旭光硕士提供的数据和资料支持；得到课题组姬永生老师、耿欧老师、李果老师、杜健民老师的细心审阅。另外，本书在写作中还参阅、引用了大量本课题组其他研究生及国内外专家的有关文献资料。作者对上述各方面的帮助表示衷心感谢！

本书写作虽然倾注了作者艰苦的努力，但作者依然深知，本书内容只是混凝土结构耐久性研究中的沧海一粟，且其中定有不妥甚至错误之处，如能得到读者不吝指教并能起到抛砖引玉之作用，则作者甚慰矣！

李富民

符号与注释

a——导温系数;剪跨

B——横截面抗弯刚度

D——豪斯道夫分形维数

d_s——钢筋直径

e_0——偏心受压试件的初始偏心距

E_{cri}——临界破裂电位

$E_{pm,0}$——未锈蚀预应力钢筋的弹性模量平均值

$E_{pm,c}$——锈蚀预应力钢筋的弹性模量平均值

$E_{sm,0}$——未锈蚀钢筋的弹性模量平均值

$E_{sm,c}$——锈蚀钢筋的弹性模量平均值

F——拉拔荷载

$F_{aud,c}$——锈蚀主筋与混凝土之间的极限黏结承载力

f_{bg}——钢筋与混凝土的胶着强度

f_{br}——钢筋与混凝土的黏结残余强度

f_{bu}——钢筋与混凝土的极限黏结强度

f_{ck}——混凝土轴心抗压强度标准值

f_{cp}——受压混凝土的轴心抗压强度概率取值

f_{cuk}——混凝土立方体抗压强度标准值

f_{cum}——混凝土立方体抗压强度平均值

f_{dr}——预应力混凝土梁的残余挠度

f_{du}——混凝土梁的极限挠度

f_{dy}——普通混凝土梁的屈服挠度;预应力混凝土梁的初始强化挠度

$f_{pt,c}$——锈蚀预应力钢筋的极限抗拉强度设计值

$f_{ptk,0}$——未锈蚀预应力钢筋的极限抗拉强度标准值

$f_{ptk,c}$——锈蚀预应力钢筋的极限抗拉强度标准值

$f_{ptm,0}$——未锈蚀预应力钢筋的极限抗拉强度平均值

$f_{ptm,c}$——锈蚀预应力钢筋的极限抗拉强度平均值

$f_{py,0}$——未锈蚀预应力钢筋的条件屈服抗拉强度设计值

$f_{py,c}$——锈蚀预应力钢筋的条件屈服抗拉强度设计值

$f_{pyk,c}$——锈蚀预应力钢筋的条件屈服抗拉强度标准值

$f_{pym,0}$——未锈蚀预应力钢筋的条件屈服抗拉强度平均值

$f_{pym,c}$——锈蚀预应力钢筋的条件屈服抗拉强度平均值

f_{tk}——混凝土轴心抗拉强度标准值

f_{tp}——混凝土的轴心抗拉强度概率取值

$f_{um,0}$——未锈蚀普通钢筋的极限强度平均值

$f_{um,c}$——锈蚀普通钢筋的极限强度平均值

f_{uc}——锈蚀钢筋的极限强度

f_{yc}——锈蚀钢筋的屈服强度

$f_{y,0}$——未锈蚀普通钢筋的屈服强度设计值

$f_{y,c}$——锈蚀普通钢筋的屈服强度设计值

$f_{yk,0}$——未锈蚀普通钢筋的屈服强度标准值

$f_{yk,c}$——锈蚀普通钢筋的屈服强度标准值

$f_{ym,0}$——未锈蚀普通钢筋的屈服强度平均值

$f_{ym,c}$——锈蚀普通钢筋的屈服强度平均值

$f'_{yp,c}$——锈蚀普通受压钢筋的名义屈服强度概率取值

$f_{yvp,c}$——锈蚀箍筋的名义抗拉强度概率取值

$i_{e,m}$——电化学极化控制下混凝土内整个钢筋表面上的平均腐蚀电流密度

$i_{lim}^{O_2}$——氧浓差极化控制下混凝土内整个钢筋表面上的平均腐蚀电流密度

K_{ISCC}——I 型裂纹应力腐蚀临界应力强度因子

k_{Emn}——锈蚀钢筋的名义弹性模量平均值退化系数

k_{umn}——锈蚀钢筋的名义极限强度平均值退化系数

k_{ymn}——锈蚀钢筋的名义屈服强度平均值退化系数

l_a——黏结长度

l_p——混凝土梁斜裂面水平投影长度

M_u——梁的极限弯矩

$M_{up,c}$——锈蚀混凝土构件正截面受弯承载力概率取值

M_y——梁的屈服弯矩

$N_{up,c}$——锈蚀混凝土构件正截面压弯承载力概率取值

$N(\varepsilon)$——分形体系中在测量单元尺度 ε 下测量到的单元数

p_f——锈蚀钢绞线的断裂失效概率

q_0——配筋指标

R——锈蚀钢绞线断裂抗力

R^2——确定系数

S——锈蚀钢绞线断裂效应;黏结滑移

S_f——自由端的黏结滑移

S_l——加载端的黏结滑移

S_u——极限黏结滑移

$V_{up,c}$——锈蚀混凝土受弯构件斜截面抗剪承载力概率取值

w——裂缝宽度

w_C——碳钢中的含碳量

x——黏结位置

x_c——混凝土受压区高度

x_p——锈蚀混凝土构件正截面等效矩形应力图形的混凝土受压区高度

Z——锈蚀钢绞线断裂功能函数

α——假设检验中的显著性系数

α_c——锈蚀受拉钢筋强度利用系数

α_{umn}——锈蚀钢筋的名义极限应变平均值退化系数

β——可靠指标

δ——钢筋平均锈蚀深度

δ_{cu}——混凝土立方体抗压强度变异系数

$\delta_{m,0}$——未锈蚀钢筋的延伸率平均值

$\delta_{m,c}$——锈蚀钢筋的延伸率平均值

$\delta_{y,0}$——钢筋未锈蚀时的屈服强度统计变异系数

ε——分形体系中测量单元的尺度

$\varepsilon_{pum,0}$——未锈蚀预应力钢筋的极限应变平均值

$\varepsilon_{pum,c}$——锈蚀预应力钢筋的极限应变平均值

ε_s——钢筋的应变

ε_{sc}——锈蚀钢筋的应变

ε_{shc}——锈蚀钢筋的初始强化应变

ε_{suc}——锈蚀钢筋的极限应变

ε_{syc}——锈蚀钢筋的屈服应变

$\varepsilon_{um,0}$——未锈蚀普通钢筋的极限应变平均值

$\varepsilon_{um,c}$——锈蚀普通钢筋的极限应变平均值

ε_v——Mises 应变

$\varepsilon_{v,u}$——极限 Mises 应变

ϕ——曲率

$\Phi(\cdot)$——标准正态函数

γ_0——结构重要性系数

γ_{mn}——锈蚀钢筋的延伸率平均值的退化系数

γ_{Rd}——承载力计算模型不定性系数

γ_s——钢筋的材料分项系数

γ_{Sd}——作用效应计算模型不定性系数

η_s——钢筋的平均锈蚀率

λ——导热系数;剪跨比

μ_R——锈蚀钢绞线断裂抗力平均值

μ_{lnR}——锈蚀钢绞线断裂抗力对数的平均值

μ_S——锈蚀钢绞线断裂效应平均值

μ_{lnS}——锈蚀钢绞线断裂效应对数的平均值

ν'——等效波松比

ρ_{sv}——配箍率

$\rho_{svp,min}$——截面容许最小配箍率概率取值

$\sigma_{0.2}$——条件屈服应力

σ_d——钢绞线钢丝疲劳断裂时的纵向剥离应力

σ_n——钢筋的名义应力

σ_{pe}——预应力钢筋有效预应力

σ'_{p0}——受压区预应力钢筋合力点处混凝土法向应力等于零时的预应力钢筋应力

σ'_{pk}——混凝土构件内受压区高强预应力钢筋的计算应力标准值

σ_{sc}——锈蚀钢筋的应力

目　　录

Contents

第1章 绪　论

混凝土结构的出现改变了人类建造活动的历史。今天，一栋栋高楼直插云霄，一座座桥梁横亘天堑，一条条隧道穿越山水，一道道大坝截断云雨……混凝土结构正承载着人们的空间梦想驰骋纵横。

然而，另外一个事实却也逐渐被人们发现：正如人类自身一样，混凝土结构也逃脱不了生老病死的宿命。随着服役环境的不断恶化，混凝土结构的寿命也在不断缩减，五十年，三十年，二十年，甚至一两年，许多结构的寿命之短令人吃惊。因此，当我们一方面为混凝土结构带来的空间成就而欢欣鼓舞之时，另一方面却要为其耐久性退化而大伤脑筋。

根据美国标准局（NBS）1975 年的调查，美国全年各种因建筑物腐蚀造成的损失为 700 多亿美元[1]；美国材料咨询委员会（NMAB）1987 年的年度报告中指出，有 253 000座混凝土桥处于不同程度的损伤，且以每年35 000座的速度在增加[2]；1991 年用于修复由于耐久性不足而损坏的桥梁就耗资 910 亿美元[3]。英国每年用于修复钢筋混凝土结构的费用达 200 亿英镑，而日本目前每年仅用于房屋结构维修的费用即达 400 亿日元[3]。在我国，混凝土结构耐久性的问题也十分严重，据 1986 年国家统计局和建设部对全国城乡 28 个省、市、自治区的 323 个城市和5 000个镇进行普查的结果，当时我国已有城镇房屋建筑面积 46.76 亿 m^2，已有工业厂房约 5 亿 m^2，这些建筑物中约有 23 亿 m^2 需要分期分批进行评估与加固，而其中半数以上急需维修加固之后才能正常使用[4]。

最近几十年来，中国持续进行着大规模的基础设施建设活动，其建设规模居世界之首，每年新建建筑约 20 亿 m^2，其中以混凝土结构所占比重最大。据统计，中国每年混凝土用量约为 10 亿 m^3，钢筋用量约为 2 500 万 t，水泥和钢材用量占全世界总用量的 40% 左右。如此大规模的工程建设活动，如果不认真考虑耐久性问题，则会带来巨大的资源浪费和环境污染，给人类社会的发展带来不可估量的损失。

《混凝土结构耐久性设计规范》（GB/T 50476—2008）对结构耐久性的定义是：在设计确定的环境作用和维修、使用条件下，结构构件在设计使用年限内保持其适用性和安全性的能力[5]。根据此定义，耐久性问题实际上是环境作用引起的适用性和安全性问题，它与力学作用引起的适用性和安全性问题共同形成了工程结构工作体系中的基本问题。因此，研究结构的耐久性问题，应当将其纳入到整个结构工作体系框架中去，根据整个结构工作体系框架的内在逻辑关系研究耐久性问题的各个环节。

1.1 工程结构的工作体系

工程结构是存在于空间和时间坐标之中的物理、化学实体。在空间坐标中，工程结构处于空间环境的包围之中，因此必定要受到空间环境的作用，其中对工程结构产生不利影响的空间环境作用主要包括力学环境作用和侵蚀物质环境作用，前者惯称力学作用，后者惯称环境作用。在时间坐标中，工程结构承受着其所在时段的直接作用。另外，在工程结构内部，有时会存在一些化学活性物质（例如活性骨料），它们会与其他物质（例如碱）发生化学反应而使材料受到损伤，这是一种工程结构内部自身发生的反应，可视作结构的内部作用。由于这一作用与前述侵蚀物质环境作用同属于耐久性范畴，因此，为了便于表达，这里将活性骨料作用也归到侵蚀物质环境作用中。空间环境作用和时间作用是相辅相成、互不可缺的一对共同体，二者均不可独立存在。空间环境作用需要时间作用作为保障，时间作用需要以空间环境作用为依托。空间环境作用和时间作用共同形成了结构作用。为了便于阐述，下面的讨论并不对空间环境作用和时间作用分别进行，而是直接讨论空间环境作用（包括惯称的力学作用和环境作用），但其中暗含着时间作用的耦合。

工程结构在受到结构作用以后，就会产生结构响应。相应于环境作用和力学作用，结构响应也包括环境作用响应和力学作用响应，二者来源不同但却相互影响。例如，环境作用响应中钢筋的锈蚀会影响到力学作用响应中钢筋应力场、应变场的大小与分布，力学作用响应中混凝土的损伤场和开裂又会影响到环境作用响应中结构内部水汽场、氧气场、碳化场、氯离子分布场的浓度与分布。另外，环境作用和力学作用又都可以分解为一级响应和二级响应，一级响应属于无损伤性响应，直接由结构作用引起，如环境作用响应中结构内部氯离子分布场、力学作用响应中结构内部应变场等；二级响应属于损伤性响应，由一级响应演化至局部出现损伤后转化而来，如环境作用响应中结构内部钢筋锈蚀属于二级响应，它是由结构内部水汽场、氧气场、碳化场、氯离子分布场等一级响应演化而来；力学作用响应中混凝土的开裂属于二级响应，它是由结构内部混凝土的应力场、应变场等一级响应演化而来。

作为物理化学实体，工程结构本身具有用以抵抗结构响应的结构抗力。与环境、力学作用响应相对应，结构抗力也包括环境抗力和力学抗力。环境抗力主要由混凝土的孔结构、结构材料的耐蚀性、结构与防护构造所形成，用以抵抗各种环境作用响应在结构内部的扩张与发展。力学抗力主要由结构材料强度、极限应变、刚度及几何构成所形成，用以抵抗力学作用响应发展引起的结构失效，也用以抵抗二级环境作用响应中混凝土的损伤和锈胀裂缝发展。结构抗力对结构响应的抵抗效果需要由定量计算反映，基于安全性和适用性的要求，在设计使用年限内，结构抗力不能小于结构响应。需要强调的是，结构抗力不小于结构响应并不是确定关系，而是概率关系。

值得注意的是，由于各种二级结构响应（如钢筋锈蚀、混凝土损伤、混凝土开裂等）属于损伤性响应，因此还会引起结构抗力的退化。

根据上述分析，工程结构的工作体系由四部分构成，即作为物理化学实体的工程结构本身、结构作用、结构响应和结构抗力。结构作用作用于工程结构上，工程结构就会产生结构响应，同时，工程结构所具备的结构抗力用以抵抗结构响应，而结构响应中的二级响应又会引起结构抗力退化。上述关系如图 1—1 所示。

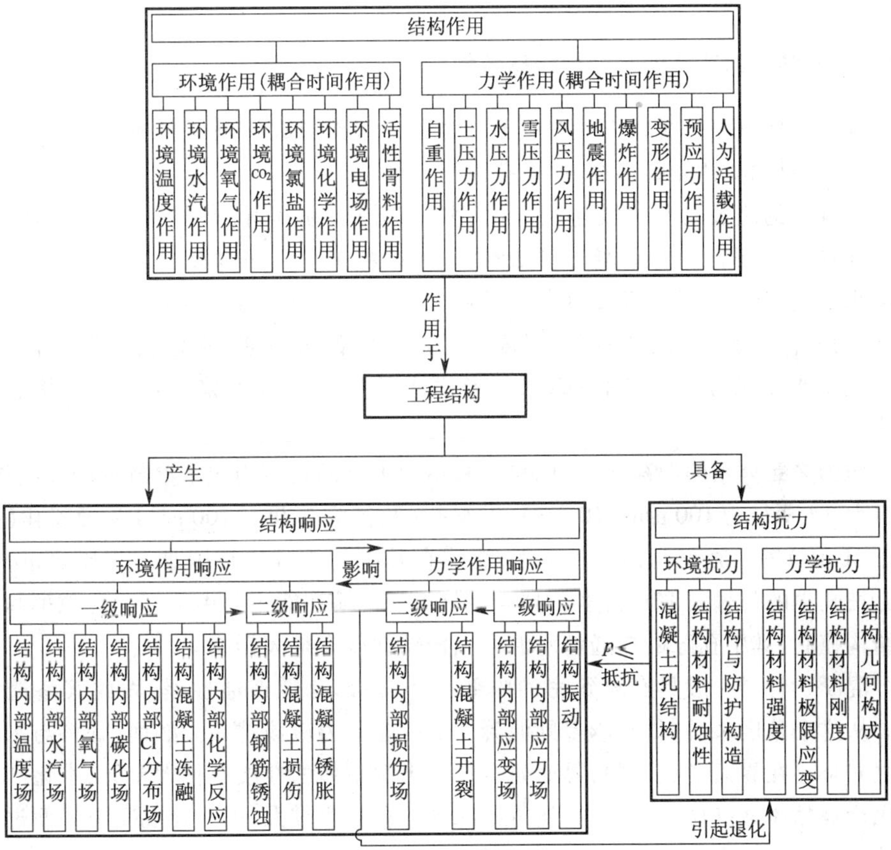

图 1—1　工程结构工作体系

1.2　环境作用及其响应规律概述

结构作用主要研究作用机理、作用方式、作用的随机特性以及作用定量模型。力学作用的相关研究已经取得了较好的结果，大多数力学作用都有了考虑随机特性的定量模型，因而总体上达到了工程应用的水平；相比之下，环境作用的研究总体比较滞后，大多研究工作都简化甚至避开了对环境作用本身的研究。

结构响应主要研究各种作用引起的响应机理及响应分布模型。力学作用响应是传统工程结构领域关注的重点，目前已有多种力学理论和有限元方法可以用来求解力学作用响应，工程应用水平很高；关于环境作用响应的研究是近年来的热点问题，但大多数研究成果都是基于简化的环境作用模型或响应机理所得，与实际复杂环境作用下的响应还有一定差别。

由于工程结构大多力学问题属于超静定问题，因而力学作用响应往往受到力学抗力分布的影响。环境作用问题与之相似，许多环境作用响应也要受到环境抗力的影响，尤其是受到其中混凝土孔结构的影响。

1.2.1 混凝土的孔结构与介质传输特性

混凝土是由胶结材料将骨料粒子黏合在一起而形成的坚硬整体，它是具有强度和其他物理、化学性能的多组分、多孔隙复合体系。

混凝土的组成材料主要包括水泥、水、粗骨料、细骨料，有时还包括适当的掺合料和外加剂。硬化后的混凝土包括水泥、分散粒子和界面过渡层，从尺度上可以分为纳米级、微米级、毫米级及更大的尺度。水泥的尺度是最小的，主要由纳米级的CSH 凝胶体和凝胶孔组成；稍大尺度的是微米级的水泥浆，它包括水泥水化产物、未水化的水泥颗粒和毛细孔；毫米级及更大的尺度由水泥浆、粗细骨料及空气泡组成。

作为多孔体系的混凝土，不同尺度和不同类型的孔隙构成了混凝土的孔结构，包括粗大孔（孔径为 100 μm ~ 10 mm）、毛细孔（孔径为 0.05 ~ 100 μm）及凝胶孔（孔径小于 50 nm）等。凝胶孔孔径非常小，流体在其中的传输比较困难。相比之下，流体在毛细孔中的传输要容易得多，因此，混凝土的传输性能主要由毛细孔孔隙率和毛细孔结构控制，其中孔隙的连通性对混凝土传输性能有很大影响。

混凝土骨料一般具有较致密的内部结构，内部孔隙连通性差，因此其渗透性较低。从这个角度来讲，骨料越多则混凝土的传输能力应该越差。然而，骨料与水泥浆体之间是存在界面过渡区的，界面处骨料与水泥浆体的性质有很大差异，水化产物氢氧化钙等晶体又有显著的取向，使得此区域的孔隙率较大，因而使混凝土界面过渡区的传输能力大幅度提高。因此，当骨料体积分数较大时，界面过渡区很容易形成高渗透性的传输路径。

混凝土微结构的复杂性决定了其传输性能的复杂性，流体和其他离子在混凝土中的传输性能，一方面在很大程度上取决于浆体的孔隙率、孔径分布、孔连通性及孔曲折度等孔结构特征，另一方面又与浆体和骨料间的界面微结构密切相关。而混凝土孔结构与界面微结构又是由混凝土所用材料的种类及其体积分数、水泥的水化程度及混凝土的制备工艺等因素决定的，例如混凝土中含有的矿物粉体将大大改善混凝土孔结构和界面结构，从而使混凝土的传输性能发生质的改变。值得注意的是，混凝土孔隙率提高并不意味着其渗透性和传输性就一定会提高，因为如果不连通孔隙很多、孔系曲折度也很高，混凝土的渗透性和传输性一样会很低。

此外，水泥石水化硬化产生的化学减缩、水泥水化产生的内外温度梯度、混凝土内部水分蒸发引起的干燥收缩等原因引起的体积变化等因素，使混凝土在凝结硬化过程中表面和内部会形成许多微裂缝。微裂缝的存在也会影响到混凝土的传输性能。

1.2.2 温度作用及其响应规律

许多环境作用响应问题都要受到混凝土内部温度的影响。混凝土内部温度本身又是对环境温度作用的响应，这一响应过程实际是混凝土与环境之间的热量传输过程。由于混凝土材料本身所具有的热工属性，混凝土内部响应温度总是滞后于环境温度。

热量传输的基本方式有热传导（导热）、热对流和热辐射。在均质物体中，每一种热量传输方式都有经典的传热方程进行求解[6]，一个复杂的传热问题往往是三种基本传热方式的组合。

1.2.2.1 混凝土的热物理性质

（1）导热系数：导热系数 λ 可定义为[6]

$$\lambda = -\frac{\vec{q}}{\frac{\partial t}{\partial x}\vec{n}} \tag{1—1}$$

式中 $\vec{q}$——空间热流密度矢量；

$\partial t/\partial x$——物体沿 x 方向的温度变化率；

$\vec{n}$——通过该点的等温线上的法向单位矢量，指向温度升高的方向，数值上等于在单位温度梯度作用下物体内热流密度矢量的模。

导热系数是表征材料导热性能优劣的参数，是物体固有的属性之一，其单位为W/(m·K)，其值大小主要取决于组成材料的成分、内部结构、温度、压力等。普通混凝土的导热系数一般为1.0～3.6[7]。对混凝土材料而言，影响其导热系数的主要因素有骨料种类、容重、温度、含水率等。

骨料的矿物学特征对混凝土的导热系数影响较大。一般来说，玄武岩与粗面岩的导热系数低，白云岩与石灰岩的导热系数中等，石英岩的导热系数最高。

混凝土的导热系数还与容重密切相关。一般情况下，材料容重越大，导热系数就越高，这是由于混凝土固体材料中含有充满空气的孔隙，而气体的导热系数通常均小于固体的导热系数。

在一定温度范围内，导热系数是温度的线性函数。由于土木工程中常用混凝土结构一般处于常温范围内（0℃～80℃），温度对导热系数的影响较小，计算中一般取为定值。

混凝土的导热系数受含水率的影响较大。由于水分的渗入,代替了相当一部分空气,使其附加了水蒸气的扩散热量和液态水所传导的热量,使导热系数增大。处于干燥状态的混凝土导热系数约为含水状态时的0.6～0.7倍。

(2)导温系数:反映物体温度变化快慢的参数,是物体本身固有的属性,只在非稳态的加热或冷却过程中才显示其作用。导温系数 a 定义为[6]

$$a = \lambda/\rho c \tag{1—2}$$

式中 λ——导热系数;

ρ——密度;

c——比热;

ρc——热容量。

若物体的导温系数值大,表示热容量小或导入热量多。对于单位体积的物体而言,其温度变化所需的热量小而导进的热量又多时,其温度变化就快。对于整体而言,由于物体单位体积温度变化所需热量小,可以把多余的热量迅速传给周围物体,使它们的温度快速变化,热量扩散速度大。相反,若导温系数值小,则物体温度变化慢,内部温度变化慢,热量扩散速度小。

表1—1为某些温度下混凝土的导温系数值。

表1—1　混凝土的导温系数随温度变化情况[8]

T(℃)	0	100	250	500	750	1 000
a($\times 10^{-7}$ m^2/s)	7.365	6.625	5.922	4.764	3.889	3.431

(3)比热:是指单位质量的物体,温度升高或降低1K所吸收或放出的热量,其单位为J/(kg·K)。普通混凝土的比热一般为840～1 050 J/(kg·K)。

一般而言,材料的比热随温度升高而略有上升,但在土木工程实践中,常将材料的比热看成是不随温度变化的。影响混凝土比热的主要因素包括:骨料种类、用量、含水率等。对于一个确定的组成,混凝土材料的湿度提高,其比热增加,这是因为水的比热对其产生了影响。

1.2.2.2　恒定环境温度作用下混凝土内部温度响应规律

文献[9]研究了人工气候恒定环境温度、不同相对湿度下混凝土内部不同深度处的温度响应规律(图1—2、图1—3),结果表明:

(1)混凝土内部温度响应滞后于环境作用温度,且混凝土内部越深处滞后效应越明显。

(2)混凝土内部温度的增长过程大致可分为三个阶段:第一阶段是快速、接近线性的增长阶段,这一阶段所需时间较短,大约为60 min;第二阶段是增速不断减慢的增长阶段,这一阶段所需时间也较短,大约为100 min;第三阶段是慢速、接近线性的趋近阶段,这一阶段所需时间较长,大约为500 min以上。

(3)环境湿度越大,混凝土内部温度增长越快,并主要体现在第一阶段上。

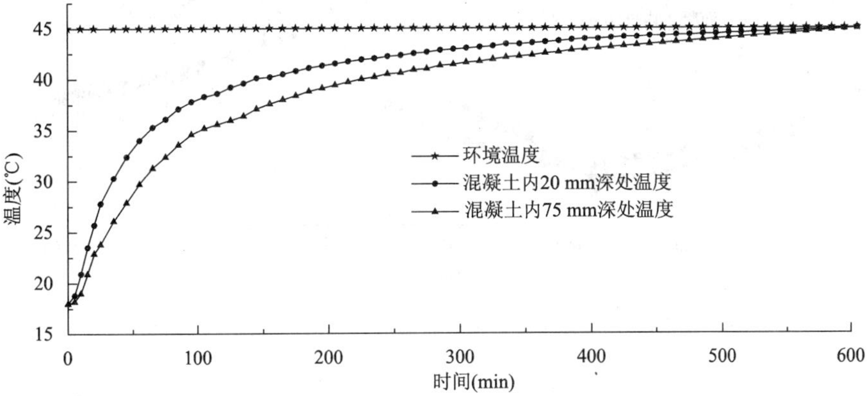

图 1—2 混凝土内不同深度处温度响应曲线[9]

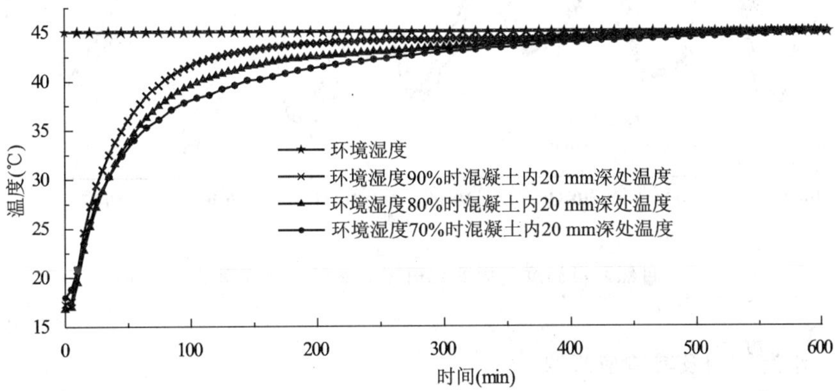

图 1—3 不同环境湿度下混凝土内温度响应曲线[9]

1.2.2.3 自然环境温度作用下混凝土内部温度响应规律

文献[9]对徐州地区自然环境温度作用下混凝土内部温度响应规律进行了试验研究(图 1—4、图 1—5),试验时间为 2006 年 10 月,混凝土内部温度测试点距离混凝土表面 20 mm。研究结果表明:

(1)混凝土内部温度变化曲线与环境温度变化曲线的趋势相同,二者均接近于正弦曲线。

(2)混凝土内部温度变化幅度小于环境温度变化幅度,说明混凝土与环境之间的热交换存在热阻。

(3)混凝土内部温度日最低值(出现在 8:00 左右)和最高值(出现在 16:00 左右)均比环境温度日最低值(出现在 6:00 左右)和最高值(出现在 14:00 左右)滞后 2 h 左右。

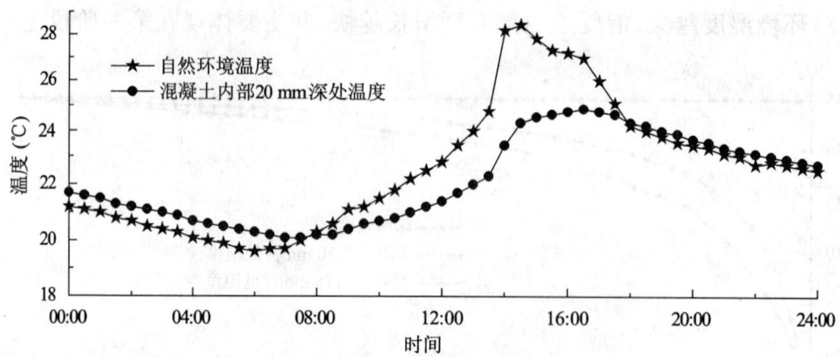

图 1—4　自然环境温度昼夜变化引起的混凝土内部温度响应曲线[9]

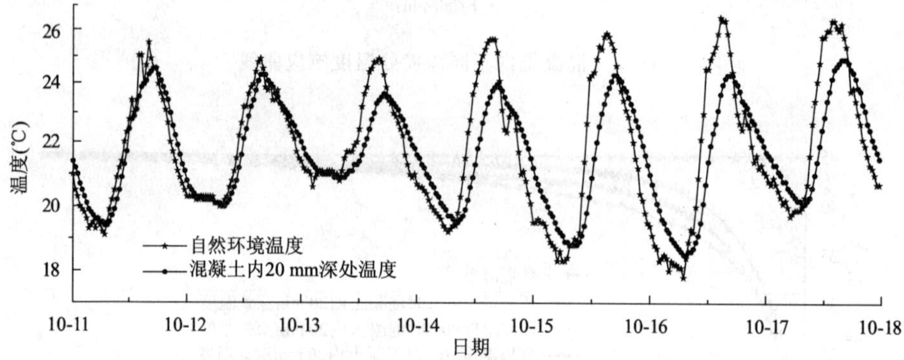

图 1—5　自然环境温度一周变化引起的混凝土内部温度响应曲线[9]

1.2.3　水汽作用及其响应规律

许多环境作用响应问题都要受到混凝土内部水汽的影响。目前条件下,混凝土内部水汽含量往往近似采用湿度来反映。混凝土内部湿度本身又是对环境湿度作用的响应,这一响应过程实际是混凝土与环境之间的湿气传质过程。受混凝土材料本孔隙结构和界面特性影响,混凝土内部响应湿度总是严重滞后于环境湿度。

根据混凝土内部湿度与外界环境湿度的关系,水分在混凝土内部迁移可分为三种典型过程:干燥环境下的散湿过程、潮湿环境下的非饱和吸水过程以及浸泡环境(甚至存在水压力梯度)下的液相流动过程。

干燥环境下的散湿过程本质上是一种非稳态湿热平衡过程。传统研究采用扩散理论来近似描述这一过程中混凝土内部水分迁移过程。

潮湿环境下的非饱和吸水过程主要受毛细作用影响。毛细吸附是由混凝土毛细孔的表面张力引起的液体传输,混凝土表层含水率越低,毛细吸附作用就越大。被吸入的水分随后将以渗透方式向内部迁移。

浸泡环境下的液相流动过程中的水分迁移为典型的渗透迁移。

文献[9]研究了人工气候恒定环境湿度、不同温度下以及徐州地区自然气候环境下混凝土内部湿度响应规律(图1—6～图1—8),结果表明:

(1)人工气候恒定环境条件下,混凝土内部湿度响应速率随时间推移逐渐减慢,环境温度对混凝土内部湿度响应速率影响较大。温度越高,初期湿度增长越快,内外达到平衡所需的时间也越短。环境湿度对混凝土内部湿度响应速率影响也较明显。环境湿度越高,混凝土内部初期湿度增长越快。然而,较高的环境湿度使得其与混凝土内部初始湿度的差值也更大,因此内外达到平衡所需的时间也更长。

(2)自然气候环境条件下,混凝土内部湿度响应存在明显滞后现象,滞后时间大约为0.5 d;从湿度变化幅度来看,环境湿度一天内的变化范围为60%～85%,变化幅度达到25%,而混凝土内部湿度变化范围为83%～85%,变化幅度仅为2%。混凝土内部湿度变化幅度远小于环境湿度的变化幅度,说明混凝土内部湿度变化受环境影响较小。从长期(半年)湿度响应来看,除了混凝土浇筑初期大约20 d的散湿过程几乎不受环境湿度影响外,之后开始受到环境湿度的影响而响应波动,但波动过程仍然存在滞后(约0.5 d)和小幅特征(约2%)。

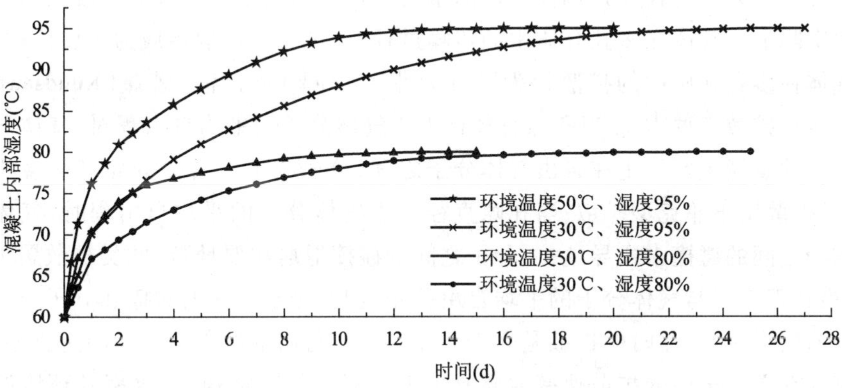

图1—6　不同恒定气候环境下混凝土内20 mm深处湿度响应曲线[9]

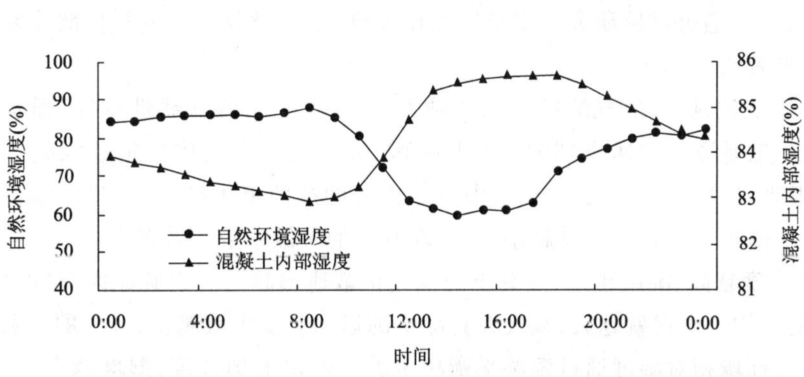

图1—7　自然环境湿度昼夜变化引起的混凝土内20 mm深处湿度响应曲线[9]

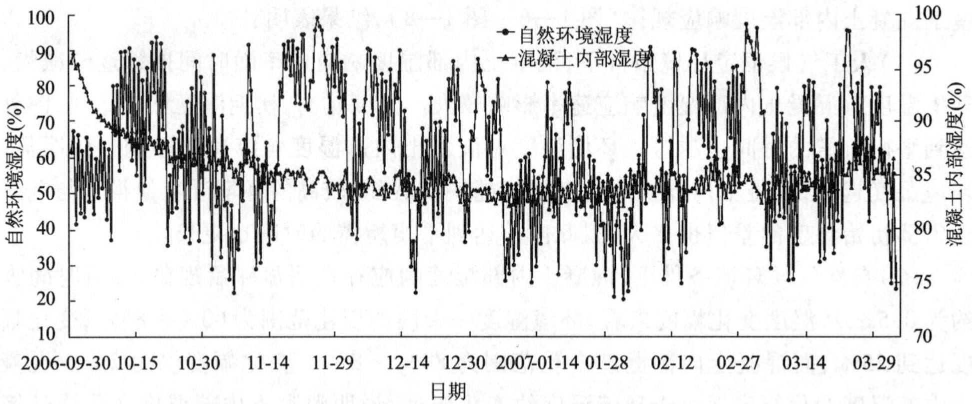

图 1—8 自然环境湿度长期变化引起的混凝土内 20 mm 深处湿度响应曲线[9]

1.2.4 混凝土中氧气的传输

混凝土中氧气的存在是钢筋锈蚀的重要条件。大气中的氧气向混凝土内部传输的过程实际上是气体在多孔介质中的传输过程,该过程以扩散传质为主要传输方式。

气体在多孔介质中的扩散行为可分为菲克(Fick)型扩散、诺森(Knudsen)型扩散和过渡型扩散三种[10]。当孔隙直径远大于气体分子的平均自由程时,气体分子自由热运动的碰撞主要发生在自由气体分子之间,分子与毛细管壁的碰撞机会相对较少,此类扩散属于菲克型扩散;当孔隙直径小于气体分子的平均自由程时,气体分子和孔隙壁之间的碰撞占主导地位,分子之间的碰撞退居次要地位,此类扩散属于诺森扩散;当孔隙直径与气体分子的平均自由程相近时,分子之间的碰撞和分子与毛细管壁的碰撞同样重要,此时的扩散是介于菲克型扩散与诺森型扩散之间的过渡型扩散。

氧气在混凝土中的扩散速率主要取决于混凝土的孔结构、含水率及环境温度等因素。

文献[11]通过试验研究了水灰比和环境温、湿度对混凝土氧气扩散速率的影响规律,结果表明:

(1)水灰比越大,氧气的扩散系数越大,互增关系呈现非线性特征,即水灰比越大,氧气扩散系数的增速也越大。究其原因,混凝土的水灰比决定着混凝土的孔隙率。一般来讲,混凝土水灰比越大,混凝土内部的孔隙率也越大,混凝土的密实程度也越低,气体扩散的阻力也就越小,氧气在其中的扩散系数也就越大。

(2)温度越高、湿度越低,混凝土的氧气扩散速率越大。究其原因,温度越高,氧气分子的平均自由程就越大,氧气在孔隙中的运动速度也就越快,氧气的扩散速度相应也越大;环境相对湿度通过温湿平衡决定着孔隙水的饱和度,湿度越大,混凝土的孔隙水饱和度也越大,氧气通路受到孔隙水的阻碍也越大,最终影响氧气的扩散速度。

关于混凝土中氧扩散系数模型以及其他相关问题在本丛书之《混凝土构件的钢筋锈蚀与退化速率》[12]中还有更详细的讨论。

1.2.5 混凝土碳化

混凝土孔隙溶液的主要成分是碱度很高的 $Ca(OH)_2$ 饱和溶液，pH 值在 12.5 左右。在这样的高碱性环境中，钢筋表面会形成一层致密的、具有很强黏附性的、厚约 $(2\sim10)\times10^{-9}$ m 的钝化膜（成分主要为 $Fe_3O_4—\gamma Fe_2O_3$）[13]，这层膜牢固地吸附在钢筋表面，使钢筋处于钝化状态，即使在有水分和氧气的条件下，钢筋也不会发生锈蚀。然而，空气、土壤、地下水等环境中的酸性气体或液体及大气环境中的 CO_2 气体侵入混凝土中，与混凝土中的碱性物质发生中和反应，使混凝土碱性程度降低，该过程称为混凝土的中性化过程。其中，由 CO_2 气体（一般来自大气环境中）侵入混凝土内引起的中性化过程称为混凝土的碳化。

碳化对混凝土的力学性能影响不大，其主要危害是引起混凝土内钢筋锈蚀。碳化降低了混凝土孔隙溶液中的 pH 值，当 pH 值下降到 11.5 时，钢筋表面的钝化膜就不再稳定，当 pH 值下降至 9 时，钝化膜的作用完全被破坏，钢筋处于活化状态，此时，混凝土孔隙溶液中的氧气和水便可导致钢筋发生锈蚀。

混凝土的碳化是由三个关键环节构成的，一是大气中的 CO_2 气体向混凝土内部侵入的过程，二是侵入到混凝土内部的 CO_2 气体与溶解于混凝土孔隙溶液中的 $Ca(OH)_2$ 发生中和反应的过程，三是中和反应处附近固态 $Ca(OH)_2$ 再溶解过程。上述三个过程共同导致混凝土靠近表面处为完全碳化区，完全碳化区向内为部分碳化区，部分碳化区再向内为未碳化区。随着时间的推移，完全碳化区不断向内推进，其厚度不断增大，部分碳化区也一并向内推进，但其厚度基本保持不变，未碳化区则相应减少。

影响混凝土碳化的因素主要有内部因素、环境因素、施工因素和力学因素等。内部因素可归结为混凝土的孔隙率和碱储备量，孔隙率越低、碱储备量越多，混凝土的抗碳化性能越好。具体来讲，影响混凝土碳化的内部因素主要包括水灰比、水泥品种、水泥用量、骨料品种与粒径、外加剂、掺合料等；影响混凝土碳化的环境因素主要有温度、相对湿度、CO_2 浓度、风压等；影响混凝土碳化的施工因素主要有混凝土搅拌、振捣和养护条件等，它们主要影响混凝土的密实性；除此之外，影响混凝土碳化的因素还有混凝土表面的覆盖层、混凝土的应力状态、裂缝宽度、浇筑面、配筋位置等。

1.2.5.1 影响混凝土碳化速率的内部因素

（1）水灰比是决定混凝土性能的重要参数，对混凝土碳化速率有着很大的影响。水灰比基本上决定了混凝土的孔隙率，在水泥用量不变的条件下，水灰比越大，混凝土内部的孔隙率越大，渗透性越好，二氧化碳侵入速率越快，碳化速率越大；同时，水灰比越大，单位体积水泥用量越小，混凝土单位体积内的氢氧化钙含量也越少，碳化速率也越大。

(2)水泥品种决定着各种矿物成分在水泥中的含量,水泥用量决定着单位体积混凝土中水泥熟料的多少,两者是决定水泥水化后单位体积混凝土中可碳化物质含量的主要材料因素,也是影响混凝土碳化速率的主要因素之一。水泥用量越大,则单位体积混凝土中可碳化物质的含量越多,消耗的 CO_2 也越多,混凝土碳化速率越慢。在水泥用量相同时,掺混合材的水泥水化后,单位体积混凝土中可碳化物质含量减少,且一般活性混合材由于二次水化反应还要消耗一部分可碳化物质 $Ca(OH)_2$,故混凝土内可碳化物质含量减少,碳化速率加快。

(3)骨料粒径大小影响着骨料与水泥浆的黏结性能,粗骨料与水泥浆黏结性能较差,CO_2 易从骨料与水泥浆的界面扩散,加快碳化过程。另外,很多人造轻骨料或天然轻骨料中的火山灰在加热养护过程中会与 $Ca(OH)_2$ 结合,消耗一部分 $Ca(OH)_2$,再加上其本身孔隙大,也有利于 CO_2 扩散,这两方面的因素都会加速碳化过程。某些硅质骨料发生碱-骨料反应时需要消耗 $Ca(OH)_2$,这也会使碳化速率加快。

(4)在混凝土中掺加减水剂能直接减少用水量,降低水灰比,最终降低混凝土的碳化速率。引气剂可以使混凝土中形成很多封闭的气泡,切断毛细管通路,进而降低 CO_2 的有效扩散系数,降低混凝土的碳化速率。

(5)粉煤灰作为混凝土的掺合料代替部分水泥,不仅可以改善和易性,还可以提高混凝土的密实度。但粉煤灰在混凝土中吸收部分 $Ca(OH)_2$,使混凝土中游离 $Ca(OH)_2$ 含量减少,加快了混凝土的碳化速率。

1.2.5.2 影响混凝土碳化速率的环境因素

(1)环境相对湿度对混凝土碳化速率有很大影响。环境相对湿度的变化影响着混凝土含水率的高低,相对湿度较低时,混凝土的含水率较低,虽然 CO_2 气体的扩散速率较快,但由于碳化反应所需水分不足,故碳化速率较慢;相对湿度较高时,混凝土的含水率较高,阻碍了 CO_2 气体在混凝土中的扩散,故碳化速率也较慢。有关研究表明,当相对湿度为50% ~70% 时,混凝土的碳化速率最快[14]。

(2)环境温度对二氧化碳扩散速率和碳化反应速率都有很大影响。随着环境温度的升高,CO_2 的扩散速率提高,混凝土碳化的化学反应速率提高,可碳化物质的迁移速率提高,这些均有助于混凝土碳化速率的提高。

(3)混凝土所处环境 CO_2 的浓度对混凝土碳化速率有很大的影响。环境中 CO_2 的浓度越大,则 CO_2 在混凝土内外的浓度梯度越大,CO_2 就更易于向混凝土内部扩散,进入到混凝土内部的 CO_2 就越充足,混凝土内部发生的化学反应速率也就越快。一般认为,混凝土的碳化速率与环境 CO_2 浓度的平方根近似成正比。

(4)风压可导致 CO_2 通过渗透过程向混凝土内部传输。文献[15]的研究表明:风压可加速混凝土的碳化,对于迎风面和侧风面,碳化深度均大于无风压作用混凝土的碳化深度,背风面碳化深度是否大于无风压作用面混凝土的碳化深度有待于进一步研究。

1.2.5.3　影响混凝土碳化速率的施工因素

(1)混凝土浇筑与养护质量是影响混凝土密实性的重要因素,因而也成为影响混凝土碳化速率的重要因素。如果混凝土浇筑时不规范,特别是振捣不密实,以及养护方法不当、养护时间不足,就会造成混凝土内部毛细孔道粗大,且大多相互连通,严重时会引起蜂窝、裂缝等缺陷,使水、空气、侵蚀性化学物质沿着粗大的毛细孔道或裂缝进入混凝土内部,从而加速混凝土的碳化和钢筋锈蚀。

(2)混凝土的养护方式不同,水泥水化程度亦不同,当水泥熟料含量相同时,生成的可碳化物质含量也不同,因此影响着混凝土的碳化速率。一般情况下,蒸汽养护的混凝土比正常湿度条件下养护的混凝土碳化速率快。与标准养护方法相比,蒸汽养护可使混凝土碳化速率提高 50% ~85%。养护龄期的长短对碳化深度也有较大影响,养护时间越长,水泥水化程度越高,生成的可碳化物质含量也越高,混凝土碳化速率就越慢。

1.2.5.4　影响混凝土碳化速率的力学因素

应力会引起混凝土内部发生相应变形,从而引起混凝土孔隙形态发生变化,这对 CO_2 的侵入产生一定影响。文献[16]对某钢筋混凝土构件进行长达 13 年的试验研究发现:承受正常使用荷载(弯矩)的梁,受拉部分混凝土的碳化深度要大于不承受荷载部分的混凝土。文献[17]研究了压应力和拉应力作用下混凝土的碳化特性,发现在压应力小于 $0.7f_c$ 的范围内,压应力的增加会降低混凝土碳化速率;当拉应力大于 $0.3f_t$ 时,混凝土的碳化速率随拉应力的增大而增大。

1.2.6　氯盐侵蚀作用及其响应规律

氯盐侵蚀作用是引起混凝土内钢筋锈蚀的重要因素。工程结构氯盐侵蚀作用的主要来源包括:海洋和近海环境中的海水氯化物、降雪地区为融化道路积雪而喷洒的除冰盐(雾)、内陆盐湖、盐土地区含有氯盐的地下水、土、含氯盐消毒剂以及配置混凝土时使用含有氯盐的海砂和防冻剂等。

氯离子在混凝土内有两种存在状态:一是以自由氯离子的形式存在,一是以固化氯离子的形式存在。固化氯离子又包括与水泥水化物结合的氯离子和被混凝土毛细孔壁吸附的氯离子两种存在状态。一般来说,只有自由氯离子才会引起混凝土内钢筋的锈蚀。

氯离子引起混凝土内钢筋锈蚀的作用主要包括四个方面:

(1)破坏钝化膜:氯离子是极强的去钝化剂,氯离子进入混凝土到达钢筋表面并积累到一定浓度时,可以穿透钝化膜的微缺陷而在钝化膜与铁基体的界面上争夺钝化膜中的阳离子而使钝化膜溶解。

(2)形成腐蚀电池:由于钢筋表面钝化膜的不均质性和氯离子浓度的不均匀性,使得钝化膜的破坏也不均匀,有些部位率先破坏钝化膜而暴露出铁基体,它们与尚完好的钝化膜区产生电位差而形成腐蚀电池，暴露铁基体作为阳极而受腐蚀，大面积钝化膜区则作为阴极而受到保护。

(3)去极化作用：氯离子不仅促成了钢筋表面的腐蚀电池，而且加速了电池的作用。氯离子与阳极反应产物 Fe^{2+} 结合生成 $FeCl_2$，将阳极产物及时搬运走，使阳极过程顺利进行甚至加速进行。通常把阳极过程受阻称作阳极极化作用，而把加速阳极极化作用称作去极化作用，氯离子正是发挥了阳极去极化作用。氯离子起到了搬运的作用，却并不被消耗，因而会周而复始的起到破坏作用。

(4)导电作用：混凝土中氯离子的存在强化了离子通路，降低了阴阳极之间的电阻，提高了腐蚀电池的效率，从而加速了电化学腐蚀过程。氯化物还提高了混凝土的吸湿性，这也能减小阴阳极之间的电阻。

氯离子在混凝土中的传输机制和途径一般有：扩散、渗透、对流、毛细吸附、物理或化学吸附、电迁移等[18]。扩散作用是混凝土内部饱水或含水率很大时，由于混凝土内部氯离子浓度存在差异，氯离子自高浓度的地方向低浓度的地方移动的过程。渗透作用是在水压力作用下，氯离子自压力高的地方向压力低的方向移动的过程。对流是氯离子随混凝土内水分的迁移而传输的过程；毛细吸附作用是在干湿交替条件下，混凝土表层含氯离子的盐水由于毛细管的负压吸附作用向混凝土内部干燥部分移动的过程。电迁移作用即混凝土孔隙液中的离子在电场加速条件下定向移动的过程。

影响氯离子向混凝土内侵蚀速率的因素主要有内部因素、环境因素、施工因素及力学因素等。内部因素主要包括水灰比、掺合料等；环境因素主要有温度、相对湿度、干湿循环等；施工因素主要是养护方式和龄期；力学因素主要是应力状态和荷载裂缝。

1.2.6.1 影响氯离子侵蚀速率的内部因素

水灰比对混凝土的孔结构影响很大，因此对氯离子的侵蚀速率影响也很大。随着水灰比的增大，混凝土总孔隙率、开口孔孔隙率和孔径都增加，因而其渗透性势必增大，氯离子的侵蚀速率相应也增大。

掺合料（粉煤灰、矿渣等）的加入会改变混凝土的孔结构，从而影响其渗透性能。在混凝土中掺入粉煤灰，能够改善混凝土的界面结构，使其渗透通道比普通混凝土的弯曲。粉煤灰中活性成分火山灰反应生成的水化硅酸钙（C—S—H 凝胶）能填塞水泥石中的毛细孔隙，堵塞渗透通道，增强了混凝土的密实度，增大了渗透阻力，同时其孔径分布也与普通混凝土不同，掺粉煤灰混凝土大孔数量较少。

1.2.6.2 影响氯离子侵蚀速率的环境因素

环境温度升高使混凝土表面水分蒸发加快，孔隙渗透性增大，同时还使氯离子的活动性增加，因而导致氯离子侵蚀速率增大。

对于不饱和混凝土而言，环境相对湿度（混凝土孔隙饱和度）对于氯离子的扩散有着很大影响。如果混凝土水饱和度很低，混凝土中水分不足以形成连续的离子运动流，氯离子的扩散将大大减弱；但是当外界环境介质渗入时，混凝土水饱和度越低（环境相对湿度越低），离子以毛细管吸入的机制就占主导地位，离子的吸入速度随相对湿度降低而加快。

位于海洋潮差区的海工混凝土结构往往经受海水的干湿循环作用。干燥时，混凝土表层风干失水，当再次受到海水湿润时，氯离子通过混凝土毛细管吸收作用侵入混凝土内部。风干程度愈高，毛细管吸收作用就愈大。风干时，水分向外迁移，而盐分则向内迁移，在下次被海水润湿时，又有更多的盐分以溶液的形式带进混凝土的毛细管孔隙中。此时，在混凝土表层内有一个向外降低的浓度差，而在跑表面一定深度处，盐分有一个峰值。在整个循环过程中，一部分盐分向外表面扩散，但更多的盐分会侵入到混凝土内部。盐分向内迁移的程度取决于风干与润湿交替期的长短。一般认为风干的时间越长，再接触海水后能够更多更深地带进氯化物。因此，干湿循环作用下，氯离子在混凝土中的传输速率远大于饱水混凝土内外氯离子浓差引起的扩散速率。

1.2.6.3 影响氯离子侵蚀速率的施工因素

不同养护方式和龄期会影响混凝土的抗氯离子渗透性能。在蒸养条件下，掺粉煤灰、硅粉的混凝土抗渗性能变好，而普通混凝土和矿渣混凝土的抗渗性能变差。龄期越长，混凝土胶凝材料中的活性材料反应越充分，混凝土的密实性越好，混凝土抗氯离子渗透性能也越好。

1.2.6.4 影响氯离子侵蚀速率的力学因素

混凝土所处的应力状态会影响氯离子在混凝土中的迁移。一般来说，处于压应力状态下的混凝土中氯离子扩散系数比处于无应力状态下的小，而处于拉应力状态下的混凝土中氯离子扩散系数则较无应力状态下的大。

混凝土开裂也会影响氯离子进入混凝土中的扩散速率。在裂缝部位，氯离子的扩散不再是半无限大的一维扩散，由于裂缝中充满盐水，裂缝面上也存在氯离子的扩散现象。因此，裂缝区域混凝土的氯离子扩散速率有所增大。

1.2.7 混凝土硫酸盐腐蚀

我国地域辽阔，地势多变，环境复杂，工业污染严重，土壤和地下水中的硫酸盐分布非常广泛。当环境中的 SO_4^{2-} 进入混凝土以后，会与水泥石的某些固相组分发生化学反应而生成一些难溶性的盐类矿物。这些难溶性的盐类矿物一方面由于吸收了大量的水分子而体积膨胀，形成膨胀内应力，当膨胀内应力超过混凝土的抗拉强度时就会导致混凝土的破坏；另一方面还可使硬化水泥石中 $Ca(OH)_2$ 和 C—S—H 等组分溶出或分解，导致混凝土强度和黏结性能损失。由于硫酸盐对混凝土的侵蚀是由外向内不断发展，因此混凝土的破坏也是由外向内不断扩张。

1.2.7.1 硫酸盐腐蚀分类

硫酸盐腐蚀属于结晶型腐蚀。根据结晶产物和破坏形式的不同，一般把硫酸盐

腐蚀分为以下五种类型:

(1)钙矾石结晶型:大多数硫酸盐都能与水泥石中的$Ca(OH)_2$作用生成$CaSO_4$,$CaSO_4$再与水泥石中的固态水化铝酸钙反应生成三硫型水化铝酸钙(又称钙矾石)。钙矾石是溶解度极小的盐类矿物,在化学上结合了大量的结晶水,其体积约为原水化铝酸钙的2.5倍,使固相体积显著增大,加之它在矿物形态上是针状晶体,在原水化铝酸钙的表面成放射状向四方生长,互相挤压而产生极大的内应力,从而导致混凝土受到破坏。

(2)石膏结晶型:当侵蚀溶液中SO_4^{2-}的浓度大于1 000 mg/L时,若水泥石为饱和石灰溶液所填充,此时不仅会有钙矾石生成,而且还会有石膏结晶析出。水泥石内部形成的石膏体积增大1.24倍,致使水泥石内产生膨胀应力而促进混凝土破坏。值得注意的是,若混凝土受到硫酸盐溶液的干湿交替作用,即使溶液中SO_4^{2-}浓度不高,也会因干燥过程中水分的蒸发而导致混凝土表面孔隙溶液中SO_4^{2-}浓度增大而形成石膏结晶析出。

(3)硫酸镁溶蚀结晶型:硫酸镁侵蚀混凝土时,不仅其中的SO_4^{2-}会发生反应而生成钙矾石及石膏结晶,而且其中的Mg^{2+}也会发生反应而将水泥石中的$Ca(OH)_2$转化成$Mg(OH)_2$。生成钙矾石及石膏结晶的反应通过体积膨胀对混凝土造成损害,而$Ca(OH)_2$转化成$Mg(OH)_2$的反应则降低了水泥石系统的碱度,破坏了C—S—H水化产物稳定存在的条件,使C—S—H水化产物分解,造成混凝土强度和黏结性能降低。实际工程中发现,严重的硫酸镁侵蚀甚至将混凝土变成完全丧失胶结性能的糊状物。

(4)碱金属硫酸盐结晶型:当混凝土中的硫酸盐浓度足够高时,常析出带有结晶水的硫酸盐并产生极大的结晶压力,造成混凝土的破坏。这种破坏在部分浸泡条件下极易发生,因为硫酸盐溶液在毛细管抽吸作用下上升至液面线以上而蒸发水分,致使液面线以上混凝土中硫酸盐浓度大增,从而引起结晶破坏。

(5)碳硫硅钙石结晶型:碳硫硅钙石与钙矾石的结构式很相似,两种物质也都是针状晶体。形成碳硫硅钙石的途径有两种,一种是由水泥水化产物中的C—S—H直接反应生成,另一种是硅钙矾石逐渐转化而成。这两种过程最终都导致水泥石中的C—S—H分解和强度损失。混凝土受此类腐蚀后没有明显的体积膨胀现象,但在腐蚀的混凝土孔隙或裂缝中充满白色烂泥状腐蚀产物,它们是碳硫硅钙石与钙矾石、石膏以及碳酸钙等晶体的混合物。

1.2.7.2 硫酸盐腐蚀速率影响因素

影响硫酸盐腐蚀速率的因素主要有内部因素、环境因素、力学因素等。内部因素主要包括水灰比、水泥类型及用量以及掺合料等;环境因素主要有阳离子类型、硫酸盐溶液浓度、溶液温度以及干湿循环等;力学因素主要是应力状态和荷载裂缝。

(1)影响硫酸盐腐蚀速率的内部因素

水灰比影响水泥浆体的致密程度,水灰比越高,水泥浆体致密性越差,混凝土孔隙越多且连通性好，这使硫酸盐侵蚀速率加快，混凝土的膨胀破坏也大。通常认为水灰比小于0.45、C_3S 含量低于8%的混凝土是相对安全的。

对硅酸盐系水泥来说，C_3A、C_3S、C_2S、C_4AF 各种组分的含量对混凝土的硫酸盐侵蚀有很大影响，其中 C_3A、C_3S 是两个重要指标。C_3S 含量高，生成过多的氢氧化钙，易于受硫酸盐侵蚀生成石膏而导致混凝土破坏；C_3A 含量高，易于生成过多的膨胀性产物钙矾石而导致膨胀破坏。因此，没有 C_3A 和 C_3S 成分的硫铝酸盐水泥有较好的抗硫酸盐侵蚀性能。另外，增加水泥用量可以减少膨胀和增加混凝土强度，继而可以改善混凝土抗硫酸盐侵蚀性能。

加入矿物掺合料（如粉煤灰、矿渣、硅灰等）能显著提高混凝土的抗硫酸盐侵蚀性能，原因是这些混合材与水化产物 $Ca(OH)_2$ 发生二次反应，生成水化硅酸钙凝胶，这一方面减少了水化物中 $Ca(OH)_2$ 的含量，降低了试件胶凝材料中 C_3A 的含量，提高了试件的密实度，对硫酸盐侵蚀具有明显的预防缓解作用；另一方面，水化硅酸钙凝胶在易于被侵蚀的含铝化合物表面形成一层保护层，从而减少硫酸盐侵蚀的程度。

(2)影响硫酸盐腐蚀速率的环境因素

阳离子类型不同，其侵蚀机理也各不相同。硫酸盐侵蚀中阳离子的类型有钠离子、镁离子、氨离子和钙离子。由于硫酸钙溶解度很小（1 400 mg/L），氨离子通常也只存在于农业土壤中，因此硫酸盐侵蚀中的阳离子主要是钠离子和镁离子。硫酸钠对混凝土只有硫酸根的作用，而硫酸镁中除了硫酸根的作用外，还有镁离子的作用，镁离子与水泥中的主要水化产物 C—S—H 凝胶反应生成没有胶凝性的 M—S—H 而使混凝土受到损害。另一方面，由于镁离子与氢氧根反应生成氢氧化镁在表面形成致密的保护层，阻碍了硫酸根离子的渗入，因而延缓了硫酸盐侵蚀的速度。

当侵蚀溶液中 SO_4^{2-} 浓度不大于400 ppm 时对混凝土不构成显著破坏，在400 ~ 1 200 ppm时造成微弱性破坏，在1 200 ~ 2 000 ppm 时造成中等强度破坏，在2 000 ~ 5 000 ppm时造成极强烈破坏[19]。不同的硫酸盐溶液浓度引起的腐蚀机理不同，生成的主要产物也不同：低浓度硫酸盐溶液与含 C_3A 的水泥主要生成钙矾石，而高浓度的硫酸盐溶液与低含量 C_3A 主要生成石膏，含量介于两者之间时主要产物是石膏和钙矾石；在硫酸钠环境下，SO_4^{2-} 浓度小于1 000 ppm 时主要产物是钙矾石，大于8 000 ppm时主要产物是石膏；在硫酸镁环境下，SO_4^{2-} 浓度小于4 000 ppm 时主要产物是钙矾石，大于7 500 ppm 时主要产物是石膏。

溶液温度的升高将导致 SO_4^{2-} 扩散能力的提高，同时也将导致离子运动速率和化学反应速率的提高，这些将导致混凝土硫酸盐腐蚀速率的提高。

与长期恒定浸泡溶液的腐蚀相比，干湿循环条件下水泥基材料受硫酸盐腐蚀的进程明显加快。

(3)影响硫酸盐腐蚀速率的力学因素

混凝土在拉应力的作用下会产生微裂缝，裂缝加速了 SO_4^{2-} 的扩散渗透，在裂缝尖端生成结晶型石膏或钙矾石，造成尖劈作用，使裂缝进一步扩展，同时也加速了硫酸盐腐蚀劣化的进程。

1.2.8 混凝土冻融破坏

冻融破坏是混凝土在饱水状态下因冻融循环使水在混凝土毛细孔中往复结冰造成的膨胀破坏。我国东北严寒地区的混凝土结构物以及东北、华北、西北地区的水利大坝等工程大多数都发生过局部或大面积的冻融破坏;不仅如此,长江以北黄河以南的中部地区,混凝土结构物的冻融破坏现象也广泛存在。另外,冻融环境中的混凝土结构(例如桥梁结构)如果使用除冰盐,则使冻融破坏更为严重,形成所谓的"盐冻"破坏。

众所周知,混凝土是一种多孔体系,各种孔隙之间的孔径差异很大,凝胶孔的孔径为15~100 A,毛细孔的孔径一般为0.01~10 mm,凝胶孔和毛细孔往往互相连通。空气泡是混凝土搅拌与振捣时自然吸入或掺加引气剂人为引入的,一般呈封闭球状。

在非饱和状态下,毛细孔中的水结冰并不至于在混凝土内部产生过大膨胀压力,因为未被水充填的毛细孔、胶凝孔等可以承接一部分未结冰水的挤入而起到缓冲作用;但在饱和水状态下,毛细孔中的水结冰,胶凝孔中的水处于过冷状态(由于孔隙表面张力的作用,混凝土孔隙中水的冰点随孔径的减小而降低,一般认为毛细孔的冰点在-12℃以上,而凝胶孔的冰点则在-78℃以下),胶凝孔中处于过冷状态的水分子因为其蒸汽压高于同温度下冰的蒸汽压而向毛细孔中冰的界面处渗透,于是在毛细孔中又产生一种渗透压力,其结果使毛细孔中的冰体积进一步膨胀。因此,处于饱和状态的混凝土受冻时,其毛细孔壁同时承受膨胀压和渗透压两种压力,这两种压力结合很容易超过混凝土的抗拉强度而引起混凝土开裂。反复冻融循环下,混凝土中的裂缝会不断发展,互相贯通,混凝土强度也会逐渐降低,最后甚至完全丧失,使混凝土由表及里遭受破坏。

冻融环境中使用除冰盐时,除冰盐的不利影响主要在于:

(1)含盐混凝土的初始饱水度明显提高;

(2)盐的浓度差使受冻时混凝土孔隙中产生更大的渗透压;

(3)盐产生的过冷水处在不稳定状态,使其在毛细孔中结冰时的结冰速度更快,产生更大的静水压;

(4)含盐混凝土在水分蒸发失水干燥时,孔中盐过饱和而结晶,产生一个额外的结晶压力。

影响混凝土冻融破坏的因素主要有混凝土的孔结构、水灰比、强度、冻结温度、水饱和度等。

影响混凝土冻融破坏的最主要因素是混凝土的孔结构,尤其是气泡平均间距。平均气泡间距越大,冻融过程中毛细孔中的膨胀压和渗透压就越大,混凝土的抗冻性就越低。平均气泡间距与含气量、水泥浆体含量以及平均气泡半径有关。含气量的多少取决于引气剂引入的空气泡的多少,水泥浆含量取决于水灰比和水泥用量,平均气泡半径主要取决于引气剂的质量及工艺条件(搅拌和振动时间)。

水灰比影响混凝内可冻水的含量、平均气泡间距及混凝土强度,从而影响混凝土的抗冻性。水灰比越大,混凝土中可冻水的含量越多,混凝土的结冰速度越快,气泡结构越差,平均气泡间距越大,混凝土强度越低,抵抗冻融的能力也就越差。

混凝土强度是抵抗冻融破坏的主要因素。当含气量或平均气泡间距相同时,强度高的混凝土的抗冻性高于强度低的混凝土。不过,由于对冻融破坏的抵抗作用是有限的,因此强度对混凝土抗冻性的影响远没有气泡结构的影响大。

冻结温度越低,结冰速率就越快,混凝土的冻害也越严重。一般认为,冻害主要发生在温度低于 -10℃的环境中,温度高于 -10℃的环境中,冻害是十分有限的。另外,降温速度增大使混凝土抗冻性降低。

水饱和度对冻融破坏的影响显而易见,饱和度越高,冻害越明显;饱和度较低时冻害不易发生。

1.2.9 混凝土碱—骨料反应

碱—骨料反应是混凝土中的碱与具有碱活性的骨料之间发生的破坏性膨胀反应。由于该反应可以散布于混凝土内部任何一个部位,因此其开裂破坏是整体性的。世界许多国家都存在碱—骨料反应破坏问题。我国长江流域、北京地区、辽宁锦西地区、新疆塔城地区、陕西安康地区等均有碱活性骨料存在,这些地区混凝土结构发生碱—骨料反应破坏的危险性也就存在。

根据骨料中活性成分的不同,碱—骨料反应主要可分为两种类型:碱—硅酸反应和碱—碳酸盐反应。

碱—硅酸反应是指骨料中的活性二氧化硅与碱发生膨胀反应,具体过程是:骨料表面的活性二氧化硅首先在碱溶液中溶解,然后化学反应生成硅酸盐凝胶而体积膨胀,硅酸盐凝胶进一步反应形成液态溶胶。许多岩石如花岗岩、流纹岩、安山岩、珍珠岩、玄武岩、石英岩、燧石、硅藻土等都含有活性二氧化硅。

碱—碳酸盐反应是指黏土质白云石质石灰石与水泥中的碱发生的反应,该反应需要的碳酸盐组分应符合如下条件:白云石与石灰石含量大致相等,黏土含量约为5% ~20% ,白云石颗粒粒径约在 50 μm 以下且被微晶方解石和黏土包围[20]。碱—碳酸盐反应主要是碱与白云石之间发生去白云石化反应,由于该反应是一个固相体积减小的过程,因此反应本身并不引起膨胀,但是,该反应使菱形白云石晶体遭受破坏,这使包裹白云石的干燥黏土充分暴露出来,黏土吸水膨胀,从而造成破坏作用。

影响碱—骨料反应的因素有混凝土的碱含量、骨料中活性成分含量、骨料颗粒大小、温度、湿度等。骨料中活性成分含量与混凝土中碱含量的相对比值决定着化学反应产物的性质,从而决定着混凝土的膨胀与破坏程度。以活性 SiO_2 为例,当活性 SiO_2 含量相对较多而 Na_2O 含量相对较少时,生成高钙低碱的硅酸盐凝胶,其吸水膨胀值较小,膨胀破坏不明显;反之,当 Na_2O 含量相对较多而活性 SiO_2 含量相对较少时，硅酸盐凝胶会逐渐转化为液态溶胶，容易从水泥石孔隙中流出，其膨胀破坏就不明显。碱—骨料反应膨胀与温度有很大关系，温度越高，膨胀越大。湿度是影响碱—骨料反应的一个重要因素，因为碱—骨料反应的发生需要有足够的水，只有在空气相对湿度大于80%或直接接触水的环境中碱—骨料反应破坏才会发生。骨料颗粒大小对膨胀值也有影响，当骨料颗粒很细时，虽有明显的碱—骨料反应，但膨胀甚微。

1.3 钢筋锈蚀有关问题研究概况

由于混凝土提供了高碱性环境，混凝土内的钢筋表面首先会形成一层致密的钝化膜，这层膜牢固地吸附在钢筋表面，对钢筋形成了良好的腐蚀保护作用，即使在有水分和氧气的条件下，钢筋也不会发生锈蚀。然而，混凝土碳化和氯离子侵蚀等环境侵蚀作用会破坏钢筋表面的钝化膜而使新鲜的铁基体暴露出来，于是，新鲜的铁基体在氧气和水分的参与下便会发生持续的腐蚀电化学反应使钢筋锈蚀。

钢筋锈蚀给混凝土结构带来的危害主要体现在：钢筋平均截面积减小并形成大量局部蚀坑，从而导致钢筋的名义强度和变形能力退化；锈蚀产物体积膨胀引起混凝土保护层锈胀开裂，严重的将导致混凝土有效受压截面减损；锈蚀产物充填于钢筋和混凝土之间，严重时（尤其锈胀开裂以后）引起钢筋与混凝土的黏结性能下降，从而可能引起锚固黏结破坏，其黏结滑移还可以导致受拉钢筋与受压混凝土的协同工作能力下降。这三个方面最终导致混凝土构件的承载能力和变形能力下降，并使构件的正常使用性能受到损害，从而可能引起结构耐久性失效。

Mehta 教授在第二届混凝土耐久性国际会议主题报告《混凝土耐久性——五十年进展》中曾指出，钢筋锈蚀是造成混凝土结构耐久性失效的首要因素，例如在英国，沿海地区的钢筋混凝土结构因钢筋锈蚀需要重建或更换钢筋的占1/3以上[21]。中国腐蚀与防护学会2001年公布的报告显示，我国建筑与基础设施年腐蚀损失大约为1 000亿元人民币[22]，这其中大部分应为混凝土中钢筋锈蚀造成的。预应力混凝土结构曾被认为具有良好的抗钢筋锈蚀性能，然而事实却并非如此，调查表明，在1950～1977年的28年间，世界范围内发生了28起著名的因后张力筋锈蚀导致整体结构破坏的工程实例[23]。在1978～1982年的5年间，仅美国就有50幢结构物出现了程度不同的力筋锈蚀现象[24]。另有调查表明，在1951～1979年的29年期间，世界范围内至少发生了242起预应力筋锈蚀损坏的事故[25]。

钢筋锈蚀是由水、氧气、二氧化碳、氯离子等多种环境作用产生的综合效应，钢筋锈蚀以后又会引起混凝土构件的抗力退化。因此，研究钢筋锈蚀问题应从以下几方面着手：有关环境作用及其响应、钢筋锈蚀行为（包括锈蚀机理、锈蚀速率、锈蚀特征、锈蚀层结构）、钢筋锈蚀效应（包括锈胀效应、力学性能退化、黏结性能退化）、锈蚀构件性能退化、锈蚀结构性能评估与设计等，下面简要介绍一下这几个方面的国内外研究概况。

1.3.1 钢筋锈蚀有关环境作用及其响应

钢筋锈蚀有关的环境作用主要包括温度、湿度(水)、氧气、二氧化碳、氯离子等。目前的许多研究都简化或避开了对这几种作用本身的研究,而把重点放在对它们作用响应的研究上,如混凝土中的温度响应规律与分布模型[9,26],水在混凝土中的传输机理与分布模型[27-29],氧气在混凝土中的扩散机理与速率模型[30-32],混凝土的碳化机理与碳化深度模型[33-35],氯离子在混凝土中的传输机理与分布模型等[36]。

然而,这几种环境作用本身又是复杂多变的,只有充分考虑这种作用本身的复杂多变性,才能够得到与实际情况相符的混凝土内部响应模型。例如环境温度与湿度作用本身处于非常复杂的波动变化之中,而混凝土内部的响应温度与湿度又存在滞后现象,这与恒定环境温度与湿度作用下的响应是不同的,只有弄清环境温度与湿度本身的变化规律,结合混凝土内部响应温度与湿度的滞后规律,建立具有代表性的、便于工程应用的环境温度与湿度作用定量模型,以此为基础再去研究混凝土内部的响应温度与湿度,其结果才能更好地服务于工程应用。环境氯离子作用也比较复杂,尤其海洋潮汐环境和浪溅环境下,氯离子作用浓度也处于波动变化之中,而混凝土内部的响应氯离子浓度与分布也存在滞后现象,这同样与恒定环境氯离子浓度作用下的响应是不同的,因此也需要建立具有代表性的、便于工程应用的环境氯离子浓度作用定量模型。

中国矿业大学结合混凝土内部温度与湿度滞后响应规律的研究,通过长期环境测试和理论分析,对一般大气环境温度与湿度作用的变化规律与定量模型展开了系统研究,目前已经取得了初步研究成果[37-38]。

1.3.2 钢筋锈蚀行为

混凝土中钢筋锈蚀的基本机制已经明确。当碳化或氯离子侵蚀破坏掉混凝土内钢筋表面的钝化膜以后,钢筋便可在进入到混凝土内钢筋表面的氧气和水的作用下发生锈蚀,这一锈蚀过程是一个电化学过程,它同时包括两个基础电极反应,即阳极铁的氧化反应和阴极氧气的还原反应[13]。然而,在钢筋锈蚀电化学反应的阴、阳极位置及锈蚀控制模式等问题上尚未完全统一认识[39-41],在预应力钢筋的应力腐蚀敏感性问题上也存在不同看法[42-45]。

钢筋锈蚀速率的影响因素众多,其中水灰比、保护层厚度、环境温度、环境相对湿度、氯离子浓度等因素的影响规律已取得较为广泛的共识[46-48],还有一些研究探讨了恒定气候混凝土内钢筋锈蚀速率的时变特征与机理[49-51],笔者还探讨了应力对钢筋锈蚀速率的影响问题[41]。考虑多种影响因素,国内外学者还通过理论推导及试验回归等方法建立了许多混凝土内钢筋锈蚀速率的预计模型[52-61]。文献[62]根据电化学腐蚀基本理论,并全面考虑纵筋位置、箍筋影响、荷载裂缝宽度、顺筋裂缝宽度等构造特征,建立了混凝土构件内钢筋的锈蚀速率模型。

关于混凝土中钢筋的锈蚀特征已有一些广为统一的认识,即碳化引起的锈蚀总体上比较均匀,而氯盐引起的锈蚀则表现为局部的、不均匀的坑蚀形态[63-66]。进一步的研究还表明,从锈蚀沿钢筋横截面的分布来看,钢筋的锈蚀首先从面向保护层侧开始,然后逐渐向背向保护层侧发展,其结果是,任一时刻面向保护层侧的锈蚀损伤都比背向保护层侧的锈蚀损伤严重[67]。笔者通过对高强钢绞线与普通钢筋的对比研究发现,前者具有更为显著的坑蚀形态[68],另外还对高强钢绞线的蚀坑几何形状特征及机理进行了研究[69]。

钢筋锈蚀产物成分复杂,物理性状多变,在长期的锈蚀反应过程中,锈蚀产物不断充填钢筋与水泥浆体之间的界面层,从而形成锈胀力。然而,更深入地研究发现[50]:锈蚀产物并不仅仅充填于钢筋与水泥浆体之间的界面层,它还会向远离钢筋方向的混凝土孔隙内扩进,最终形成具有一定分布厚度的、从钢筋表面向外逐渐衰退的锈蚀层。锈蚀层的发现使人们对锈蚀速率的时变特性以及锈胀效应问题有了新的认识。

1.3.3 钢筋锈蚀效应

混凝土中的钢筋锈蚀以后,锈蚀产物的体积是相应钢筋体积的 2~4 倍,因而会向四周膨胀,而钢筋四周的混凝土会限制它的膨胀,于是产生了交界面上的压力,这种压力即为钢筋的锈胀力。随着锈蚀程度不断发展,锈胀力也不断增大,从而导致混凝土保护层锈胀开裂。锈胀开裂使得氧气、水、二氧化碳、氯离子等侵蚀物质更容易达到钢筋表面而引起更为严重的锈蚀,因此成为混凝土结构耐久性研究领域中的一项重要内容。国内外关于钢筋锈胀效应的研究很多,其中理论研究和数值模拟的思路主要基于钢筋周围产生均匀压力而采用各种力学理论推导,或有限元软件模拟得到钢筋锈胀力和锈胀开裂模型[70-72];试验研究主要基于快速通电锈蚀试验探讨影响锈胀效应的各种因素[73-76]。然而,实际情况下钢筋的锈蚀首先从面向保护层侧开始,最后形成的锈蚀分布沿钢筋周圈并不均匀,中国矿业大学考虑这种锈蚀分布不均匀的实际情况开展了有关锈胀力和锈胀开裂模型的研究[77-78]。

钢筋锈蚀以后,其力学性会遭到退化,从而引起混凝土结构的力学性能退化。关于锈蚀普通钢筋力学性能退化问题,目前已有许多学者通过试验或有限元模拟方式进行了研究[79-86],在许多方面(尤其退化规律)得到较为统一的结论,比如锈蚀引起钢筋名义屈服强度和名义极限强度呈近似线性的退化趋势、锈蚀引起钢筋延性下降、屈服平台缩短、极限延伸率降低等,在此基础上还建立了基于锈蚀率变化的力学性能退化模型。关于锈蚀预应力钢筋力学性能退化问题也逐渐受到关注[87-96],并初步揭示了锈蚀引起的脆性退化特征,建立了基于试验拟合结果的受拉性能退化模型。锈蚀钢筋力学性能退化问题属于随机问题,但已经建立的退化模型并没有充分考虑这一点,这与现代结构计算的概率理论衔接不佳,因此,进一步的研究应当考虑这种随机特性,建立锈蚀钢筋力学性能退化的概率模型。

钢筋与混凝土之间的黏结作用是保证二者共同工作的基本条件，钢筋的严重锈蚀会导致黏结性能退化，因此，锈蚀钢筋与混凝土之间的黏结性能成为混凝土结构耐久性研究的重要内容。目前，已有大量学者就锈蚀普通钢筋与混凝土的黏结性能退化问题展开了各种方式的试验研究[97-104]，在定性层面上揭示了锈蚀对钢筋与混凝土之间黏结作用的影响规律，得到了较为统一的认识。钢筋发生锈蚀初期，钢筋锈蚀产物的膨胀作用使混凝土对钢筋的约束力增大，钢筋与混凝土之间的摩擦系数也因钢筋表面(特别是光圆钢筋)变得凹凸不平而略有增大，因而钢筋与混凝土之间的黏结性能反而增强，但随着钢筋锈蚀的进一步发展，钢筋与混凝土界面上生成疏松的锈蚀层，破坏了钢筋表面与水泥胶凝体之间的化学胶着力，并降低钢筋与混凝土之间的摩擦系数。变形钢筋横肋的锈损还降低了钢筋和混凝土之间的机械咬合力。锈蚀产物的体积膨胀导致混凝土保护层开裂甚至剥落，降低外围混凝土对钢筋的约束，以至削弱甚至破坏钢筋与混凝土之间黏结锚固作用。另外，通过试验数据拟合得到了黏结滑移特征参数与钢筋锈蚀率的定量关系模型，建立了基于短黏结试件的平均黏结滑移本构关系模型，以及基于长黏结试件随位置变化的黏结滑移本构关系模型。有些学者[105]还将基本力学理论分析与试验研究结果相结合，建立了锈蚀钢筋与混凝土之间的黏结强度预计模型。关于锈蚀预应力钢筋的黏结性能退化问题研究较少，中国矿业大学在这方面开展了初步研究[91,106]。

1.3.4 锈蚀构件性能退化

钢筋锈蚀后，其自身的力学性能退化、钢筋与混凝土的黏结性能退化以及锈胀损伤引起的混凝土有效受压截面减损等问题都会导致混凝土构件的力学性能退化。

近年来，各国学者对锈蚀普通混凝土受弯构件的正截面破坏形态、承载能力以及变形性能等问题开展了大量的研究工作[107-119]，主要定性结论可归结为：在混凝土保护层胀裂之前，由于锈蚀钢筋的力学性能没有发生明显变化，其破坏形态、承载能力以及变形性能几乎与未锈蚀梁完全相同。在锈胀裂缝出现以后，当钢筋锈蚀率不大时(一般小于10%)，构件的破坏形态基本上仍为延性破坏，但承载力随锈蚀程度的不同而出现不同程度的降低。当钢筋腐蚀率较大时(一般大于10%)，黏结性能退化过大，钢筋和混凝土的共同工作能力明显下降，钢筋不能发挥其强度与塑性性能，构件的破坏形态将从延性破坏转向脆性破坏，其承载力和变形性能也大幅下降。当锚固区钢筋严重锈蚀时，构件可能发生锚固黏结破坏。国内外关于锈蚀预应力混凝土受弯构件正截面受弯性能退化问题也已开展了一些研究工作[120-123]。

相对而言，国内外关于锈蚀混凝土构件受剪性能及受压性能的研究工作还较少，已有的相关研究结果尚未取得广泛的统一[124-129]。

1.3.5 锈蚀结构性能评估与设计

钢筋锈蚀会引起混凝土构件结构性能退化，继而引起整个结构体系的承载性能及正常使用性能下降。因此，锈蚀环境下混凝土结构性能评估和设计是混凝土结构耐久性研究的最终目标之一。

如前所述,目前许多研究已经得到了锈蚀环境作用的侵蚀模型、锈蚀钢筋力学性能退化模型、锈蚀钢筋与混凝土黏结性能退化模型、锈蚀混凝土构件力学性能退化模型,有了这些模型,就可以对既有锈蚀混凝土构件的结构性能退化程度及进一步的退化过程进行定量化评估,继而采用传统结构理论对整个结构体系的性能进行定量化评估。同样,有了这些模型,还可对拟建锈蚀环境下混凝土构件的侵蚀演化过程、结构性能退化过程以及基于既定耐久性极限状态的使用寿命进行定量化预计,从而为整个结构体系的耐久性设计提供依据。

然而,目前用于锈蚀混凝土结构性能评估与设计的各种基础模型大多还是确定性模型,这与目前广泛使用的概率极限状态结构计算方法对接性差。为此,已有部分学者在一些问题上探讨采用数理统计方法建立其概率模型,如碳化深度概率模型[130-132]、钢筋表面氯离子含量的概率模型[133]、混凝土保护层锈胀开裂锈蚀量概率模型等[64]。

1.4 本书内容体系

混凝土结构耐久性研究主要解决环境作用引起的适用性和安全性问题,因此其研究内容体系由以下几个方面构成:环境作用问题→环境作用响应问题(包括无损伤性的一级响应问题和有损伤性的二级响应问题)→环境作用响应(主要为二级响应)引起的结构性能(承载性能和使用性能)退化问题→环境作用下结构性能评估与设计问题→环境作用下损伤结构的修复与保护问题。

本书主要论述钢筋锈蚀(属于锈蚀环境作用下的二级响应)引起的混凝土构件承载性能退化问题(第3~5章)以及锈蚀环境作用下混凝土构件承载能力评估与设计问题(第6章)。为了明确这两项内容在整个混凝土结构耐久性研究体系中的来龙去脉,本书还简要论述和介绍了工程结构的工作体系和各种环境作用及其响应问题(第1章),并对钢筋的锈蚀问题作了较为详细的介绍和论述(第1~2章)。

第1章从工程结构的工作体系论述入手,阐明环境作用与力学作用一样都为结构需要承受的外部作用,且都需要时间作用作为保障;结构作用会在结构中引起结构响应,结构响应又由结构抗力来抵抗;钢筋锈蚀及混凝土损伤、开裂等二级结构响应会引起结构抗力的退化,此即为结构耐久性研究的主要意义之所在。然后系统、简要介绍了各种环境作用的产生背景、作用特征及其引起的响应大小与分布。最后,对钢筋锈蚀及其引起的混凝土构件性能退化问题进行了总结,并对有关国内外研究现状作了简要介绍。

第2章首先介绍常用普通钢筋(HPB235、HRB335)和常用预应力钢筋(1860级钢绞线)的化学成分及微观组织结构,在此基础上,对氯盐环境混凝土中两类钢筋的电化学锈蚀形态特征、钢绞线的蚀坑分布特征及应力腐蚀敏感性、两类钢筋的腐蚀疲劳断裂特征等问题进行了试验研究和理论分析，为进一步论述其力学性能退化问题奠定基础。

第 3 章基于试验研究系统介绍、分析普通钢筋、冷拔低碳钢丝、高强冷拉钢丝、高强钢绞线等多种钢筋锈蚀后的力学性能退化规律，并建立随平均锈蚀率变化的钢筋强度平均值、标准值及设计值等概率强度预计模型，为锈蚀混凝土构件结构性能退化分析和基于实用概率极限状态方法的承载力评估与设计方法研究奠定基础。

第 4 章基于短黏结试件拔出试验研究，介绍锈蚀普通钢筋与混凝土的基本黏结性能退化规律，建立基本黏结滑移本构关系的一段函数式简化模型；基于长黏结试件拔出试验研究，介绍锚固区黏结应力分布及退化规律，建立黏结滑移本构关系位置函数及应力分布的一段函数式简化模型；对裂缝间黏结应力分布与退化特征及其对受拉钢筋与受压混凝土的协同工作水平的影响进行分析，同时介绍有关规范中关于协同工作水平退化的预计模型；基于短黏结试件拔出试验研究，探讨锈蚀对高强钢绞线与混凝土基本黏结性能的影响。本章内容是下面进一步论述锈蚀混凝土构件结构性能退化规律和承载力计算的基础。

第 5 章基于加速氯盐侵蚀方式和人工气候环境或自然气候环境条件的试验研究，系统论述锈蚀普通混凝土梁的受弯和受剪性能退化规律、锈蚀预应力混凝土梁的受弯性能退化规律以及锈蚀普通混凝土柱的压弯性能退化规律，为进一步建立锈蚀混凝土构件承载力计算模型奠定基础。

第 6 章以实用概率极限状态方法为依据，建立几种常见锈蚀混凝土构件承载力（包括普通混凝土构件和预应力混凝土构件抗弯承载力、普通混凝土构件抗剪承载力、普通混凝土构件压弯承载力）计算的实用概率极限状态模型，在此基础上，结合有关混凝土结构耐久性检测技术和预计模型以及相关规范资料，给出锈蚀混凝土构件承载力评估方法及锈蚀环境混凝土构件承载力设计方法。

第 2 章　混凝土中钢筋的锈蚀原理与特征

钢筋的锈蚀是混凝土结构性能退化的主要原因，而锈蚀特征又直接决定了其受拉性能退化特征，因此，钢筋的锈蚀特征是混凝土结构性能退化研究的重要基础。

在锈蚀介质与应力的双重作用下，混凝土中的钢筋可能发生三种常见的锈蚀破坏，即一般锈蚀、应力腐蚀（包括氢致开裂）和腐蚀疲劳。

一般锈蚀是一种普通的电化学过程，该过程中作为阳极的铁溶解，同时放出电子，电子又被阴极过程所吸收，从而导致铁不断溶解[134]；力学作用并没有与电化学过程形成耦合效应。一般锈蚀会引起钢筋截面的减小和坑蚀应力集中效应，从而导致钢筋的受拉性能遭到削弱。

应力腐蚀是在准恒定应力与特殊锈蚀环境（包括氢环境）耦合作用下引起金属滞后开裂或断裂的一种过程[135]。这一过程中的锈蚀程度非常轻微，但锈蚀与应力的超非线性耦合使其破坏非常突然，因而是一种极其危险的锈蚀破坏方式。

腐蚀疲劳是在交变应力与锈蚀环境（包括氢环境）耦合作用下引起金属疲劳开裂或断裂的一种过程[135]。腐蚀疲劳既可能是一般锈蚀疲劳，也可能是应力腐蚀疲劳，因而也是一种极其危险的锈蚀破坏方式。

普通钢筋和预应力钢筋具有不同的化学成分、微观组织结构和表面特征，这对它们的锈蚀发展进程及锈蚀特征产生重要影响，因此，本章首先介绍常用普通钢筋（HPB235、HRB335）和常用预应力钢筋（1860 级钢绞线）的化学成分及微观组织结构，在此基础上，对氯盐环境混凝土中两类钢筋的一般锈蚀形态特征、应力腐蚀敏感性以及腐蚀疲劳断裂特征进行试验研究和理论分析，为其力学性能退化的研究奠定基础。

2.1　钢筋的微观组织结构

2.1.1　化学成分及结晶过程

根据《钢筋混凝土用钢　第 1 部分：热轧光圆钢筋》（GB 1499.1—2008）[136]、《钢筋混凝土用钢　第 2 部分：热轧带肋钢筋》（GB 1499.2—2007）[137]和《预应力钢丝及钢绞线用热轧盘条》（YB/T 146—1998[138]），常用热轧光圆钢筋、热轧带肋钢筋以及预应力钢丝及钢绞线用热轧盘条的化学成分见表 2—1。

根据金属学理论[139]，当碳钢中的含碳量 $w_C = 0.77\%$ 时为共析钢，当 $w_C < 0.77\%$ 时为亚共析钢，当 $w_C > 0.77\%$ 时为过共析钢。显然，上述普通钢筋属于亚共析钢，而预应力钢丝及钢绞线用钢都接近于共析钢。室温下，共析钢、亚共析钢及过共析钢中均存在两个基本相,即铁素体相和渗碳体相。

铁素体是 α—Fe 中溶入一种或多种溶质元素(如 C)而构成的间隙固溶体。铁素体仍然保持 α—Fe 的体心立方晶格(BCC)。由于 α—Fe 的晶格间隙很小,因而溶碳能力极差,727℃时溶碳率最大,w_C 也只有 0.021 8%,室温时溶碳率几乎为零(约为 0.000 8%)。因此,室温下铁素体的力学性能和化学性能几乎和纯铁相同,强度和硬度不高,但具有良好的塑性和韧性,见表 2—2。

表 2—1 普通钢筋及预应力钢丝与钢绞线用盘条的化学成分[136-138]

牌 号	主要非 Fe 元素含量(%)					
	C	Si	Mn	P	S	Cu
HPB235	≤0.22	≤0.22	≤0.22	≤0.22	≤0.22	—
HRB335	≤0.25	≤0.80	≤1.60	≤0.045	≤0.045	—
HRB400	≤0.25	≤0.80	≤1.60	≤0.045	≤0.045	—
72A	0.70~0.75	0.12~0.32	0.30~0.60	≤0.025	≤0.025	≤0.20
72MnA	0.70~0.75	0.12~0.32	0.60~0.90	≤0.025	≤0.025	≤0.20
75A	0.73~0.78	0.12~0.32	0.30~0.60	≤0.025	≤0.025	≤0.20
75MnA	0.73~0.78	0.12~0.32	0.60~0.90	≤0.025	≤0.025	≤0.20
77A	0.75~0.80	0.12~0.32	0.30~0.60	≤0.025	≤0.025	≤0.20
77MnA	0.75~0.80	0.12~0.32	0.60~0.90	≤0.025	≤0.025	≤0.20
80A	0.78~0.83	0.12~0.32	0.30~0.60	≤0.025	≤0.025	≤0.20
80MnA	0.78~0.83	0.12~0.32	0.60~0.90	≤0.025	≤0.025	≤0.20
82A	0.80~0.85	0.12~0.32	0.30~0.60	≤0.025	≤0.025	≤0.20
82MnA	0.80~0.85	0.12~0.32	0.60~0.90	≤0.025	≤0.025	≤0.20

表 2—2 铁素体的力学性能[139]

抗拉强度 σ_b	屈服强度 $\sigma_{0.2}$	延伸率 δ	断面收缩率 ψ	冲击韧度 a_K	硬度 HBS
180~230 MPa	100~170 MPa	30%~50%	70%~80%	160~200J/cm^2	50~80

渗碳体的化学式为 Fe_3C,是一种复杂晶体结构(属于正交系)的间隙化合物,w_C=6.69%,熔点为 1 227℃,没有同素异构转变。渗碳体的硬度极高,脆性大,塑性几乎为零,是一个硬而脆的相。渗碳体在和铁素体共存时可以呈片状、粒状或板条状。渗碳体是钢中的主要强化相,它的形状、大小、数量及分布对钢的性能有很大的影响。

室温下碳素钢的组织是由铁素体与渗碳体两相机械混合而成。下面借助铁碳合金相图(图 2—1)来分析三类碳素钢的结晶过程及金相组织。

2.1.1.1 共析钢

共析钢的结晶过程如图 2—2 所示。其中,在图 2—1 上的 S 点温度(727℃)时发生恒温条件下的共析转变,由奥氏体(A)同时析出渗碳体和具有最大碳溶解度

（w_C =0.021 8%）的铁素体（F），即 $A_{0.77}$——（Fe_3C + $F_{0.021\,8}$），这两相共析产物呈片状交错生成，共同组成一种新的细密组织——珠光体（P）。当温度继续缓慢下降时，珠光体中的铁素体溶碳量减少，其成分沿相图中固溶度线 PQ 变化，析出三次渗碳体（$Fe_3C_{Ⅲ}$），它常与共析渗碳体长在一起，彼此不分，且数量少，可忽略。因此，室温时共析钢的组织仍为珠光体，含量为100%。

由于珠光体中渗碳体的数量较铁素体的数量少，因此，片状珠光体中，渗碳体的层片较铁素体的层片薄。图 2—3（a）为珠光体的显微组织。珠光体的力学性能较好，各项参数见表 2—3。

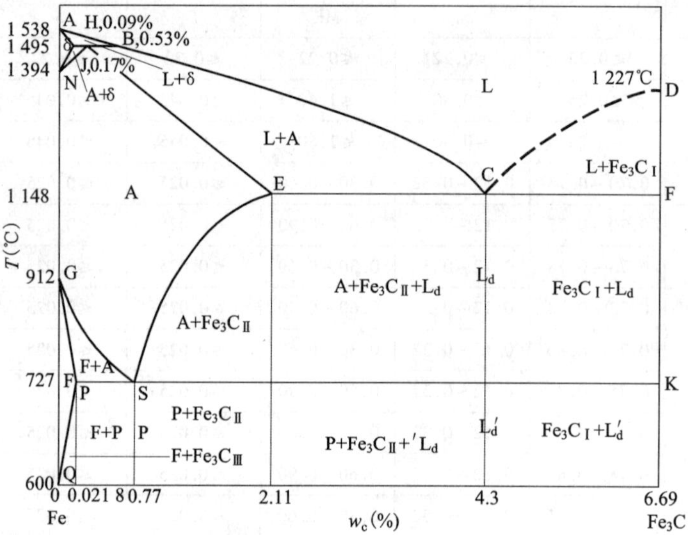

图 2—1 铁碳合金相图[139]

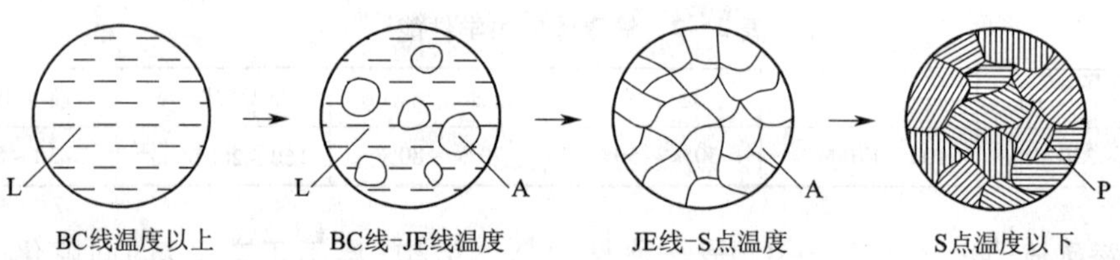

图 2—2 共析钢的结晶过程[140]

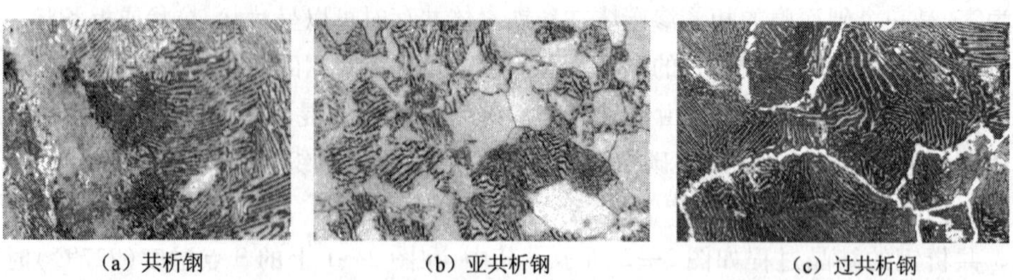

（a）共析钢　　（b）亚共析钢　　（c）过共析钢

图 2—3 高碳钢的显微组织[140]

表 2—3　珠光体的力学性能参数

抗拉强度 σ_b	延伸率 δ	冲击韧度 a_K	硬度 HBS
770 MPa	20% ~35%	30 ~40 J/cm^2	180

2.1.1.2　亚共析钢

亚共析钢的结晶过程如图 2—4 所示。其中,图 2—1 上 GS 线以上的单相奥氏体在冷却到 GS 线时,开始在奥氏体晶界上析出铁素体,称为先共析铁素体。随着温度下降,先共析铁素体量不断增多,含碳量也沿着 GP 线向 P 点增大。同时,剩余奥氏体量不断减少,含碳量也沿着 GS 线向 S 点增大。当温度降至 S 点(727℃)时,剩余奥氏体就要发生共析转变,生成珠光体。转变完成后,合金组织即为铁素体和珠光体的机械混合物。当温度继续缓慢下降至室温时,这一组织基本保持不变。图2—3(b)为亚共析钢的显微组织。

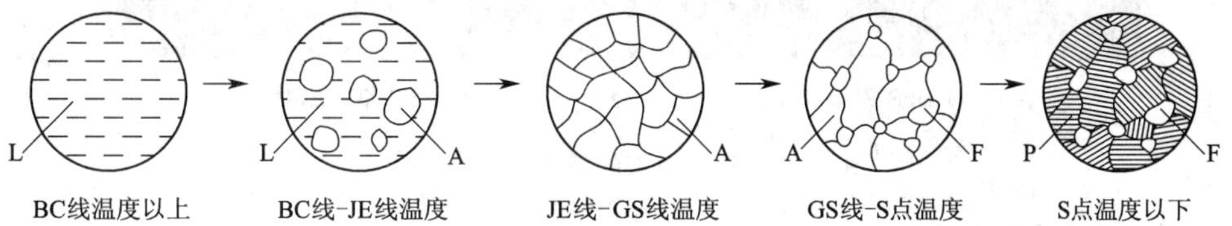

图 2—4　亚共析钢的结晶过程[140]

2.1.1.3　过共析钢

过共析钢的结晶过程如图 2—5 所示。其中,图 2—1 上 ES 线以上的单相奥氏体在冷却到 ES 线时开始在奥氏体晶界上析出二次渗碳体(Fe_3C_{II}),称为先共析渗碳体,呈网状分布。随着温度下降,先共析渗碳体量不断增多,同时,剩余奥氏体量不断减少,含碳量也沿着 ES 线向 S 点减小。当温度降至 S 点(727℃)时,剩余奥氏体就要发生共析转变,生成珠光体。转变完成后,合金组织即为二次渗碳体和珠光体的机械混合物。当温度继续缓慢下降至室温时,这一组织基本保持不变。图 2—3(c)为过共析钢的显微组织。

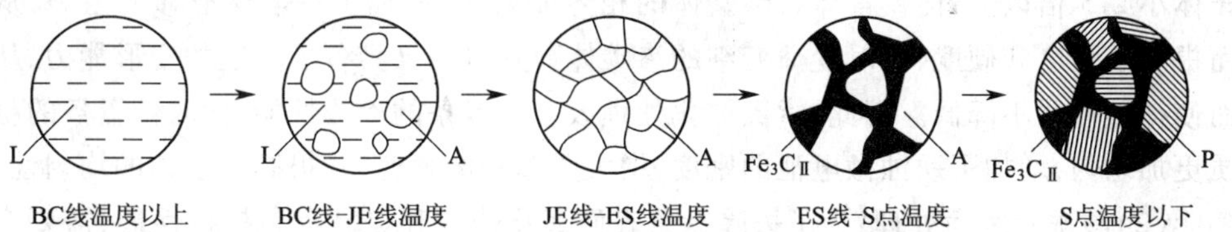

图 2—5　过共析钢的结晶过程[140]

2.1.2　微观组织结构

2.1.2.1　普通钢筋

普通钢筋属于亚共析钢的合金组织为铁素体和珠光体的机械混合物,热轧过程对其微观组织结构不会产生明显影响。图 2—6 是在中国矿业大学测试中心扫描得到的普通钢筋的微观组织结构，其中发亮的部分为铁素体组织，发暗的部分为珠光体组织。由此可以看出，普通钢筋中铁素体和珠光体混合均匀，微粒总体呈颗粒状，没有明显取向性，这决定了其具有各向同性的力学特征。

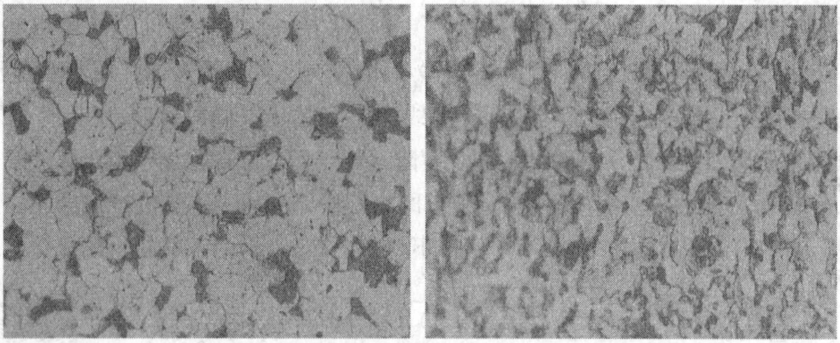

(a) HPB235级钢筋　　(b) HRB335级钢筋

图 2—6　普通钢筋的微观组织结构[141]

2.1.2.2　预应力钢绞线

预应力钢绞线是用高级优质高碳碳素结构钢热轧盘条经索氏体化处理、酸洗及表面处理、拉拔、捻股、稳定化处理等工艺制作而成[142]，这些工艺对其微观组织结构有显著影响。

(1)索氏体化处理：将碳素钢加热至图 2—1 上的共析线(PSK 线)温度以上并保持一段时间，使其充分奥氏体化，然后将该稳定奥氏体快速冷却(一般采用铅浴淬火)至索氏体形成温度(650 ℃ ~ 600 ℃)，使其变成过冷奥氏体(一种不稳定的奥氏体)。维持温度不变，经一段孕育期后，过冷奥氏体开始向索氏体转变，直至完全索氏体化。之后缓慢冷却至室温，索氏体组织保持不变。

索氏体(S)与珠光体在组织上没有本质区别，是一种细珠光体，其片层间距比珠光体小 2.5 倍以上，使铁素体与渗碳体的相界面增多，增加了铁素体滑移的阻力，从而提高了强度和硬度，同时变薄变细的渗碳体薄片自身又具备了一定的变形能力，从而使得塑性并不降低。因此，索氏体化处理改善了盘条的冷拔性能，同时使盘条的材质更加均匀，增加了锈蚀微电池的密度，增大了阳极溶解速率，提高了锈蚀的均匀性。

(2)酸洗及表面处理：为了去除盘条表面氧化铁皮和提高盘条拉拔性能，需要对盘条进行酸洗和表面处理。其工艺为：硫酸(15% ~20%)酸洗→盐酸(16% ~20%)酸洗→水冲净→中温磷化→水冲→涂石灰(硼砂)→烘干[142]。

酸洗过程中，除了表面氧化铁皮与酸发生反应外，部分表面钢也会和酸发生反应，其间产生的氢会有部分进入钢中，增大了钢氢脆的可能。

(3)拉拔：利用应变硬化原理，在拔丝机上对钢丝进行多次拉拔，从而将其强度提高到绞线成品强度的 1.03 倍以上。为防止时效脆化，拉拔后对钢丝进行冷却处理

(浇水冷却)[142]。

拉拔过程实际上是迫使钢丝发生塑性变形的过程。钢丝发生的塑性变形由两部分组成,一是铁素体和渗碳体晶粒沿着变形方向的拉长变形,二是铁素体晶粒内部的滑移变形,后者占主导地位。由于铁素体相比渗碳体相塑性好,故滑移变形主要在铁素体相中进行,而渗碳体相则在界面上对其进行阻止[139]。

铁素体的滑移变形来自于每个晶粒内部的位错运动,而晶界和相界处由于原子排列紊乱,晶格严重歪扭,有许多位错、空位和夹杂塞积在此,导致该处的变形抗力很大,因而不易发生滑移变形。

拉拔迫使塑性变形时,铁素体中每个晶粒内部原有的位错就要向晶界或相界移动,到达界面后受阻而停止前进,结果使更多的位错在界面处塞积,同时,晶粒内部又会产生新的位错。随着界面处塞积位错的不断增多,对塑性变形的抗力也会逐渐增大,塑性变形就会越来越困难,晶粒内部产生新位错的速度就会越来越慢,数量也会越来越少,晶粒本身发生塑性变形的困难也会逐渐增大,如此形成拉拔钢丝。

可见,拉拔过程就是迫使金属内部位错不断增殖和运动,但由于增殖的速度越来越慢,因而总体表现出晶粒内部位错逐渐迁移至界面的局面。拉拔越充分,位错迁移就越彻底。此时,若再要使金属发生塑性变形,只能来自界面处位错的移出(大量丧失位错的晶粒内部的滑移变形已十分困难),需要施加更大的外力,而且,这种位错移动所能提供的塑性变形已经非常有限。所以,拉拔工艺提高了钢丝的强度和硬度,降低了钢丝的延性。

拉长变形和滑移变形的同时,铁素体和渗碳体晶粒也发生了转动,各晶粒的取向大致趋于一致,沿着钢丝轴线排列,形成变形织构组织(图 2—7),引起了钢丝纵横向异性的特性[139]。

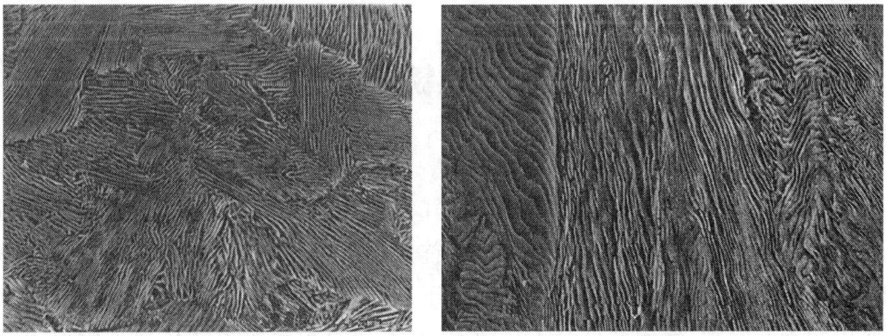

(a) 冷拉前　　(b) 冷拉后

图 2—7　钢丝冷拉前后组织朝向的纵断面显示[143]

拉拔后的钢丝存在着三类残余内应力[139]:第一类为宏观内应力,主要由拔丝模的表面挤压过程引起挤压表面与内部材料之间的宏观平衡内应力;第二类为晶间内应力,主要由晶粒或亚晶粒间的变形不均匀而造成的在它们之间保持平衡的内应力,这类内应力在外应力的促使下常常因过大的应力集中而产生晶间裂纹甚至断裂;第三类为晶格畸变内应力,是最主要的一种内应力,其产生机制是:由于塑性变形导致大量位错在晶界附近堆积,晶界附近晶格发生严重畸变,畸变晶格上的原子偏离其平衡位置便产生了晶格畸变内应力,这类内应力增加了位错移动的阻力,提高了强度和硬度,降低了塑性。

(4)捻股:以 7 股钢绞线为例,捻股是将 6 根外围钢丝绕着 1 根中心钢丝(直径比外围钢丝大 3.5% ~5%)进行强力绞捻,使各相邻钢丝之间形成线接触从而形成组合钢筋,如图 2—8 所示。捻股过程进一步加大了钢丝中的残余应力。

(5)稳定化处理:捻制后,钢绞线在承受其 42% ~ 45% 破断负荷的张力下,于 330℃ ~ 380℃之间进行回火处理[144],称为稳定化处理。

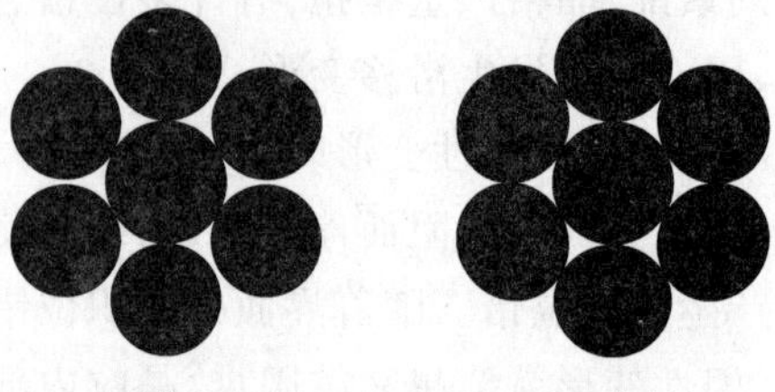

(a) 直束态　　(b) 捻制态

图 2—8　钢绞线(1×7)横断面

由于拉拔和绞捻后的钢丝处于位错塞积、晶格扭曲的状态,其系统能量比以前升高许多,因而处于组织不稳定状态。在室温下,由于原子动能太小,扩散速度很慢,这种不稳定状态以很慢的速度向稳定状态转化。但在上述低温加热下,原子获得了较大的活动能力,使大量的空位移动到表面或与间隙原子合并,并使位错运动、反应、消失,减少了位错的数量,结果是钢丝中的残余应力明显降低(张力作用有助于更大范围的消除残余应力),强度、硬度略有下降,塑性、韧性稍有上升,但组织没有明显变化。因此,稳定化处理可以消减残余应力,增加抗蠕变能力,从而获得低松弛的预应力钢绞线。

预应力钢绞线的上述微观组织结构特征决定了其具有典型的纵横正交异性力学特征。

2.2　钢筋的一般锈蚀原理与特征

2.2.1　锈蚀原理

混凝土具有微孔结构,在微孔中含有氧气和水等锈蚀介质,这些介质可以到达钢筋表面引起钢筋锈蚀。由于表面吸附作用,水首先以水膜的形式存在于孔壁及与孔相接的钢筋表面,剩余的水才在毛细作用下充填于孔腔形成水柱。氧气首先伴随空气充填于孔腔中的无水空腔,然后部分溶于孔隙水中,并通过扩散等方式传递到钢筋表面,如图 2—9 所示。因此,除非极端干燥条件,混凝土内钢筋总是处在含有氧气的水环境下。当水较少时,水以水膜的方式存在于钢筋表面,氧气大量充斥于混凝土孔隙的空腔,并通过在水膜中的溶解和扩散向钢筋表面输运,形成供氧较为充分、供水较为欠缺的电解质环境。当水较多时,水以水柱的方式存在于钢筋表面,氧气主要通过向水柱中溶解并向钢筋表面扩散,形成供氧较为欠缺、供水较为充分的电解质环境。

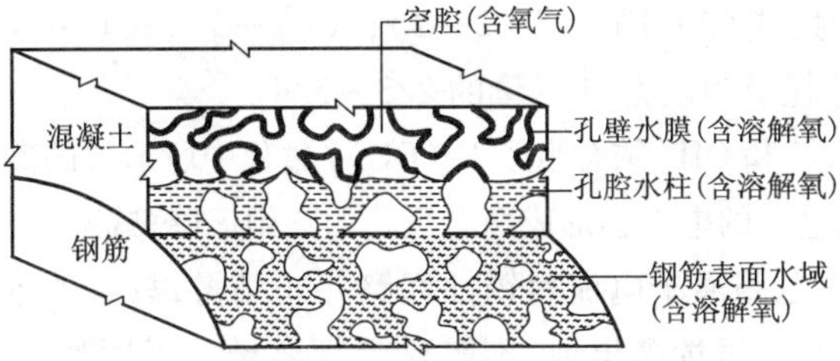

图 2—9　混凝土中钢筋锈蚀的局部环境

一般条件下,上述局部锈蚀环境中的水呈碱性($pH = 12 \sim 13$),因而首先会在钢筋表面形成一层致密的钝化膜而对钢筋形成锈蚀保护。但是,氯离子(Cl^-)侵入会不同程度破坏钝化膜而使钢筋的部分表面重新处于活化状态,于是,活化钢筋表面就在上述局部锈蚀环境下进行锈蚀。

在上述局部锈蚀环境下,钢筋的锈蚀是一个电化学过程,它同时包括两个基础的电极反应,一个是阳极 Fe 的氧化反应,另一个是阴极 O_2 的还原反应。

$$Fe = Fe^{2+} + 2e^- \tag{2—1}$$

$$\frac{1}{2}O_2 + H_2O + 2e^- = 2OH^- \tag{2—2}$$

显然,阳极反应必须首先进行,其产生的电子通过钢筋导体传到阴极之后,阴极反应才得以进行。因此,电子在钢筋中的定向流动形成钢筋一般锈蚀的必须外电路。

对于电极反应产物 Fe^{2+} 和 OH^-,首先进入钢筋表面附近的孔隙溶液,在孔隙溶液中相遇后结合成难溶的 $Fe(OH)_2$。

$$Fe^{2+} + 2OH^- = Fe(OH)_2 \tag{2—3}$$

$Fe(OH)_2$ 遇到充足的 O_2 后进一步氧化为 $Fe(OH)_3$,见式(3—4)。$Fe(OH)_3$ 脱水后变成 $Fe_2O_3 \cdot H_2O$(红锈),见式(3—5);如果氧气供应不足,$Fe(OII)_2$ 不完全氧化为 Fe_3O_4(黑锈),见式(3—6)。

$$4Fe(OH)_2 + O_2 + 2H_2O = 4Fe(OH)_3 \tag{2—4}$$

$$2Fe(OH)_3 = 2H_2O + Fe_2O_3 \cdot H_2O \tag{2—5}$$

$$6Fe(OH)_2 + O_2 = 6H_2O + 2Fe_3O_4 \tag{2—6}$$

因此,稳定状态下,根据供氧条件不同,混凝土中钢筋耗氧锈蚀所包含的同步反应有以下三种情况:

(1)供氧充分时:式(2—1)+式(2—2),式(2—3),式(2—4)+式(2—5)。式(2—2)和式(2—4)两个反应需要耗氧,当式(2—4)耗掉 1 份 O_2 时,同时需要 4 份 $Fe(OH)_2$ 参与反应,继而需要 8 份 OH^- 参与式(2—3)的反应,再继而又需要 2 份 O_2 参与式(2—2)的反应。因此,式(2—2)的耗氧量占总耗氧量的 2/3。

(2)供氧不足时:式(2—1)+式(2—2),式(2—3),式(2—6)。与上述类似,式(2—2)的耗氧量占总耗氧量的 3/4。

(3)供氧一般时:式(2—1)+式(2—2),式(2—3),式(2—4)+式(2—5)+式(2—6)。式(2—2)耗氧量占总耗氧量的2/3 ~3/4。

一般认为,在 Fe^{2+} 和 OH^- 结合生成 $Fe(OH)_2$ 过程中所形成的离子电流,构成电极反应必须的内电路,该电路的电阻会形成两电极间的欧姆压降,减缓锈蚀反应速率。

但作者认为,内电路离子电流对锈蚀回路并非必需,只有外电路电子电流才是锈蚀回路所必需的。对于锈蚀微电池,不需要产物离子的远距离定向流动以形成离子电流,就近就可以发生放电反应,因此可以忽略内电路电阻的影响。当然,当电解液较为充足(浓度较小)时,产物离子就能更加顺利地离开电极表面,电极的浓差极化阻力就小,锈蚀速率就大;相反,当电解液不足(浓度较大)时,产物离子便不能顺利的离开电极表面,电极的浓差极化阻力就大,锈蚀速率就小。因此,虽然电解液电阻的大小与锈蚀速率大小确实存在着一定关系,但这种关系的纽带并不在于由其引起的欧姆压降,而在于它与产物离子离开电极表面的难易程度之间的对应关系。

忽略钝化区极慢的阳极溶解过程之后,钢筋锈蚀微电池的外电路可视为由两路并联而成,如图 2—10 所示。其中第①路为阴阳极过程均发生在活化区的活化区—活化区电路,第②路为阳极过程发生在活化区、阴极过程发生在钝化区的活化区—钝化区电路。由于第②路中钝化膜的电阻极大,使该路相对于第①路而言可以忽略,另一方面,钝化膜致密的物理结构使 OH^- 和 O_2 也无法通过钝化膜传输而在膜内表面进行阴极过程,因此,可认为钢筋锈蚀微电池的外电路仅为第①路,即锈蚀的阴阳极过程均只发生在活化区。由于第一路的电阻十分小,因此可认为锈蚀的直接阻力仅仅来自电极的极化阻力,与电解液的电阻(等效于混凝土的电阻)并无直接关系。

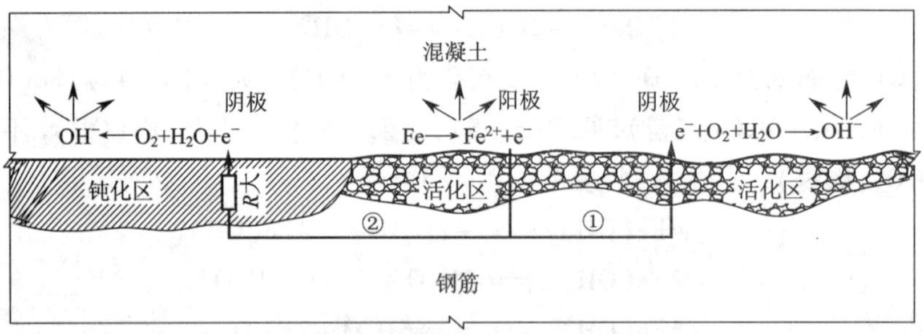

图 2—10　混凝土中钢筋的微电池锈蚀电路

混凝土孔隙液中产物离子的定向流动并非构成微电池锈蚀回路的基本要素,锈蚀的直接阻力主要来自电极的极化阻力与内电路的电子电阻,混凝土电阻仅仅是与产物离子离开电极表面的难易程度(属于电极的极化阻力)有一定的对应关系,因而是一种间接的影响。另外,由于钝化区的电子电阻极大,从而导致该区的阴极过程难以进行,因此,锈蚀微电池的阴阳极过程均主要发生在电子电阻极小的活化区,于是,锈蚀微电池的主要阻力是电极的极化阻力。一般情况下,混凝土结构中钢筋的锈蚀以微电池锈蚀为主,因此,电极的极化阻力也是钢筋锈蚀的主要阻力。

2.2.2 锈蚀控制模式与影响因素

钢筋失钝而活化以后，其锈蚀进程将存在两种可能的控制模式。

当混凝土孔隙水含水率极高或混凝土保护层极密实或太厚时，氧供应将受到限制，而水供应相对充足，此时，根据钢筋锈蚀极化曲线（图2—11），钢筋的锈蚀速率将由阴极的氧浓差极化控制（或称氧扩散控制，对应于阴极极化曲线的末段）。

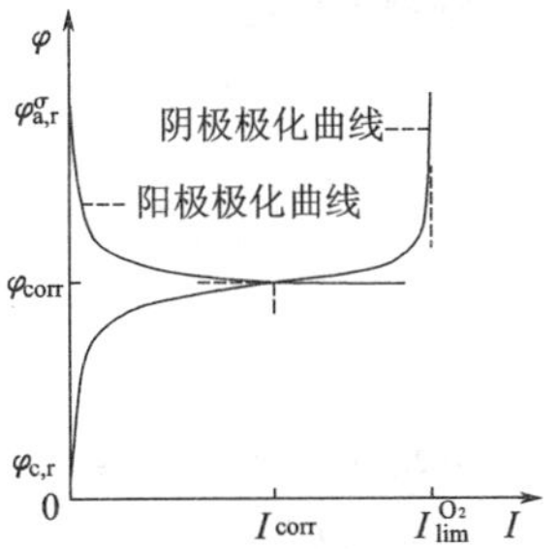

φ_{corr}——钢筋的锈蚀电位；

I_{corr}——钢筋的锈蚀电流；

$I^{O_2}_{lim}$——供氧控制下钢筋的极限锈蚀电流

图2—11 钢筋锈蚀极化曲线[41]

一般大气环境条件下，混凝土孔隙水含量并不高，氧供应是充足的，而水供应相对不足，所以锈蚀将主要由电化学极化控制，而电化学极化过程又主要受供水条件的控制，因此，这种条件下钢筋的锈蚀速率实际上将由供水条件控制（对应于阳极极化曲线的初段）。

下面讨论各因素对钢筋锈蚀进程的影响。

2.2.2.1 钢筋表面混凝土孔隙水

钢筋表面混凝土孔隙水对钢筋锈蚀速率起着极为关键的影响。当孔隙水含量增多时，孔隙液中 Fe^{2+}、OH^- 以及 O_2 的浓度均降低。Fe^{2+} 浓度的降低主要会引起阳极平衡电位的负移，因此，阳极极化曲线整体负移；另一方面，OH^- 浓度和 O_2 浓度（或分压）的降低对阴极浓差极化率和平衡电位二者均起到相反的影响，因此总体影响不大，但 O_2 浓度的降低会引起供氧控制下钢筋极限锈蚀电流 $I^{O_2}_{lim}$ 的降低。

综合考虑，钢筋表面混凝土孔隙水含量较多时，由于阳极极化曲线的整体负移会导致锈蚀电位较负、锈蚀速率加快，但孔隙水含量过多时，阴阳极极化曲线将交于阴极极化曲线的供氧控制段，此时由于 $I^{O_2}_{lim}$ 的降低而导致锈蚀速率又趋于降低。孔隙水含量对钢筋锈蚀速率（包括锈蚀电位）的影响情况如图2—12所示。

孔隙水含量还对钢筋的锈胀效应有重要影响。含水量较低时，锈蚀产物主要为膨胀率较高的“红锈”，而较少的电解液又集中在钢筋表面附近，因此“红锈”也集中停留在钢筋表面附近。在锈蚀量一定的条件下，锈胀开裂效应较为明显；含水量较高时，锈蚀产物将同时包含“红锈”和“黑锈”，乃至全为“黑锈”，而较多的电解液又处在钢筋表面以外较大的范围，因此锈蚀产物也分布在一个较大的范围内，再加上“黑锈”的膨胀率较低，在锈蚀量一定的条件下，锈胀开裂效应相对较弱。

2.2.2.2 钢筋表面温度

钢筋表面温度对混凝土内钢筋锈蚀速率的影响是多方面的。在较干燥条件(电化学极化控制)下,温度升高会提高电极反应速率,加速氧气及产物离子的扩散速率,从而提高钢筋的锈蚀速率,但在极湿条件(氧浓差极化控制)下,温度升高时,一方面会提高电极反应速率,从而提高钢筋的锈蚀速率,另一方面孔隙液中氧的溶解度降低,从而降低钢筋的锈蚀速率,综合考虑,一般情况下还是电极反应速率的提高起到控制作用,因而此条件下钢筋的总体锈蚀速率还是增大。

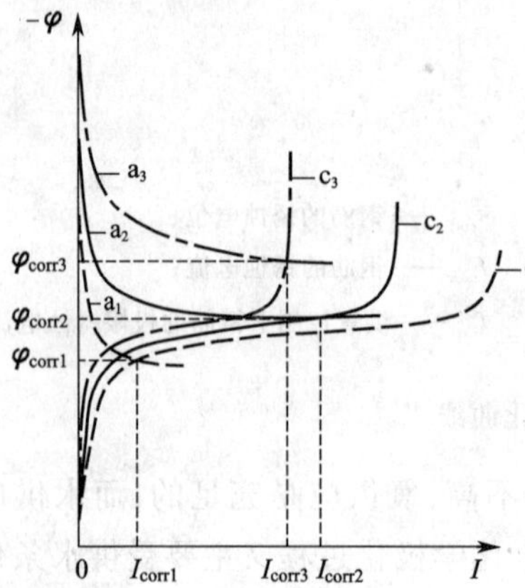

1、2、3 分别代表由小到大 3 种不同孔隙水含量的条件;
a_i 和 c_i 分别为 3 种条件下的阳极和阴极极化曲线;
φ_{corri}和 I_{corri}分别为 3 种条件下的锈蚀电位和锈蚀电流

图 2—12 孔隙水含量对钢筋锈蚀速率的影响[41]

2.2.2.3 Cl^-含量

Cl^-对钢筋锈蚀的作用有三个方面,一是破坏钝化膜而使钢筋活化,二是对电化学反应起到催化作用,三是通过吸湿提高混凝土含水率。Cl^-含量越高,钢筋的活化面积就越大,对电化学反应的催化作用就越明显,混凝土含水率也越高,因而锈蚀速率也增大。

2.2.2.4 钢筋应力

应力的影响在于使阳极的平衡电位负移[145],因此,在较干燥条件(电化学极化控制)下,应力可以提高钢筋的锈蚀速率,但在极湿条件(氧浓差极化控制)下,锈蚀速率取决于阴极供氧水平,应力引起的阳极平衡电极电位负移并不引起锈蚀速率的改变。

2.2.2.5 混凝土孔隙率

混凝土孔隙率影响含水率和供氧量,继而影响锈蚀速率。当孔隙率较小时,如果环境湿度也较低,则孔隙含水率会更低,电化学极化控制下的锈蚀速率也会更低。如果环境湿度极高(引起混凝土饱水),则氧扩散阻力会更大,氧浓差极化控制下的锈蚀速率也会更低。

2.2.2.6 环境变异状况

环境温、湿度恒定且无风的条件下,传质过程以扩散方式为主,但当环境温、湿度剧烈变化且有大风的条件下,能斯特扩散层以外的对流传质将对整个传质过程产生较大影响，从而使两种极化控制条件下的锈蚀速率均增大。

2.2.2.7　锈蚀发展时间

随锈蚀发展时间的增长，较干燥条件下混凝土内的水分将会逐渐减少，同时锈蚀产物也将不断填充钢筋附近混凝土孔隙，使该处孔隙率减小，继而减小混凝土孔隙水含量（较干燥条件下）或供氧水平（极湿条件下），导致两种控制条件下的锈蚀速率均降低。

2.2.3　锈蚀特征

以下通过试验研究探讨氯盐环境中混凝土普通钢筋与钢绞线的锈蚀特征[68]。试验制作三组含氯盐试件进行对比，分别为ϕ^s15.2(1×7)1860 级钢绞线与 HRB335 级ϕ16 热轧带肋钢筋对比组、ϕ^s15.2(1×7)1860 级钢绞线与 HPB235 级ϕ16 热轧光圆钢筋对比组以及从ϕ^s15.2(1×7)1860 级钢绞线中取出的中心钢丝与 HPB235 级ϕ6热轧光圆钢筋对比组。试件设计如图 2—13 所示。

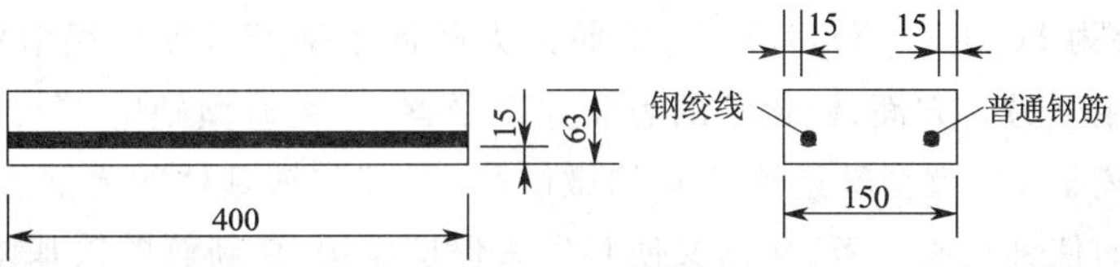

图 2—13　锈蚀形态试验试件设计（单位：mm）

2.2.3.1　试验结果

（1）面向保护层侧与背向保护层侧锈蚀程度对比。在本试验的锈蚀时间内，各钢筋均显示了明显的内外侧锈蚀的不均匀性，即面向保护层侧的锈蚀明显严重于背向保护层侧。

（2）面向保护层侧各钢筋的锈蚀全面性对比。从面向保护层一侧的锈蚀来看，各钢筋的锈蚀全面性不同。热轧带肋钢筋和热轧光圆钢筋的面向保护层侧表面几乎全面锈蚀，整个被“红锈”覆盖，而钢绞线的面向保护层侧表面仅呈现出斑状的局部锈蚀形态，锈蚀斑上主要为“红锈”，有些还带有“黑锈”，其余地方锈蚀非常轻微；钢绞线中心钢丝的面向保护层侧表面也呈现出斑状锈蚀形态，但没有钢绞线那么明显，锈蚀斑上主要为“红锈”。

（3）各类钢筋坑蚀显著性对比。从破形除锈后各钢筋面向保护层侧的观察来看，钢绞线及其中心钢丝表现了明显的坑蚀形态，大而深的蚀坑较多；热轧带肋钢筋也有坑蚀形态，但蚀坑大而浅，而且较少；热轧光圆钢筋坑蚀最不明显，详见图2—14。

（4）各类钢筋总体锈蚀程度对比。通过锈蚀前后的称重分析，发现在外表面锈蚀失重率和单位外表面失重量两个方面，钢绞线和对应光圆钢筋以及带肋钢筋具有相同的对比关系，即钢绞线最小，光圆钢筋次之，带肋钢筋最大。钢绞线中心钢丝和对应光圆钢筋也具有相同的对比关系，即钢绞线中心钢丝小，光圆钢筋大。这说明钢绞线及其中心钢丝因外表面锈蚀引起的平均截面损失率和平均锈蚀速率均小于对比钢筋。

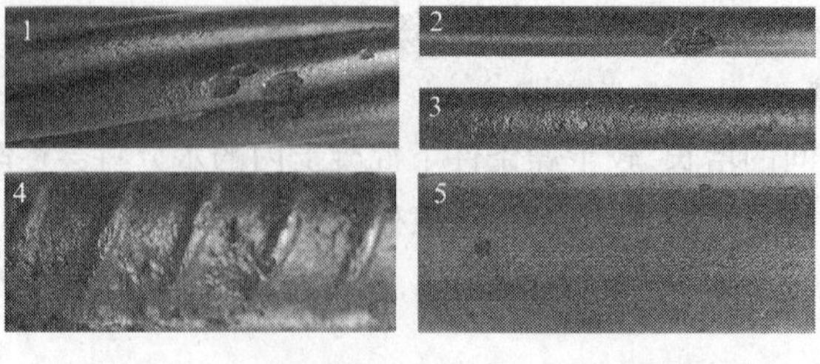

图 2—14　几种钢筋的坑蚀显著性对比

1—钢绞线;2—钢绞线中心钢丝;3—ф6 热轧光圆钢筋;
4—ф/6 热轧带肋钢筋;5—ф/6 热轧光圆钢筋

2.2.3.2　试验结果分析

(1)钢筋表面微观几何形态对其一般锈蚀特性的影响

从微观来讲,混凝土中存在着很多微孔隙,其内有碱性的微孔液以及氧气,它们能使与其接触的钢筋表面迅速反应生成一层致密的、厚约$(2\sim10)\times10^{-9}$m 的钝化膜(成分主要为 $Fe_3O_4—\gamma Fe_2O_3$)[13],从而大大降低了钢筋表面继续溶解的速率,起到了保护作用。另一方面,钝化膜的表面并不平整,存在着微缺陷[146],因此,微孔液中的活性阴离子 Cl^- 就会穿透钝化膜的微缺陷,在其与铁基体的界面上争夺钝化膜中的阳离子而使钝化膜溶解,从而又使其失去保护作用,使新鲜的铁基体暴露出来而成为局部锈蚀的蚀核。蚀核不断长大而成为蚀孔、蚀坑,有些相距很近的蚀孔还会连成一片,形成蚀片乃至大面积的全面锈蚀。

对钢绞线和其对比钢筋而言,一方面由于钢绞线更易发生微电池锈蚀,所以在锈蚀初期也更易形成相对良好的钝化膜;另一方面,由于钢绞线钢丝的表面相对最为平整、均匀,因而其钝化膜也相对更加均匀一些,而热轧带肋钢筋和热轧光圆钢筋的表面相对比较粗糙,因而其钝化膜也相对不均匀一些,如图 2—15 所示。

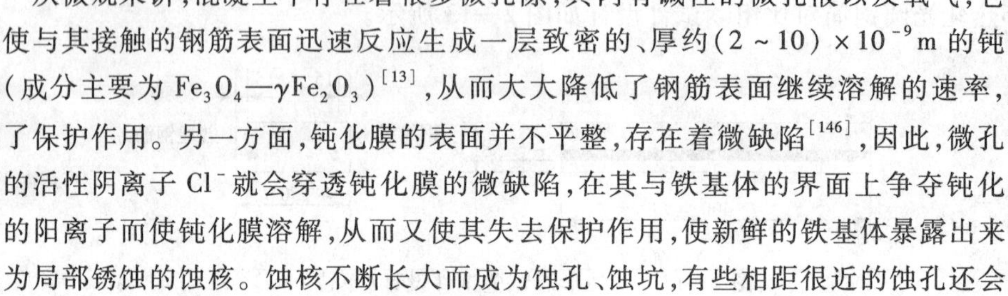

图 2—15　Cl^-侵蚀下混凝土中钢筋表面蚀核的形成

因此,对热轧带肋钢筋和热轧光圆钢筋而言,Cl^- 穿透其钝化膜而引起钝化膜溶解的部位就更多,继而可以生成大量的蚀核,这些蚀核因受到供水条件或供氧条件的限制不会快速长大,总体上表现出相对全面的、均匀的锈蚀。对钢绞线而言,Cl^- 穿透其钢丝钝化膜而引起钝化膜溶解的部位则少一些,因此,生成的蚀核也少一些,这些蚀核受供水条件或供氧条件的限制也相对小一些,因而锈蚀就更加充分,蚀核长成较大蚀坑的机率也就更大一些，总体上表现为更显著的坑蚀形态。

(2)钢筋的宏观几何形态对其锈蚀特性的影响

由于钢绞线和带肋钢筋的外表面存在着宏观的凹凸不平，使得在浇筑混凝土时，容易在其表面附近形成亚微观的乃至宏观的气泡等缺陷，从而使锈蚀介质容易积聚在此处而引起局部的剧烈锈蚀[66]。这也是钢绞线(包括带肋钢筋)外表面发生相对局部、不均匀锈蚀的一部分原因。

综上所述，由于微观组织结构和表面几何特征的不同，普通钢筋和预应力钢绞线的锈蚀特征也有明显不同，钢绞线的锈蚀均匀性最差，具有最为严重的局部锈蚀——坑蚀形态。

2.2.4 钢绞线蚀坑的分布特征

既然钢绞线具有典型的坑蚀特征，则其蚀坑的几何形状及分布特征是研究其受拉性能退化规律与模型的基础。然而，目前在这方面的研究还不够深入，鲜有文献考虑蚀坑的三维几何特征。为此，作者对从氯盐锈蚀预应力混凝土梁试件(见第5.2.1节)中获取的四段不同锈蚀率钢绞线试样进行了蚀坑形状观察，并对蚀坑宽度、深度及长度三维尺寸进行了量取和统计，研究了蚀坑的几何形状特征及几何尺寸分布特征。

2.2.4.1 蚀坑几何形状特征

对锈蚀钢绞线的观察表明，其钢丝的蚀坑几何形状很不规则，但总体上可抽象为两种典型形状，即椭球形和马鞍形，如图2—16所示。椭球形蚀坑的几何特征为通过蚀坑中心的纵、横断面轮廓线总体呈下挠形状。马鞍形蚀坑的几何特征为通过蚀坑中心的纵断面轮廓线总体呈下挠形状，横断面轮廓线总体呈上鼓形状。同时，这两种蚀坑的坑内往往可见宏观锈蚀条纹。

(a) 椭球形蚀坑及锈蚀条纹

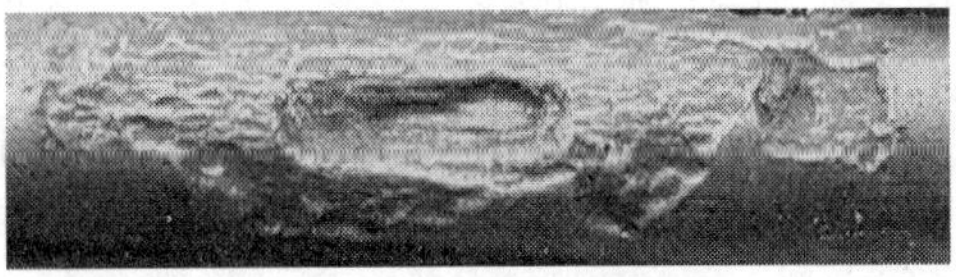

(b) 马鞍形蚀坑及锈蚀条纹

图2—16 钢丝蚀坑几何形状

根据微观组织结构可知，钢绞线钢丝是由许多珠光体团构成[68]，每个珠光体团内部有着较为相似的电化学特性，而各珠光体团之间的电化学特性则有所差异，于是锈蚀往往集中在部分珠光体团内部发展。同时，钢丝中的珠光体团往往呈长条状或长板状，且平行于钢丝纵向排列[147]，因而锈蚀后会出现长形的椭球形蚀坑或马鞍形蚀坑，坑底珠光体团之间锈蚀程度的差异导致了锈蚀条纹的出现。

2.2.4.2 蚀坑几何形状与分布密度的统计特征

蚀坑几何形状与分布密度统计见表2—4。结果表明，随锈蚀率的增大，在统计范围内，蚀坑密度总体上有所增大。这说明锈蚀率的增大伴随着新蚀坑的不断开发，当然，同时还应伴随着老蚀坑的增大及部分相邻老蚀坑的融合。

表 2—4　蚀坑几何形状与分布密度统计

试样编号	锈蚀率	试样长度（mm）	统计总蚀坑数	椭球形蚀坑数	马鞍形蚀坑数	统计蚀坑密度（m^{-1}）
PS1	0.94%	800	140	32	108	175
PS2	1.40%	801	147	78	69	184
PS3	2.09%	872	235	114	121	269
PS4	2.87%	820	177	77	100	216

2.2.4.3　同一锈蚀率下蚀坑几何尺寸的分布特征

椭球形蚀坑与马鞍形蚀坑二者在几何本质上是相似的，差别之处仅在于二者的坑深与坑宽的比值不同，椭球形蚀坑的该项比值较大（即窄而深）而马鞍形蚀坑的该项比值较小（即宽而浅）。因此，可以将所有蚀坑视作同一种几何体进行三维尺寸的统计。四个试样的蚀坑三维尺寸分布直方图见表 2—5。

表 2—5　蚀坑三维尺寸分布直方图

试样	坑深分布直方图	坑长分布直方图	坑宽分布直方图
PS1	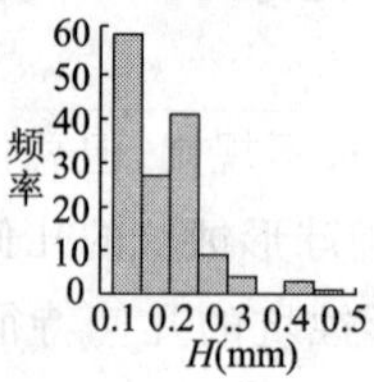	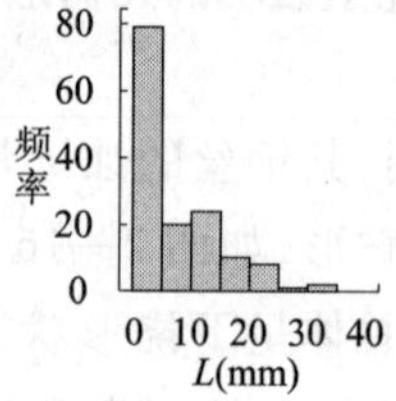	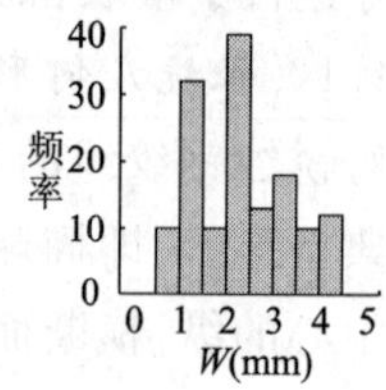
PS2	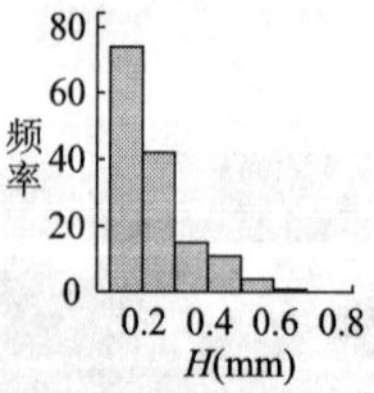	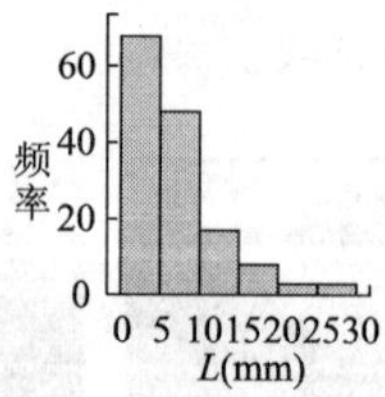	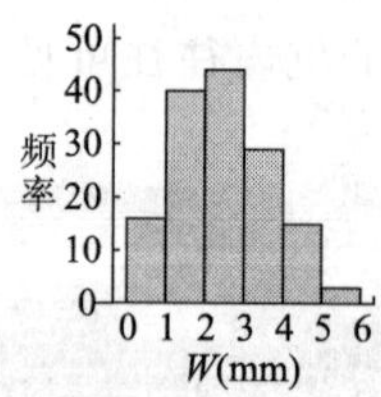
PS3	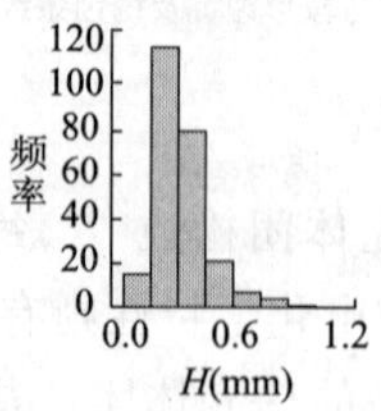	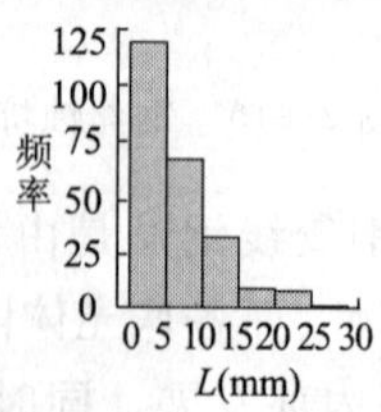	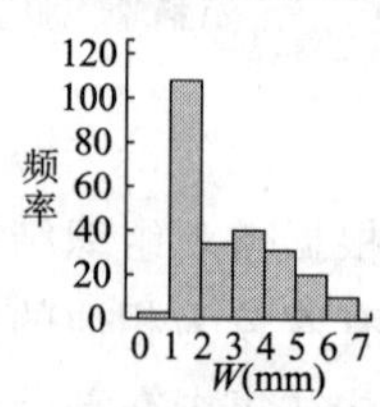
PS4	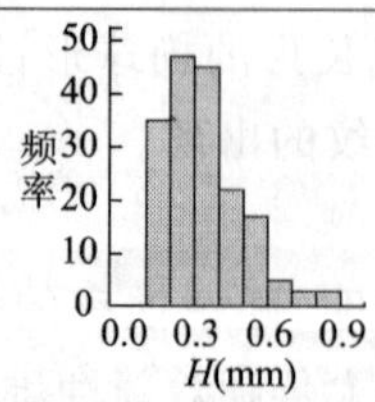	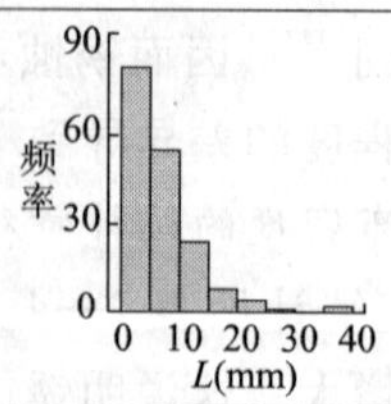	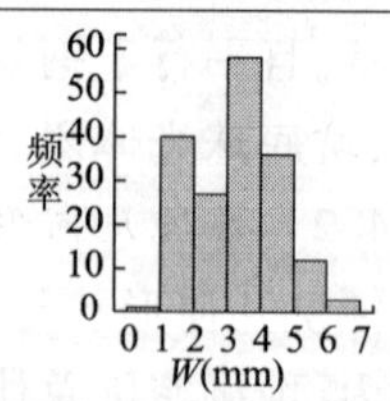

从表 2—5 可以看出，蚀坑深度总体呈偏态分布，比较接近对数正态分布模式，于是利用数理统计软件 SPSS 对其进行了假设检验，结果 PS1 ~ PS4 的显著性系数 α 分别为 0.028、0.001、0.004 和 0.169，在 $\alpha_{0.01}$ 这样较低的显著性水平下仍有一半数据拒绝假设；在其他常见传统随机分布模式中也未找到很好的适用模式。

蚀坑长度总体也呈偏态分布，对较为接近的对数正态分布假设检验的结果是：PS1 ~ PS4 的显著性系数 α 分别为 0.105、0.126、0.663 和 0.073，说明四个样本在 $\alpha_{0.05}$ 的显著性水平下均不拒绝对数正态分布假设。

蚀坑宽度总体呈正态分布，对较为接近的正态分布假设检验的结果是：PS1 ~ PS4的显著性系数 α 分别为 0.109、0.054、0.000 和 0.022，在 $\alpha_{0.01}$ 这样较低的显著性水平下，四个样本中有三个不拒绝正态分布假设，因此可以认为蚀坑宽度近似服从正态分布。

将三维尺寸各自的分布特征综合起来可以得到同一锈蚀率下蚀坑尺寸的总体分布特征，相对浅、短、中宽的蚀坑分布较多，而深、长、宽或深、长、窄的蚀坑分布较少。

2.2.4.4 不同锈蚀率下蚀坑几何尺寸分布特征对比

对于不同锈蚀率试样，可借用分形理论对其蚀坑几何尺寸分布特征进行横向对比。

分形理论是现代非线性科学中的一种，是用来描述复杂物理现象或动力学过程的一种理论，它通过研究复杂现象或过程中深层次的简单相似组分来揭示其规律性。

分形体系的一个基本特征是存在着负幂函数关系，即一个变量（一般对应于观察值）随另一变量（一般对应于度量尺度）的增大而迅速减小，二者呈负幂函数关系，或在双对数坐标上呈负线性关系，此关系表示为[148]

$$N(\varepsilon) \propto \varepsilon^{-D} \tag{2—7}$$

式中 ε——测量单元的尺度；

$N(\varepsilon)$——在 ε 尺度下测量到的单元数；

D——豪斯道夫（Hausdorff）分形维数（简称分维），对一个分形体系而言为不变量。

于是，分维 D 的定义为

$$D = \frac{\ln N(\varepsilon_2) - \ln N(\varepsilon_1)}{-(\ln\varepsilon_2 - \ln\varepsilon_1)} \tag{2—8}$$

根据分析，上述四个试样的坑深和坑长分布具有明显的分形特征，而坑宽分布则不然，因此，下面对坑深和坑长分布的分形特征予以介绍。

图 2—17 为根据四个样本坑深直方图描出的坑深分布散点图，横坐标表示蚀坑深度区间代表值（中值）的自然对数（深度单位为 mm），纵坐标表示蚀坑区间深度出现机率的自然对数。在此双对数坐标系下，全部或大部分分布散点形成了明显的线性趋势（各线性趋势线的确定系数接近 1），这就暗示其分布的分形特征，趋势线的斜

率即为其分布分维。

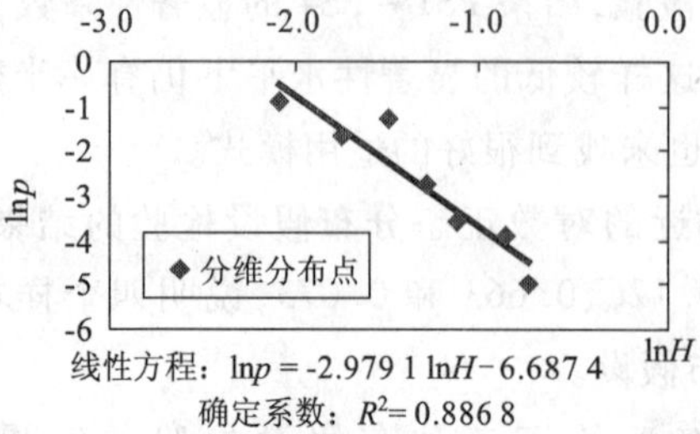

（a）PS1样本

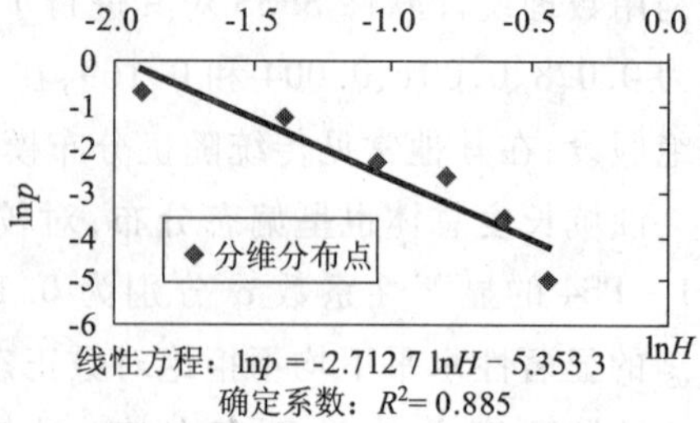

（b）PS2样本

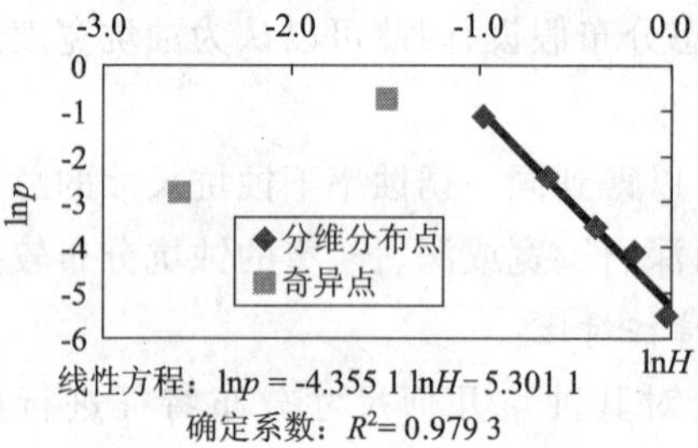

（c）PS3样本

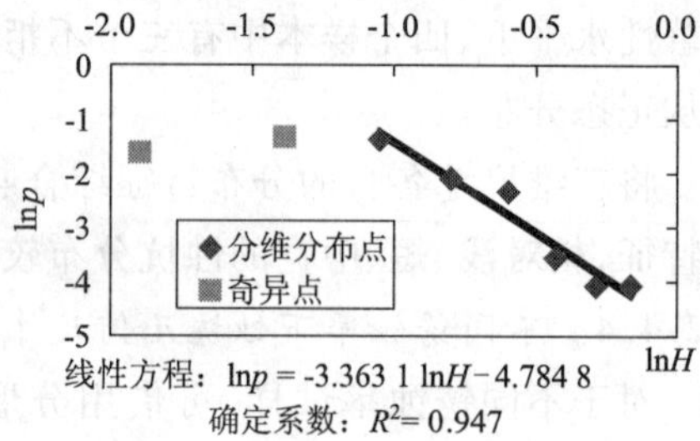

（d）PS4样本

图 2—17 蚀坑深度分布的分形特征

考察分布分维与锈蚀率的关系发现，蚀坑深度的分布分维总体上随锈蚀率的增大而增大。

我们知道，理想的均匀锈蚀在任何时候都只有一个相同的坑深，此条件对应$D=\infty$；而不均匀锈蚀的极致则是各个深度出现的机率完全相同，此条件对应$D=0$。

因此，随锈蚀率的增大，坑深渐趋接近，这可从锈蚀的发展过程进行分析。对任一锈蚀率试样，锈蚀初期，老蚀坑在深度上的发展与新蚀坑的开辟同步进行，因此新、老蚀坑的深度相差较大。随着锈蚀的进行，开辟新蚀坑的步伐逐渐减慢（体现在散点图中的奇异点上），锈蚀发展以老蚀坑的发展为主，但由于较浅的老蚀坑受锈蚀产物的保护作用较小，因而锈蚀发展更快，因此，较浅的老蚀坑在深度上的发展更快一些从而体现为所有蚀坑的深度渐趋接近。对比不同锈蚀率的试样，对于锈蚀率相对较小者，可认为其处于自身锈蚀发展的相对早期，因而蚀坑深度相差较大，对于锈蚀率较大者，可认为其处于自身锈蚀发展的相对后期，因而蚀坑深度较为接近。

从坑长分布散点图（图 2—18，作图方法与坑深分布散点图类似）可以看出，在双对数坐标系下，四个样本的大部分分布散点也都形成了明显的线性趋势，这说明其分布也具有分形特征。

蚀坑长度的分布分维总体上也随锈蚀率的增大而增大。对照两个极端状况：第一，当 $D=\infty$ 时，对应于所有蚀坑只有一个相同长度的点分布；第二，当 $D=0$ 时，对应于各个长度出现机率完全相同的均匀分布。因此，随着锈蚀率增大，坑长分布显示了渐趋接近的趋势，其原因与坑深情况相同。

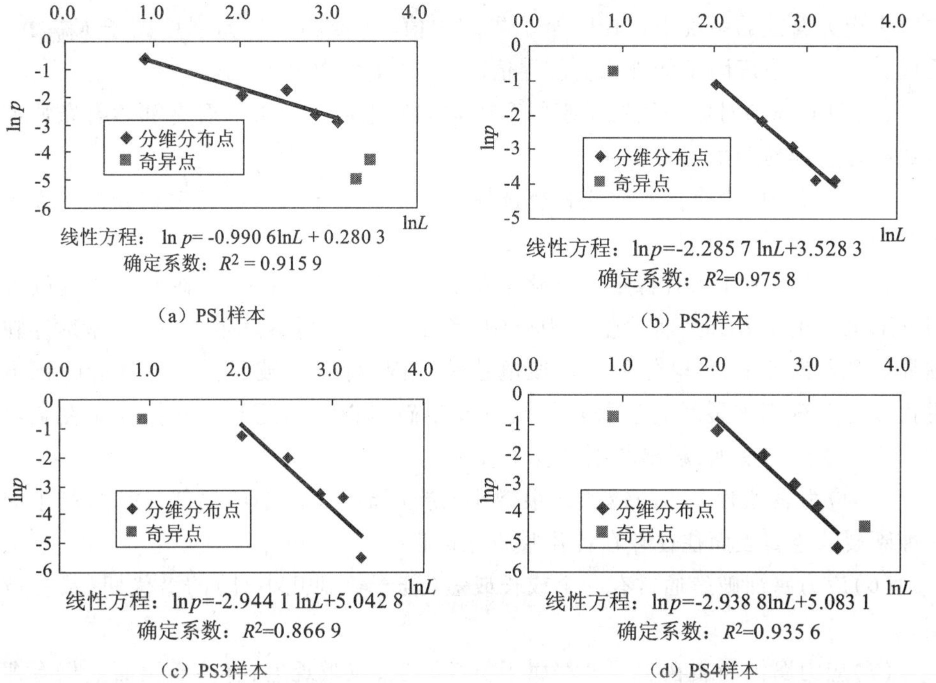

图 2—18　蚀坑长度分布的分形特征

2.2.4.5　不同锈蚀率下蚀坑几何尺寸分布特征的总体对比

坑深和坑长的分形分布特征较好的揭示了不同锈蚀率下各自的分布特征对比情况，如前所述，坑宽的常规分布近似服从正态分布，而且根据统计，四个试样坑宽的均值总体上随锈蚀率的增大而增大，由此表明，随锈蚀率的增大，各个层次的蚀坑宽度总体均衡扩大，即在任一锈蚀率下，相对中等宽度的蚀坑总占多数。

综合不同锈蚀率下坑深、坑长及坑宽的分布特征表明，随锈蚀率增大，锈蚀钢绞线上各蚀坑的尺寸渐趋接近，其中坑深和坑长偏聚于各自的较小值附近，而坑宽则偏聚于其中等值附近。

2.3　预应力钢筋的应力腐蚀敏感性

2.3.1　金属应力腐蚀的基本概念

应力腐蚀是在准恒定应力与特殊锈蚀环境（包括氢环境）耦合作用下引起金属滞后开裂或断裂的一种过程。这一过程中的锈蚀程度非常轻微，但锈蚀与应力的超非线性耦合使其破坏非常突然，因而是一种极其危险的锈蚀破坏方式。

金属的应力腐蚀具有如下一些主要特点[149-150]：

(1)应力腐蚀的发生需要足够大的拉应力（该拉应力值一般低于材料的屈服极限）或应力强度因子（该应力强度因子一般低于材料在空气中的断裂韧性）。在大多数产生应力腐蚀的系统中存在一个临界应力值 σ_{cri} 或临界应力强度因子 K_{ISCC}，当所受应力或应力强度因子低于相应临界值时，不产生应力腐蚀。

(2)只有那些对应力腐蚀敏感的金属才能发生应力腐蚀。合金和含有杂质的金属比纯金属容易产生应力腐蚀。

(3)金属的应力腐蚀对介质具有选择性。特定的金属只在特定的介质中发生应力腐蚀。

(4)应力腐蚀体系有特定的电化学状态，有些体系存在一个临界破裂电位 E_{cri}，当外部电位正于 E_{cri} 时，将发生应力腐蚀，负于 E_{cri} 时，则不发生；另一些体系存在一临界破裂电位范围，当电位处于这段电位范围内，将发生破裂，超出这段范围（电位更正或更负），则破裂时间显著延长或不发生破裂；相反，还有一些体系是在临界范围内不发生应力腐蚀，超出范围则发生破裂。

(5)应力腐蚀时金属的锈蚀量很微小，锈蚀局限于微小的局部，同时，产生应力腐蚀断裂的金属表面往往存在钝化膜或保护膜。

(6)应力腐蚀破裂通常有一个或长或短（若干年到几小时）的潜伏期（或称孕育期）。

(7)应力腐蚀断裂在宏观上都属于脆性断裂，在微观上，有些断裂面上仍有塑性流变的痕迹。断裂途径有穿晶型、沿晶型和混合型三种。

尽管目前对金属应力腐蚀的机理还不十分清楚，但两种基本类型的机理得到广泛的接受，即阳极溶解型机理和氢致开裂型机理[151]。

阳极溶解型各机理在应力与阳极溶解二者如何引起裂纹形核和扩展的具体描述上互不相同，但在二者协同促成破裂通道的定性作用上却是一致的。通过对各种阳极溶解型机理的综合分析，作者倾向于将其归纳为图 2—19 所示的机理解释。

氢致开裂型机理的基本框架是统一的，即在特殊条件下，金属发生了闭塞电池锈蚀（OCC），蚀坑内部发生析氢反应，析出的氢进入金属引起氢脆，进而导致氢致开裂。不过，氢进入金属内是如何引起脆断的，这方面尚未得到统一的认识，如图2—20所示。

基于上述两类基本机理，人们常把应力腐蚀也相应地分为阳极溶解型应力腐蚀和氢致开裂型应力腐蚀。如果应力腐蚀体系中阳极溶解所对应的阴极过程是吸氧反应，或者虽然是析氢反应，但进入金属的氢不足以引起氢致开裂，这时应力腐蚀裂纹的形核和扩展就由金属的阳极溶解过程控制，称为阳极溶解型应力腐蚀。如果应力腐蚀体系中阳极溶解所对应的阴极过程是析氢反应，而且氢能进入金属并控制了裂纹的形核和扩展，则称为氢致开裂型应力腐蚀[151]。

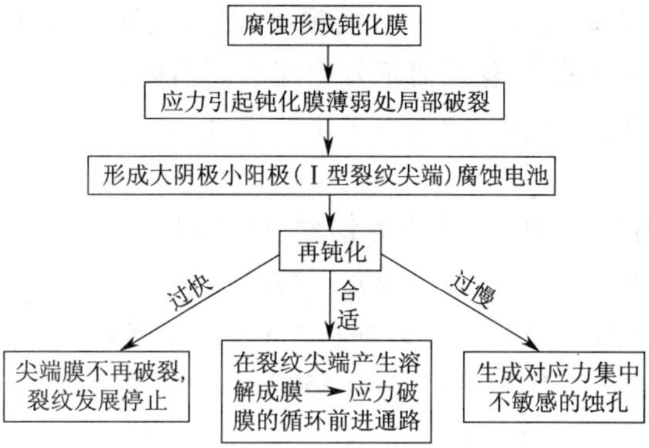

图 2—19　阳极溶解型应力腐蚀机理

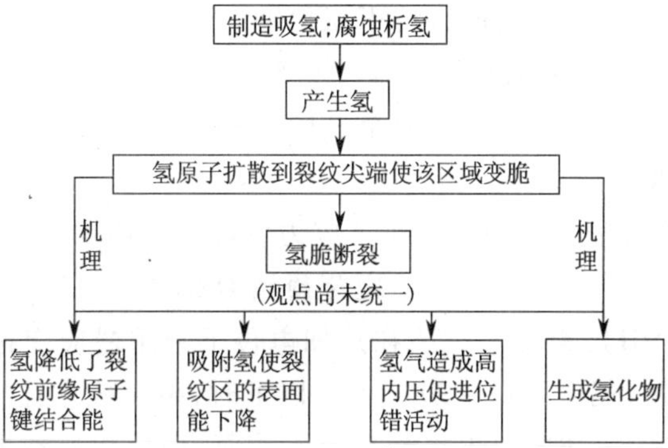

图 2—20　氢致开裂型应力腐蚀机理

2.3.2　预应力钢筋应力腐蚀的研究概况

金属材料在应力腐蚀条件下,当应力还远低于抗拉强度时就会引起应力腐蚀裂纹的产生、发展和失稳破坏。由于应力腐蚀产生的裂纹很小,在脆性断裂前一般无明显征兆,因而是一种很危险的锈蚀情况,国内外对这种现象进行了广泛的研究,但是,专门针对预应力钢筋应力腐蚀研究的文献则较少,下面就有关研究结果予以介绍。

我国冶金建筑研究院对热处理钢筋进行了应力腐蚀试验[152]:取 1.5 m 长的钢筋,在加荷架上用杠杆加荷至 $0.6f_b$,钢筋外部的套筒内加入 8 当量 NH_4NO_3 溶液,加热至 100℃。试验结果:含硅量低的热处理钢筋,抗应力腐蚀性能差,而含硅量高的 $48Si_2Mn$,其应力腐蚀断裂时间达 17 h。

南京水利科学研究院结合海工环境,对ϕ^s5 高强钢丝分别在模拟液和砂浆中做了耐应力腐蚀试验,试验结果是:在饱和 $Ca(OH)_2$ 溶液中高强钢丝一般不会发生应力腐蚀现象。在饱和 $Ca(OH)_2$ +3.5% NaCl 溶液中,高强钢丝可能发生应力腐蚀破裂,但当应力水平低于抗拉强度的 65% 、切口深度小于 1.6 mm 时,应力腐蚀破裂的机率很小。在砂浆中,当氯离子浓度小于 0.1% 时,钢丝不发生应力腐蚀破裂,随着氯离子浓度的增大，钢丝会发生应力腐蚀破裂，但当氯离子浓度大于0.7%时，钢丝表面的一般锈蚀已很严重，钢丝反而不发生断裂。当砂浆的水灰比不大于0.32时，钢丝未发生应力腐蚀破裂现象，随着水灰比的增大，砂浆密实性降低，钢丝应力腐蚀敏感性增大[152]。

文献[153]分别对光滑的消除应力钢丝、冷拔钢丝及热处理钢筋在不同温度溶液中进行了不同应力水平下的试验研究。溶液为室温下的3.5% NaCl和$CaCl_2$溶液、室温下加入3.5% NaCl和$CaCl_2$的饱和NaOH溶液、93℃下的3.5% NaCl和$CaCl_2$溶液；应力水平为1 210 MPa、1 380 MPa、1 550 MPa。结果表明，所有试件均发生了全面的或局部的锈蚀（坑蚀），但并未出现脆性破坏（断裂），由此说明氯化物环境下预应力钢筋并不发生应力腐蚀。

文献[42]对光滑的冷拉消除应力钢丝（极限强度1 800 MPa）做了两种应变速率下的试验，研究不同pH值（10，12，14）下氯化钠溶液中阳极极化能否产生应力腐蚀。第一个试验是持续了一年多的长期常应变试验，应力达到1 500 MPa；第二个试验是极慢应变速率（$2\times10^{-6}\ s^{-1}$）试验。两个试验中钢丝均发生了断裂，然而，失效被归于普通锈蚀引起的断面的减少。

文献[154]对冷拉消除应力钢丝作了应力腐蚀和氢脆的试验。试验采用三种试样：光滑试样、夏比V形切口试样以及疲劳预制裂纹试样。试验介质为加入不同量NaCl或HCl的$Ca(OH)_2$溶液。试验在外加电位下采用慢应变速率法加载，结果均出现了应力腐蚀开裂，但电位在$-900\ mV_{SHE}$以下时，裂尖酸化且放氢，失效属氢致开裂型，而高于$-600\ mV_{SHE}$时，裂尖也酸化但不放氢，酸化加速裂尖阳极溶解速率，失效属裂尖溶解型。

文献[155]对预应力钢绞线在碳化作用下的应力腐蚀特性进行了研究，用7股钢绞线中的芯线在室温下的0.05M $NaHCO_3$水溶液（pH = 8.3）中作了恒载荷（应力为80%极限强度）试验，试验中的电位控制在$-300\ mV_{SCE}$。结果在45～50 d内发生了断裂，断裂特征为典型的脆性断裂，颈缩极小，断裂面外围区呈现出准劈裂面（由应力腐蚀裂纹发展而成），而中央区则是典型的纯力学过载引起的铣刀式破坏。在断裂面附近的外表面检测到了许多短而浅的表面裂纹，而在接近外表面的内部还可检测到空隙的存在（在未作SCC前没有）。分析认为，阳极电位下，碳化可以引起预应力钢绞线的应力腐蚀破裂而使其丧失了本有的延性。应力腐蚀裂纹的产生源于钝化膜破裂引起的阳极溶解，而扩展则源于渗氢引起的空隙的产生和长大。

文献[156]对预应力混凝土用钢筋（AISI 1080）作了应力腐蚀断裂和氢脆敏感性试验研究。试验中采用了三种模拟液模拟混凝土环境：FIP模拟液（20%硫氰酸铵溶液）、普通混凝土模拟液（含0.05M NaCl的饱和$Ca(OH)_2$溶液，pH = 11.5）和含杂质的混凝土模拟液（含1g/L Cl^- + 5g/L SO_4^{-2} + 1g/L SCN^-的饱和$Ca(OH)_2$溶液）。试验采用慢应变速率试验（SSRT）和断裂力学试验（FMT）两种试验方法，结果如下：

（1）从极化曲线来看，FIP模拟液的锈蚀性过强，因而不如后两种模拟液更真实。

(2)通过 SSRT 得出，不管是回火温度为 470℃ 的光滑试样，还是回火温度为 150℃ 的预切口试样，它们在 20℃ 的普通混凝土模拟液中都存在两个应力腐蚀敏感电位区，一个是大致低于 $-0.7\ V_{NHE}$，一个是大致高于 $-0.3\ V_{NHE}$。在敏感电位区，光滑试样的断口形貌为穿晶和沿晶混合型，而预切口试样的断口形貌为沿晶型。在非敏感电位区，所有试样的断口形貌同在空气中的一样，均为穿晶型。

(3)通过 FMT 得出，在 50℃ 的含杂质的混凝土模拟液中，在锈蚀电位 E_{cor} 下，试样的临界应力强度因子 $K_{ISCC}=15\ MPa\cdot m^{1/2}$；在锈蚀电位（$-320/-360$ mV）下，在 $30\ MPa\cdot m^{1/2}$ 和 $60\ MPa\cdot m^{1/2}$ 两种应力强度因子下，原本约为 1×10^{-8} m/s 的裂纹扩展速率当环境温度超过 90℃ 以后发生突降；在阴极电位（-960 mV）下，在 $30\ MPa\cdot m^{1/2}$ 的应力强度因子下，原本约为 4×10^{-8} m/s 的裂纹扩展速率当环境温度超过 60℃ 以后发生突降；在阳极电位（-60 mV）下，在 $50\ MPa\cdot m^{1/2}$ 的应力强度因子下，原本约为 4×10^{-8} m/s 的裂纹扩展速率在环境温度低于 100℃ 内未发现突降。

(4)在阴极电位（-960 mV）下，在 $30\ MPa\cdot m^{1/2}$ 的应力强度因子下，当回火温度超过 500℃ 后，裂纹扩展速率几乎降为零；在阳极电位（-60 mV）下，在 $50\ MPa.\ m^{1/2}$ 的应力强度因子下，当回火温度超过 400℃ 后，裂纹扩展速率几乎降为零。

(5)氢在应力腐蚀开裂中扮演了十分重要的角色。

上述研究并没有得到统一的结果，而需要注意的是，许多研究都是在溶液介质环境下进行的试验，在这样的环境中，即使得出应力腐蚀敏感的结论，也不能与实际结构工程环境相吻合。

2.3.3 钢绞线的应力腐蚀敏感性研究

2.3.3.1 阳极溶解型应力腐蚀敏感性理论分析

能引起碳钢应力腐蚀的介质主要有：NO_3^- 水溶液、HCN 水溶液、H_2S 水溶液、Na_2PO_4 水溶液、醋酸水溶液、NH_4CNS 水溶液、氨水、碳酸盐和重碳酸盐溶液、湿 CO—CO_2—空气、海洋大气、工业大气、浓硝酸、硝酸和硫酸混合酸等[157]。

当碳钢的含碳量约为 0.12% 时其应力腐蚀敏感性最大，低于或超过此值都会逐渐降低[158]。其原因的解释目前尚未统一，作者认为可从碳钢的组织结构入手进行分析。

含碳量较高的共析钢中，其组织结构为由铁素体和渗碳体按一定的比例均匀混合而成的珠光体。珠光体在空间又形成不同的位向，如图 2—3(a)所示，这使锈蚀不易（甚至无法）沿着一条或几条便捷的横向通道向纵深发展，而只能从表面开始全面锈蚀（铁素体为阳极，渗碳体为阴极），整体向内逐渐推进，因而不易发生阳极溶解型应力腐蚀；含碳量更高的过共析钢，如图 2—3(c)所示，与其类似。

含碳量较低的亚共析钢中，其组织结构由先共析铁素体和共析珠光体组成，如图 2—3(b)所示，当含碳量合适（0.12% 左右）时，可以形成横向连通性较好的珠光体与铁素体的界面，界面两侧的铁素体（包括先共析铁素体和共析珠光体中的铁素体）作为阳极，渗碳体作为阴极，如此形成一条或几条便捷的横向锈蚀通道而使锈蚀向纵深发展，从而容易产生阳极溶解型的应力腐蚀。当含碳量远离（大于或小于）这个值时，都不容易形成横向连通性较好的两相界面，因而使应力腐蚀的敏感性都降低。上述解释可用图 2—21 表示。

(a) w_C<0.12%　　(b) w_C=0.12%　　(c) w_C>0.12%

图 2—21　碳钢组织结构与界面溶解通路

预应力钢绞线的含碳量（表 2—1）与共析钢接近，其组织主要为片状细珠光体（即索氏体），另外还有少量的先共析铁素体（w_C < 0.77% 时）或先共析渗碳体（w_C > 0.77% 时）。片状细珠光体经冷拔后其珠光体细片的取向大致平行于纵轴线方向，如图 2—7(b) 所示。根据上述分析，这种组织结构发生横向阳极溶解型应力腐蚀的可能很小。

2.3.3.2　氢致开裂型应力腐蚀敏感性理论分析

钢绞线的微观组织结构决定了其发生横向阳极溶解型应力腐蚀的可能性很小，但是，如果有氢扩散进入钢绞线内部，则其中有些氢原子直接进入氢陷阱（如各种晶体缺陷、第二相、有些溶质元素以及三向拉应力区），有些存在于晶格间隙位置处；处于晶格间隙位置的氢原子在浓度梯度和应力梯度的作用下要进行扩散，扩散过程中又会陷入氢陷阱。上述过程可以引起氢在陷阱中的富集，富集到一定程度便可引起氢致开裂。

显然，在外应力的作用下，只要有充分的氢扩散进入钢绞线内部，那么氢致开裂就必然会发生，因此，氢供应的充分与否是钢绞线能否发生氢致开裂的关键。对预应力混凝土结构中的钢绞线而言，常有三种可能的氢源，一是在供水充分的条件下，当锈蚀介质（如 Cl^-）引起钢绞线表面局部钝化膜破裂以后可能形成"闭塞电池腐蚀"，这种腐蚀会产生氢原子；二是有些工程对钢绞线施行了阴极保护措施，其间如果控制不当，出现过保护现象，也会产生氢原子；三是钢绞线制作过程中的酸洗可能产生氢原子。

对于钢绞线而言，其特殊的微观组织结构使其具有很多的位错、相界、晶界以及微裂纹等氢陷阱，要使这些陷阱内的氢达到较高的富集度相对比较困难，它需要有充分的氢产生和扩散。同时，许多相界和晶界缺陷与钢丝纵轴基本平行，这些部位即使产生开裂，也对钢丝横向断裂影响不大。因此，定性来讲，钢绞线的氢致开裂尤其氢致横向断裂相对比较困难。

2.3.3.3 试验研究

为研究先张法和后张法两种预应力结构体系中钢绞线在不同应力条件、不同氯离子浓度条件以及不同气候条件下的应力腐蚀敏感性，安排了表 2—6 的试验。试件尺寸为 300 mm(宽) ×200 mm(高) ×1 000 mm(长)，混凝土强度等级为 C30，钢绞线规格为ϕ^s12.7(1 ×7)1860 级。锚固预应力损失控制采用二次补张拉插垫片法[106]。

表 2—6　钢绞线应力腐蚀敏感性试验安排

气候条件	试件结构类型	Cl^- 浓度	应力水平及试件编号		
			$\sigma_{pe}=0.7f_{ptk}$	$\sigma_{pe}=0.5f_{ptk}$	$\sigma_{pe}=0.3f_{ptk}$
恒温 30℃ ±2℃	先张	3.0%	CRO1	CRO2	CRO3
恒湿 80% ±5%	先张	0.6%	CRO4	CRO5	CRO6
徐州地区室外棚下气候(当年 9 月 10 日至次年 9 月 16 日)	先张	0.6%	CRO7	CRO8	CRO9
	后张(钢管抽芯成孔)	0.6%	CRO10	CRO11	CRO12
	后张(金属波纹管成孔)	0.6%	CRO13	—	—
	后张(金属波纹管成孔)	3.0%	CRO14	—	—

通过长达 53 周的锈蚀电位测试以及是否断裂的观察，发现所有 14 根钢绞线在此期间均未断裂，其锈蚀电位如图 2—22 和图 2—23 所示。

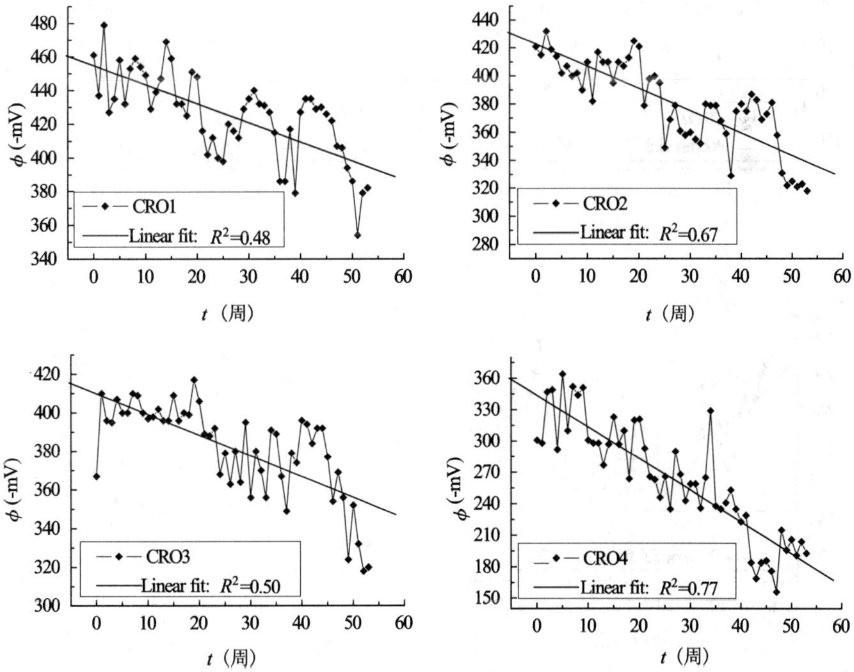

图　2—22

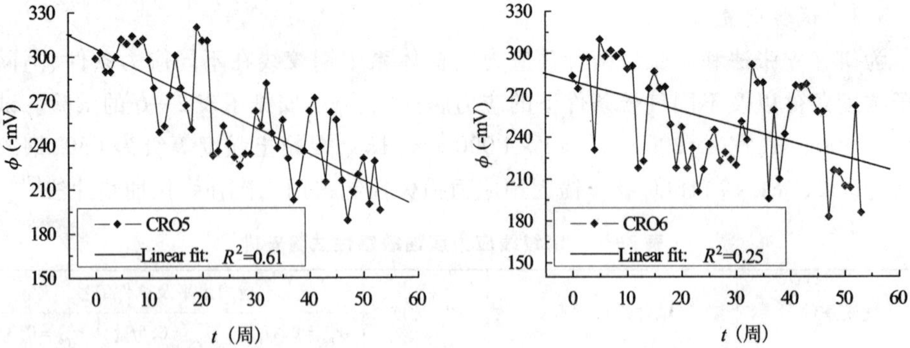

图 2—22　恒温恒湿环境下预应力钢绞线锈蚀电位时变监测结果

根据文献[149],对氯盐环境下碳钢的点蚀或缝隙锈蚀,其缝内外的电位有所不同,约为－700～－900 mV(SCE),缝内外电位相等或接近。如正于－700 mV,缝外电位正于缝内电位;负于－900 mV,缝外电位负于缝内电位。

根据文献[154],－600 mV是钢绞线的放氢电位上限,而较大范围出现负于－900 mV的电位时,才能够放出足够的氢引起钢绞线的氢致开裂。

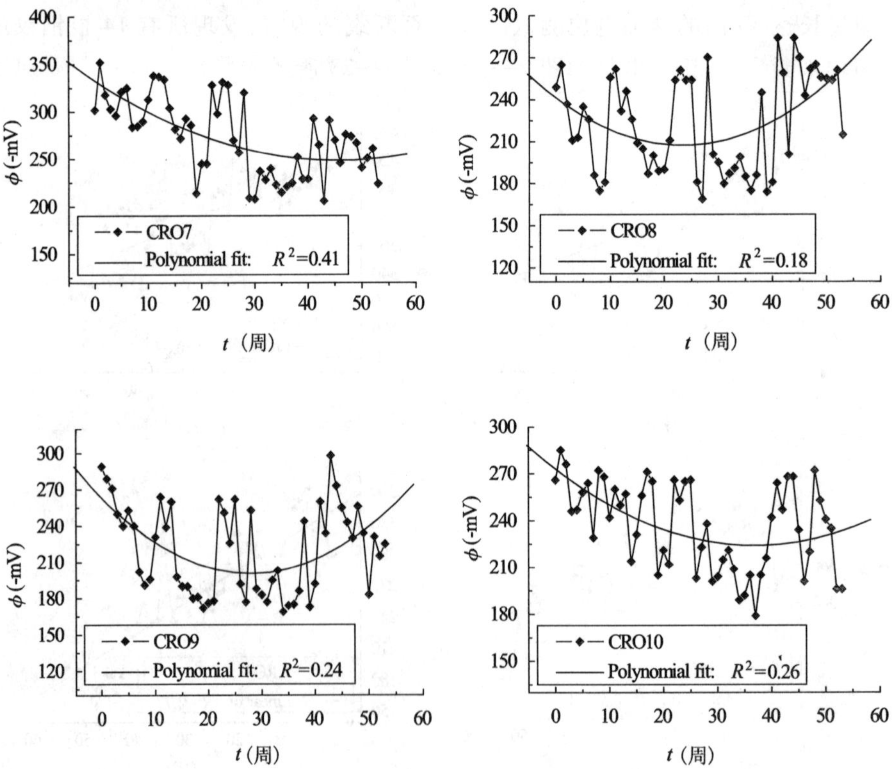

图　2—23

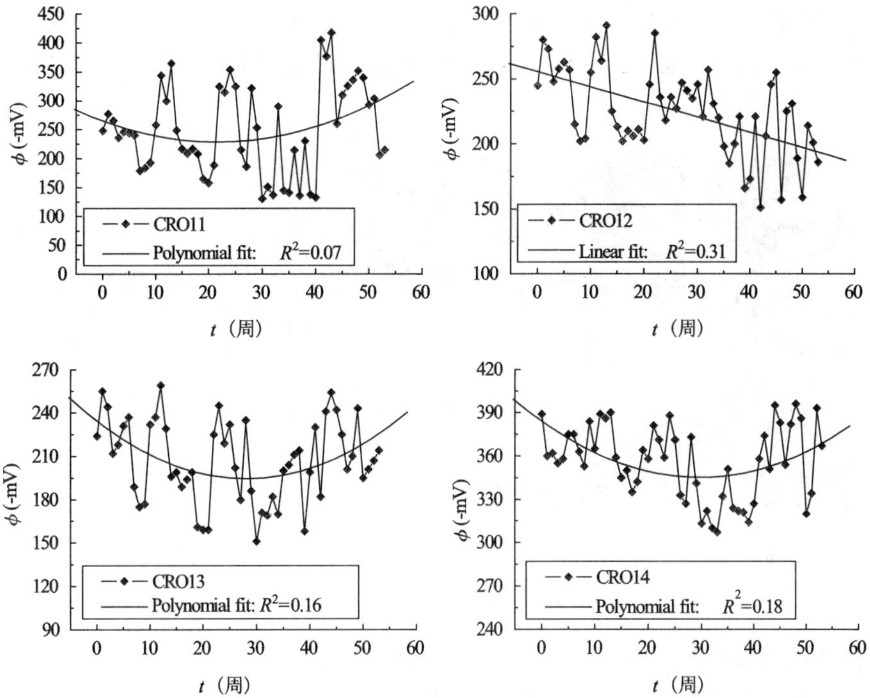

图 2—23　徐州地区室外棚下环境中预应力钢绞线锈蚀电位时变监测结果

注:图中有关横坐标对应日期:0 =9 月 10 日,20 =1 月 28 日,53 =9 月 16 日。

从本研究的监测结果来看,所有试样的全程锈蚀电位(综合电位)都正于 -700 mV,因此,即使局部蚀坑内的电位比监测值更负,也不会负于 -700 mV,因而距离 -900 mV 还有很大差距,由此可以推断,这些试样均不会发生应力腐蚀。

综合上述理论分析和试验研究结果可以认为,氯盐环境下混凝土中钢绞线既不易发生阳极溶解型应力腐蚀,也不易发生氢致开裂型应力腐蚀,因而主要需要考虑基于一般锈蚀的性能退化问题。

2.4　钢筋的腐蚀疲劳断裂特性

实际工程环境下的腐蚀疲劳是一个长期累积的过程,在有限的时间内难以准确模拟。目前,试验室的研究一般都是加速进行的。首先采用一般锈蚀方式对钢绞线钢丝和光圆钢筋进行锈蚀,然后在空气中对其进行弯曲疲劳试验,以此探讨两类钢筋锈蚀后的疲劳断裂特性[159]。

试验中采用了对称等幅弯曲疲劳制度,弯曲角度为 60°,弯曲频率为每秒 1 次。

图 2—24 为受锈蚀钢绞线(ϕ^s15. 2(1 ×7)1860)中的钢丝和普通光圆钢筋(HPB235 级ϕ6)的弯曲疲劳断面,从中可以看出,普通光圆钢筋的断面总体平行于横断面,比较平坦,可以观察到疲劳断裂扩展区(图中发亮的断面区)和残余截面瞬断

区(图中发暗的断面区),显示了各向同性的特征;而钢绞线钢丝的断面非常粗糙,断裂扩展区由横向扩展区和纵向扩展区两部分组成,最后瞬断区总体平行于横断面,整个断裂显示了各向异性特征。

(a) 钢丝宏观断面(共轭)　(b) 钢丝断面SEM照片　(c) 光圆钢筋宏观断面

图 2—24　锈蚀钢绞线钢丝及普通光圆钢筋在空气中的弯曲疲劳断面

受锈蚀钢绞线钢丝的疲劳断裂过程可分为裂纹形核、裂纹横向扩展、裂纹纵向扩展以及残余截面瞬断四个阶段,如图 2—25 所示。

在铁素体和渗碳体组成的混合体中,锈蚀溶解只发生在铁素体中,因而锈蚀表面在细观上很不平坦,在往复应力下容易产生应力集中,因而裂纹形核位置一般在锈蚀坑处,且可在多个坑处形核。形核机制是通过正交滑移面的相交销毁位错,从而形成孔洞[160],孔洞便成为裂纹核。

裂纹形核后,在拉应力的半周期内,裂纹尖端在应力集中的作用下因局部塑性流变而向前扩展,但同时也使裂纹尖端钝化而释放应力,扩展最终停止。在压应力的半周期内,先前张开钝化的裂纹重新闭合,裂纹尖端又尖锐化,从而在下一个拉应力半周期内承受应力集中作用而作新一次的扩展。如此拉压往复交替,裂纹不断向前扩展。裂纹的局部扩展既有沿倾斜方向(大致与钢丝纵轴线成 45°)滑移或解理的,也有沿横断面方向韧断的,但总体扩展基本沿横断面方向,如图 2—25(b)所示。

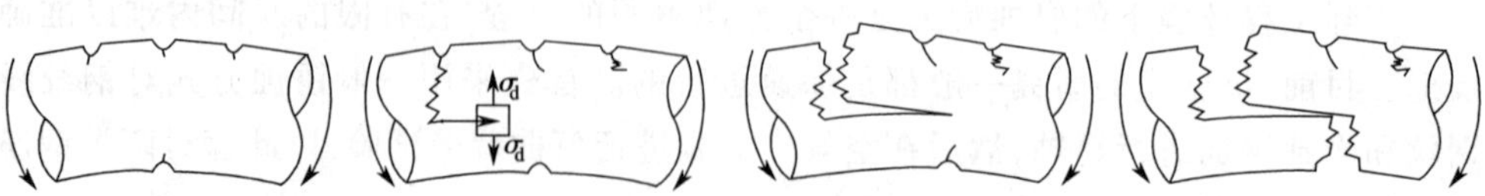

(a)裂纹形核　(b)裂纹横向扩展　(c)裂纹纵向扩展　(d)残余截面瞬断

图 2—25　锈蚀钢绞线钢丝的弯曲疲劳断裂发展过程

随着裂纹横向扩展的不断进行,裂纹所在横截面的抗弯刚度(记作 B)也不断减小,于是,裂纹所在横截面与其两侧相邻横截面的抗弯刚度之间出现了不断发展的突变，由于各截面的弯矩（记作 M）相同，因此，裂纹所在横截面与其两侧相邻横截面的曲率（记作 ϕ，$\phi=M/B$）之间也要发生突变，但曲率的突变又不符合变形协调条件，因此，所谓的突变也只是在裂纹所在横截面两侧附近很短的区域内完成曲率的快速但却连续的变化，于是，裂纹两侧截面也出现了较大的曲率。由于裂纹的两个裂开面是自由的，因此，裂纹两侧截面的整体弯曲必须要靠裂纹尖端以下区域对裂纹尖端以上区域的拖拽方能实现，即在裂纹尖端出现了纵向剥离应力 σ_d，如图 2—25（b）所示。

由于钢丝的各向异性特性，使剥离应力发展到一定程度时有可能大于剥离强度，于是出现了沿纵向剥离的裂纹扩展模式，如图 2—25（c）所示，其开裂机制为解理机制如图 2—25（b）所示。

当剥离裂纹扩展至与钢丝另一侧较深横向扩展裂纹的延长线接近垂直相交时，发生了薄弱残余截面的过载瞬断，如图 2—26（d）所示，断裂机制多为韧窝机制，也有滑移机制。

综上所述，由于微观组织结构的不同，使得钢绞线钢丝的腐蚀疲劳断裂具有典型的各向异性特征，断裂的扩展区由横向扩展区和纵向扩展区两部分组成，而普通光圆钢筋的腐蚀疲劳断裂则相反，具有典型的各向同性特征，断裂面为一个完整的横断面。从两类钢筋不同的腐蚀疲劳断裂特性可以看出，钢绞线钢丝的断裂耗能能力要好于普通光圆钢筋，即在疲劳作用控制下，钢绞线钢丝的腐蚀疲劳断裂性能好于普通光圆钢筋。

2.5 小　　结

本章基于试验研究和理论分析论述了氯盐环境下混凝土中钢筋的一般锈蚀特征、应力腐蚀敏感性以及腐蚀疲劳断裂特征等问题，得到的主要结论如下：

（1）在热轧光圆钢筋、热轧带肋钢筋及钢绞线三者中，钢绞线的锈蚀均匀性最差，具有最为严重的局部锈蚀——坑蚀形态。

出现上述差别的主要原因有二，一是更多的渗碳体含量使钢绞线钢丝具有更多的锈蚀微电池阴极，因而在锈蚀初期更容易在其表面形成钝化膜，而且其光滑的外表面又使其钝化膜最为平整、完备，这使氯离子穿透钝化膜而建立蚀核的几率较小，于是，较少的蚀核充分锈蚀，继而迅速长大为蚀孔、蚀坑。二是钢绞线表面存在着宏观的凹凸不平，这使其与混凝土的界面上容易形成亚微观乃至宏观的气泡等缺陷，从而使锈蚀介质容易积聚在此处而引起局部的剧烈锈蚀。

钢绞线严重的局部锈蚀会对其抗拉承载力产生严重削弱，这对正常工作状态下处于高应力状态的钢绞线而言会造成极其严重的后果。对于热轧带肋钢筋和热轧光圆钢筋，其局部锈蚀相对轻微，主要表现为相对全面的、均匀的锈蚀，这对其抗拉承载力的影响较小，而对其黏结性能却有较大的影响。

钢绞线钢丝的蚀坑几何形状可抽象为椭球形及马鞍形两种典型形状，两种蚀坑内多见纵向锈蚀条纹，这是由钢绞线钢丝典型的拉伸珠光体微结构所形成。随着锈蚀率增大，蚀坑密度总体上有所增大。对同一锈蚀率钢绞线而言，相对浅、短、中宽的蚀坑分布较多，而深、长、宽或深、长、窄的蚀坑分布较少。对不同锈蚀率钢绞线而言，随着锈蚀率增大，锈蚀钢绞线上各蚀坑的尺寸渐趋接近，其中坑深和坑长偏聚于各自的较小值附近，而坑宽则偏聚于其中等值附近。

(2)根据碳钢的微观组织结构分析及长期试验研究结果提出，预应力钢绞线不易发生应力腐蚀。

钢绞线特有的拉伸珠光体微结构不易形成横向连通性较好的两相界面，从而使锈蚀不易(甚至无法)沿着一条或几条便捷的横向通道向纵深发展，因而难以形成阳极溶解型应力腐蚀。同时，钢绞线复杂的制作过程使其拥有大量的氢陷阱(如位错、相界、晶界及微裂纹等)，因此，即使在潮湿的氯盐环境下发生闭塞电池锈蚀而产生氢原子，而要使上述大量陷阱内的氢达到较高的富集度则比较困难，因此，混凝土内钢绞线也难以发生氢致开裂型应力腐蚀。应力腐蚀敏感性长期试验研究结果也证实了这一结论。

(3)由于微观组织结构的不同，使得钢绞线钢丝的腐蚀疲劳断裂具有典型的各向异性特征，断裂的扩展区由横向扩展区和纵向扩展区两部分组成，而普通光圆钢筋的腐蚀疲劳断裂则相反，具有典型的各向同性特征，断裂面为一个完整的横断面。

(4)氯盐环境下，混凝土中钢筋的锈蚀问题主要包括一般锈蚀和基于一般锈蚀的腐蚀疲劳问题，应力腐蚀问题可以不予考虑。

第3章 锈蚀钢筋力学性能退化规律及概率强度预计模型

锈蚀会引起钢筋的强度、延性及模量等宏观力学性能发生退化，继而引起混凝土结构力学性能发生退化。目前，已有许多学者通过试验或有限元模拟研究了锈蚀普通钢筋力学性能退化规律及预计模型问题[79-86]，并在许多方面（尤其退化规律）得到较为统一的结论，例如锈蚀引起钢筋名义屈服强度和名义极限强度呈近似线性的退化趋势；锈蚀引起钢筋延性下降、屈服平台缩短、极限延伸率降低等。关于锈蚀预应力钢筋力学性能退化问题的研究则相对较少。

本章根据国内外大量相关研究成果，结合中国矿业大学近年来的有关试验结果，系统介绍、分析普通钢筋及预应力钢筋锈蚀后的各种力学性能退化规律，并建立基于实用概率极限状态方法的结构承载力评估与设计用钢筋强度平均值、标准值、设计值等概率强度预计模型。

本章在讨论钢筋力学性能参数时，将一律采用名义参数。事实上，对于完全均匀锈蚀的钢筋，锈蚀效应仅仅体现在引起钢筋截面面积减小，但这种情况几乎不会存在，几乎所有的钢筋锈蚀都不同程度的表现为不均匀锈蚀，因此，锈蚀效应除了引起钢筋截面面积减小之外，还存在蚀坑处的应力集中效应，这种效应在宏观上表现为钢筋强度和延性的降低。《混凝土结构耐久性评定标准》（CECS 220:2007）[161]中分别考虑了上述两种效应。由于不均匀锈蚀条件下钢筋截面面积的减小只能用一段钢筋范围内的平均减小值来反映，这个值实际上是名义的，同时，强度和延性的减小也只能是一段钢筋范围内的一个平均值，它也属于名义值的范畴。部分学者在研究锈蚀钢筋强度退化时将这两种效应合二为一，直接用名义强度（屈服荷载或极限荷载与钢筋公称面积的比值）反映锈蚀效应[79,81]，这实际上使讨论更加简便，也能更直观反应钢筋锈蚀对其受拉性能的总体影响，因此，本书也将采用一套名义参数反映钢筋的锈蚀效应，即名义应力（对应的强度包括名义屈服强度和名义极限强度）、名义应变（对应的变形能力包括名义极限应变）和名义弹性模量等。

$$\text{名义应力}=\frac{\text{锈蚀钢筋某时受到的拉力}}{\text{该钢筋未锈蚀时的面积}} \tag{3—1}$$

$$\text{名义屈服强度}=\frac{\text{锈蚀钢筋的屈服拉力}}{\text{该钢筋未锈蚀时的面积}} \tag{3—2}$$

$$\text{名义极限强度}=\frac{\text{锈蚀钢筋的极限拉力}}{\text{该钢筋未锈蚀时的面积}} \tag{3—3}$$

$$名义应变 = \frac{锈蚀钢筋某时的伸长量}{该钢筋未受拉时的长度} \tag{3—4}$$

$$名义极限应变 = \frac{锈蚀钢筋承受极限拉力时的伸长量}{该钢筋未受拉时的长度} \tag{3—5}$$

$$名义弹性模量 = \frac{弹性阶段时的任一名义应力}{该应力对应的应变} \tag{3—6}$$

由于预应力钢筋属于硬钢,没有明显的屈服平台,所以其名义屈服强度按残余应变为 0.2% 对应的应力(条件屈服点)获取,即 $\sigma_{0.2}$。

3.1 锈蚀普通钢筋力学性能退化规律及概率强度预计模型

3.1.1 名义应力—应变曲线特征

大量研究[79-81]表明,随着锈蚀的发展,钢筋的名义屈服强度、名义极限强度、名义极限应变均发生退化,屈服平台缩短直至消失。

文献[82]通过 267 根锈蚀钢筋的拉伸试验,较系统地研究了锈蚀钢筋的应力—应变关系及特征参数退化规律,建立了两类适用于不同锈蚀程度钢筋的应力—应变关系物理模型,如图 3—1 所示,图中纵轴表示的应力系按考虑平均截面损失后的剩余截面计算所得。三段式模型和两段式模型分别适用于锈蚀程度较小和较大的钢筋。根据从 50 余年历史的旧厂房外墙悬挑雨篷混凝土板中获取的 76 根锈蚀钢筋拉伸试验结果,给出了实际工程锈蚀条件下两种模型的临界锈蚀率建议值:变形钢筋为 20% ,光圆钢筋为 10% 。同时,文献[82]研究结果表明,以平均剩余截面计算所得的弹性模量不随锈蚀率的变化而变化。据此得到其锈蚀钢筋应力—应变关系物理模型的演进过程,如图 3—1(c)所示。

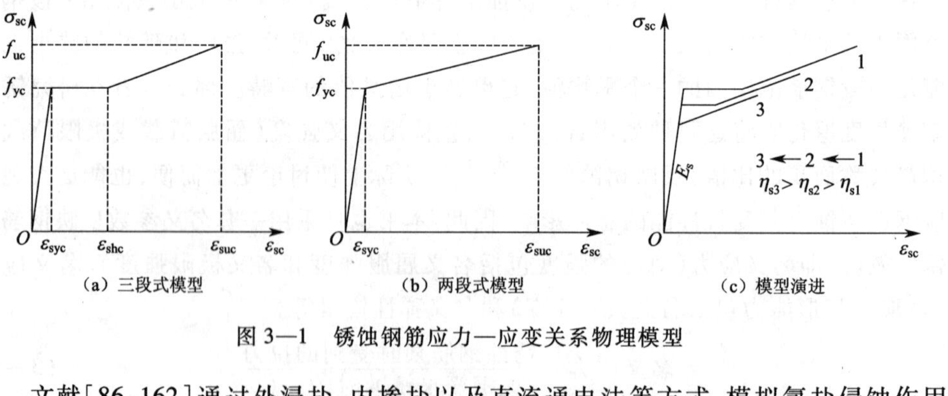

图 3—1 锈蚀钢筋应力—应变关系物理模型

文献[86,162]通过外浸盐、内掺盐以及直流通电法等方式,模拟氯盐侵蚀作用获得锈蚀钢筋,并对其力学性能进行了较为系统地研究,在强度退化、延性退化以及屈服平台退化等问题上,得到了与其他许多研究类似的定性结论,同时也得到了相关退化模型。

图 3—2 为通过外浸盐引起的不同锈蚀程度钢筋的名义应力—应变曲线。深入观察这些曲线的特征发现，锈蚀钢筋的曲线在线弹性段与整体屈服段之间存在着一个变形模量逐渐退化的过渡段，而且锈蚀率越大，过渡段越长。出现这种现象的根本原因在于钢筋的不均匀锈蚀，下面予以分析。

由于握裹钢筋的混凝土的不均质性以及环境作用的非恒定性，混凝土中钢筋严格来讲都是不均匀锈蚀，只不过一般情况下碳化引起的锈蚀不均匀程度较轻，而氯盐引起的锈蚀不均匀程度较明显，同时，在同一段钢筋上，有些部位不均匀锈蚀更为明显，而有些部位的不均匀锈蚀程度相对较轻。

钢筋锈蚀的发展体现在两个方面：一是从点到片到面的总体锈蚀发展，二是蚀坑从小到大到连片的局部锈蚀发展。因此，任何锈蚀程度的钢筋都显现为由相对较均匀的锈蚀与散布于其中的若干较明显的局部锈坑组成。当锈蚀程度较轻时，散布的锈坑数量也较少，锈坑的尺寸也较小；当锈蚀程度增大时，散布的锈坑数量也增多，锈坑的尺寸也增大。

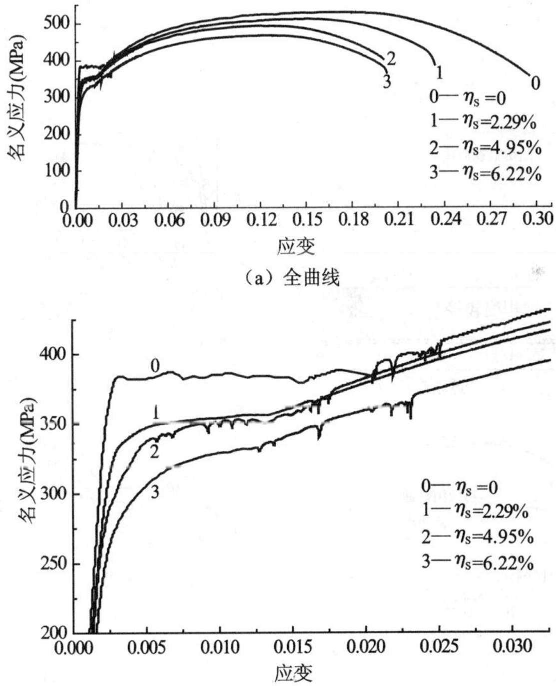

(a) 全曲线

(b) 局部曲线

图 3—2　不同锈蚀率钢筋的名义应力—应变曲线对比[86]

图 3—3 为考虑钢筋不均匀锈蚀对其应力—应变曲线影响的分析。为便于分析，将钢筋上锈蚀程度相近的区域集中到一起（实际散布在钢筋表面），如此形成几个锈蚀区段，这几个区段也只是示意性的，实际会有很多区段。此时，当钢筋受拉时，锈蚀程度严重的 1 区首先屈服，其他区域尚处在线弹性阶段；1 区完成屈服变形后进入应

变强化阶段，其截面抗拉能力重新增长，这种增长又使锈蚀程度较轻的 2 区相继进入屈服阶段和应变强化阶段；随着 2 区应变强化的发展，锈蚀程度更轻的 3 区又会相继进入屈服阶段和应变强化阶段；如此往复，直到最终全面完成屈服而进入应变强化。

在某个区域局部发生屈服的过程中，其屈服伸长量被平均到整个标距范围内后所得名义应变增量将会很小，因此总体名义应力—应变曲线会出现一个很小的屈服台阶；当多个局部区域先后发生屈服后，总体名义应力—应变曲线将在线弹性段与整体屈服段之间出现一个变形模量逐渐退化的过渡段——应变强化段，锈蚀率越大，过渡段也越长。因此，锈蚀钢筋的总体名义应力—应变曲线可以分为总体线弹性段（TE 段）、显著坑蚀区屈服强化段（LYH 段）、相对均匀锈蚀区屈服段（TY 段）和总体强化段（TH 段）。

随锈蚀率增大，TE 段缩短，LYH 段增长，TY 段和 TH 段均缩短乃至消失；在 TE 段，随锈蚀率增大，名义弹性模量减小，如图 3—3（d）所示。

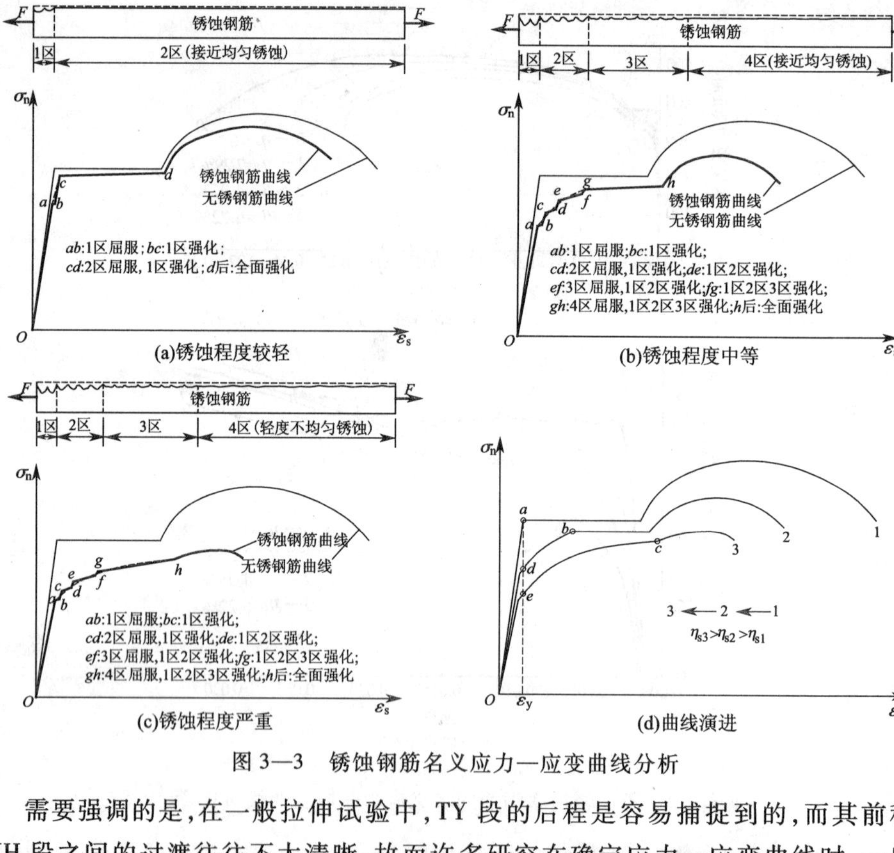

图 3—3　锈蚀钢筋名义应力—应变曲线分析

需要强调的是，在一般拉伸试验中，TY 段的后程是容易捕捉到的，而其前程与 LYH 段之间的过渡往往不太清晰，故而许多研究在确定应力—应变曲线时，一般都忽略 LYH 段，直接由 TE 段和 TY 段延伸相交形成突变性过渡，如图 3—1 所示。这样，所确定的名义屈服应力为图 3—3（d）中 a 点（曲线 1）、b 点（曲线 2）、c 点（曲线 3）所对应的应力，显然，要达到这样的应力水平，对于锈蚀比较严重的钢筋来说，需要很大的应变，远大于未锈蚀钢筋的屈服应变 ε_y。在一般钢筋混凝土构件中，过大的应变可能早已使受压区边缘混凝土超过其极限压应变而破坏，也就是说，在一般钢筋混凝土构件中，锈蚀钢筋的应力应变尚未发展到 b 点或 c 点时构件就已破坏。因此，以图 3—3(d)中 b 点(曲线 2)或 c 点(曲线 3)对应的应力作为设计用屈服强度是冒进的，不安全的，有必要基于应变控制确定设计用屈服强度。文献[163]在试验获取锈蚀钢筋屈服强度时采用的就是平均应变为 0.002 时所对应的应力值，这一做法在一定意义上考虑了 LYH 段的影响，但对于不同等级的普通钢筋都用该值不尽合理，可以参考硬钢条件屈服强度的取法，取 $\sigma_{0.2}$作为锈蚀普通钢筋屈服强度。

3.1.2 力学性能退化规律

锈蚀引起的钢筋截面积减小和蚀坑处应力集中效应会导致钢筋名义强度和变形性能降低，从而引起钢筋混凝土构件的力学性能退化。随锈蚀程度的变化，钢筋名义强度和变形性能的退化规律是锈蚀钢筋混凝土构件力学性能评价所关心的基本问题。

前已述及，任何锈蚀程度的钢筋都由相对较均匀的锈蚀与散布于其中的若干较明显的局部锈坑组成。因此，对于名义极限强度和名义极限应变以及极限延伸率等参数，它们都由最不利的局部锈坑所控制。同时，对于名义屈服强度，若该强度是基于应变控制所确定的，则其主要由若干较明显的局部锈坑处的率先屈服强化过程所控制，但若是基于屈服应力平台所确定(传统确定方法都如此)，则其主要由相对均匀锈蚀区的屈服所控制。

对于名义极限强度、名义极限应变、极限延伸率以及基于应变控制所确定的名义屈服强度等参数，它们都由局部锈坑所控制，退化程度大于平均锈蚀损伤程度(平均锈蚀率)；反之，对于基于屈服应力平台所确定的名义屈服强度，它是由相对均匀锈蚀区的屈服所控制，因此，退化程度小于平均锈蚀损伤程度。

国内外学者对锈蚀钢筋力学性能退化规律进行了广泛的试验研究，得到了大量基于试验统计平均值的退化规律拟合模型，这里基于名义参数对其中部分结果进行整理，见表 3—1。各有关名义参数的定义如下：

$$f_{ym,c}=k_{ymn}\cdot f_{ym,0} \tag{3—7}$$

$$f_{um,c}=k_{umn}\cdot f_{um,0} \tag{3—8}$$

$$\varepsilon_{um,c}=\alpha_{umn}\cdot\varepsilon_{um,0} \tag{3—9}$$

$$\delta_{m,c}=\gamma_{mn}\cdot\delta_{m,0} \tag{3—10}$$

$$E_{sm,c}=k_{Emn}\cdot E_{sm,0} \tag{3—11}$$

式中，$f_{ym,c}$、$f_{um,c}$、$\varepsilon_{um,c}$、$\delta_{m,c}$、$E_{sm,c}$分别为锈蚀普通钢筋的名义屈服强度平均值、名义极限强度平均值、名义极限应变平均值、延伸率平均值、名义弹性模量平均值；$f_{ym,0}$、$f_{um,0}$、$\varepsilon_{um,0}$、$\delta_{m,0}$、$E_{sm,0}$分别为未锈蚀普通钢筋的屈服强度平均值、极限强度平均值、极限应变平均值、延伸率平均值、弹性模量平均值；k_{ymn}、k_{umn}、α_{umn}、γ_{mn}、k_{Emn}分别为锈蚀普通钢筋的名义屈服强度平均值退化系数、名义极限强度平均值退化系数、名义极限应变平均值退化系数、延伸率平均值的退化系数、名义弹性模量平均值退化系数，这些系数是平均锈蚀率 η_s 的函数。

表 3—1　锈蚀钢筋力学性能名义参数退化系数

文献	试样来源	锈蚀率范围	k_{ymn}	k_{umn}	α_{umn}	γ_{mn}
[79]	实际工程锈蚀构件	0～60%	$0.986-1.038\eta_s$	$0.981-1.052\eta_s$	$0.874-1.2\eta_s$	—
[81]	实际工程锈蚀构件＋通电＋人工锈坑	0～50%	$0.962-0.848\eta_s$	—	$1.088-3.573\eta_s$	$1.088-3.573\eta_s$
[82]	实际工程锈蚀构件	0～80%	$1-1.049\eta_s$	$1-1.119\eta_s$	$e^{-2.501\eta_s}$	$e^{-2.501\eta_s}$
[164]	实际工程氯盐锈蚀构件	0～25%	$1-1.7\eta_s$	$1-1.8\eta_s$	—	$1-6.0\eta_s$
[161]	当 $\eta_s\leqslant5\%$ 且锈蚀较均匀时：$k_{ymn}=1-1.0\eta_s$ 当 $\eta_s\leqslant5\%$ 且锈蚀不均匀、以及 $5\%\leqslant\eta_s\leqslant12\%$ 时：$k_{ymn}=1-1.077\eta_s$					

上述及其他大量有关锈蚀钢筋力学性能退化规律的研究结果可归纳为从下几个方面。

(1)锈蚀钢筋的名义屈服强度和名义极限强度都体现了较好的线性退化规律，其名义极限应变或延伸率也有较好的线性退化规律，部分结果显示的指数退化规律也属于弱指数关系，与线性关系较为接近。

(2)名义极限强度比名义屈服强度受局部坑蚀效应的影响更大，因此，名义极限强度比名义屈服强度随锈蚀率增大而退化的速率更快，体现在退化系数公式中即为 η_s 前面的系数前者大于后者。

(3)大多数基于实际工程锈蚀钢筋研究结论给出的名义屈服强度和名义极限强度的退化系数都比较接近 1.0，而名义极限应变(或延伸率)的退化系数则比较离散。不过，从理论上讲，名义极限应变和名义极限强度的退化是同步的，因此，名义极限应变的退化系数也应该比较接近 1.0。这说明，实际工程锈蚀普通钢筋的坑蚀效应不是特别显著，作为一种近似处理方法，按均匀锈蚀考虑各项力学性能参数退化是可以接受的。

(4)关于锈蚀钢筋弹性模量退化问题的研究结论也较多，但各结论间差异较大。前已述及，实际工程锈蚀普通钢筋的坑蚀效应不是特别显著，因此，锈蚀钢筋的名义弹性模量可近似按均匀锈蚀考虑，其退化系数可以取为 1.0。

3.1.3　名义概率强度预计模型

3.1.3.1　概率强度

在钢筋混凝土结构承载力计算中，普通钢筋的屈服强度是其计算用基本强度。不管是承载力评估还是承载力设计，都不可能获得每根钢筋的实际强度，必须要根据少量试样的试验强度结果去推断大量的其他钢筋的设计用强度值。因此,说钢筋的某项强度实际上表达了一种随机问题,例如,对于钢筋的抗拉屈服强度,其受拉屈服问题就是一个随机问题,其屈服与否是一个概率问题,获得其屈服失效概率模型是研究其屈服强度的关键问题。

锈蚀钢筋屈服随机事件的随机性表现在腐蚀分布的随机性、荷载作用的随机性以及材料性能的不定性等方面。因此,为了获得其屈服失效概率模型,首先需要建立合理的屈服准则,然后获得其基于平均名义应力和腐蚀程度的屈服效应以及屈服抗力的随机分布模型,最后采用概率理论获得屈服失效概率模型,该模型可以钢筋受到的平均名义应力 σ_m 和平均锈蚀率 η_s 作为自变量,即

$$p_f = p_f(\sigma_m, \eta_s) \tag{3—12}$$

在现代概率极限状态计算理论中,往往以平均值、标准值或设计值作为材料强度的计算用值,三者均属于概率取值。

材料强度平均值大致为 0.5 的分位值(具有 50% 保证率),一般情况下,材料强度标准值为 0.05 的分位值(具有 95% 保证率),但钢筋强度有所例外。《混凝土结构设计规范》(GB 50010—2002)[165] 将钢筋强度标准值的分位值定为 0.022 8(具有 97.72% 保证率)。材料强度设计值是由标准值除以大于 1 的材料分项系数而得,其对应的保证率进一步提高,但具体值并不明确。

因此,只要获得钢筋的屈服失效概率模型,见式(3—12),就可以取 $p_f = 0.5$ 或 $p_f = 0.022\,8$,从而得到平均名义应力 σ_m 随平均锈蚀率 η_s 变化的模型,该模型即为锈蚀钢筋的屈服强度平均值或标准值模型,然后再由标准值模型除以材料分项系数即可得到锈蚀钢筋的屈服强度设计值模型。

3.1.3.2 抗拉屈服概率强度近似预计模型

目前条件下,大量关于锈蚀普通钢筋屈服强度研究的现有成果都是给出基于锈蚀率退化的试验拟合模型,该模型更大程度上属于平均值退化模型,如式(3—7)所示。这里就以有关试验拟合模型作为锈蚀普通钢筋名义抗拉屈服强度平均值预计模型,在此基础上,借助试验统计变异系数进一步获得标准值预计模型,然后由标准值除以钢筋材料分项系数得到设计值预计模型。

(1)平均值

国内外对锈蚀普通钢筋的抗拉屈服强度退化问题进行了广泛的研究,在此基础上,CECS 220:2007 给出基于试验拟合结果的屈服强度退化模型,该模型可以视作屈服强度平均值预计模型。

当 $\eta_s \leqslant 5\%$ 且锈蚀较均匀时:$f_{ym,c} = (1 - 1.0\eta_s) f_{ym,0}$ (3—13)

当 $\eta_s \leqslant 5\%$ 且锈蚀不均匀、以及 $5\% \leqslant \eta_s \leqslant 12\%$ 时:

$$f_{ym,c} = (1 - 1.077\eta_s) f_{ym,0} \tag{3—14}$$

其中,$f_{ym,0}$ 为未锈蚀普通钢筋的抗拉屈服强度平均值,可通过试验检测得到,或按式(3—19)由 GB50010—2002 给出的未锈蚀普通钢筋抗拉屈服强度标准值 $f_{yk,0}$ 计算得到。

(2)标准值

钢筋强度标准值的保证率在 GB 50010—2002 中取为 97.72%，对应的保证率系数为 2。于是，钢筋的强度标准值按下式计算：

$$f_{sk}=f_{sm}(1-2\delta_s) \qquad (3\text{—}15)$$

式中 f_{sm}——钢筋强度平均值；

δ_s——钢筋强度变异系数。

已知我国普通钢筋未锈蚀时的屈服强度统计变异系数 $\delta_{y,0}=0.074$[166]，假定锈蚀普通钢筋与未锈蚀普通钢筋屈服强度系数的标准差相等(0.074)，则可得到锈蚀普通钢筋屈服强度的统计变异系数 $\delta_{y,c}$。

$$\delta_{y,c}=0.074/f_{ym,c} \qquad (3\text{—}16)$$

将式(3—13)、式(3—14)及式(3—16)代入式(3—15)得锈蚀普通钢筋的抗拉屈服强度标准值预计模型。

当 $\eta_s\leqslant5\%$ 且锈蚀较均匀时：$f_{yk,c}=(0.852-1.0\eta_s)f_{ym,0}$ (3—17)

当 $\eta_s\leqslant5\%$ 且锈蚀不均匀、以及 $5\%\leqslant\eta_s\leqslant12\%$ 时：

$$f_{yk,c}=(0.852-1.077\eta_s)f_{ym,0} \qquad (3\text{—}18)$$

有些情况下可能不便得到未锈蚀普通钢筋的抗拉屈服强度平均值 $f_{ym,0}$，此时，可将式(3—17)和式(3—18)中的 η_s 取为零，并用 GB 50010—2002 给出的未锈蚀普通钢筋抗拉屈服强度标准值 $f_{yk,0}$ 代替式中的 $f_{yk,c}$，由此反算得到近似的 $f_{ym,0}$，即

$$f_{ym,0}=1.174f_{yk,0} \qquad (3\text{—}19)$$

将式(3—19)代入式(3—17)和式(3—18)，得到锈蚀普通钢筋名义抗拉屈服强度标准值的另一种预计模型。

当 $\eta_s\leqslant5\%$ 且锈蚀较均匀时：$f_{yk,c}=(1-1.174\eta_s)f_{yk,0}$ (3—20)

当 $\eta_s\leqslant5\%$ 且锈蚀不均匀，以及 $5\%\leqslant\eta_s\leqslant12\%$ 时：

$$f_{yk,c}=(1-1.264\eta_s)f_{yk,0} \qquad (3\text{—}21)$$

(3)设计值

GB 50010—2002 给出的普通钢筋的材料分项系数 $\gamma_s=1.1$，因此，给式(3—17)、式(3—18)或式(3—20)、式(3—21)所示的锈蚀普通钢筋抗拉屈服强度标准值除以分项系数，即可得到锈蚀普通钢筋名义抗拉屈服强度设计值预计模型。

当 $\eta_s\leqslant5\%$ 且锈蚀较均匀时：$f_{y,c}=(0.775-0.909\eta_s)f_{ym,0}$ (3—22)

或 $f_{y,c}=(1-1.174\eta_s)f_{y,0}$ (3—23)

当 $\eta_s\leqslant5\%$ 且锈蚀不均匀，以及 $5\%\leqslant\eta_s\leqslant12\%$ 时：

$$f_{y,c}=(0.775-0.979\eta_s)f_{ym,0} \qquad (3\text{—}24)$$

或 $f_{y,c}=(1-1.264\eta_s)f_{y,0}$ (3—25)

式中 $f_{y,0}$——GB 50010—2002 给出的未锈蚀普通钢筋抗拉屈服强度设计值。

3.1.3.3 抗压屈服概率强度近似预计模型

关于锈蚀普通受压钢筋，其抗压屈服强度研究资料很少，CECS 220:2007 将锈蚀

普通钢筋的抗压屈服强度取为与抗拉对应强度相同，这里也推荐这种做法。

3.2 锈蚀冷拔低碳钢丝力学性能退化规律及概率强度预计模型

冷拔低碳钢丝是由ϕ6～ϕ8的Q235或Q215等低碳钢热轧圆盘条经冷拔而成的。低碳钢经冷拔后，屈服点可提高40%～60%，同时塑性降低，因此冷拔低碳钢丝已失去低碳钢的特性，变得硬脆。冷拔低碳钢丝早期广泛应用于预应力混凝土预制楼板及预应力混凝土梁、屋架等中小型构件，近年来，虽然这种钢丝已有逐渐被高强高性能的新型预应力钢丝、钢绞线所替代的趋势，但一定时期的二者共存局面仍将存在。因此，对于既有和新建冷拔低碳钢丝预应力混凝土结构的耐久性评估与设计是一个值得关注的问题，其中钢丝的锈蚀问题至关重要。

文献[91]对冷拔低碳钢丝锈蚀后的力学性能退化问题进行了试验研究，锈蚀钢丝试样来自掺盐(8%)并在人工气候环境下加速锈蚀的冷拔低碳钢丝预应力混凝土板及无应力专用试块，锈蚀率范围为0～3.52%，钢丝公称直径为5 mm，拉伸试样长度为700 mm，应力应变量测标距为50 mm。下面基于试验结果，对有关力学性能退化规律及模型进行阐述和分析。

3.2.1 名义应力—应变曲线特征

图3—4为锈蚀冷拔低碳钢丝与未锈蚀冷拔低碳钢丝的名义应力—应变曲线对比。由于冷拔低碳钢丝属于硬钢，所以在未锈蚀时，其应力—应变曲线总体上由线弹性段和强化段两部分组成。锈蚀后，本试验全部17根试样(锈蚀率范围为0～3.52%)的应力应变曲线总体上也都由线弹性段和强化段两部分组成，只不过随着锈蚀率的增大，钢丝的名义屈服强度、名义极限强度、名义极限应变均逐渐减小，线弹性段和强化段逐渐变短。文献[167]的试验表明，当钢丝局部坑蚀较严重时，蚀坑处过大的应力集中效应会使钢丝在总体线弹性段上断裂，从而丧失强化段。

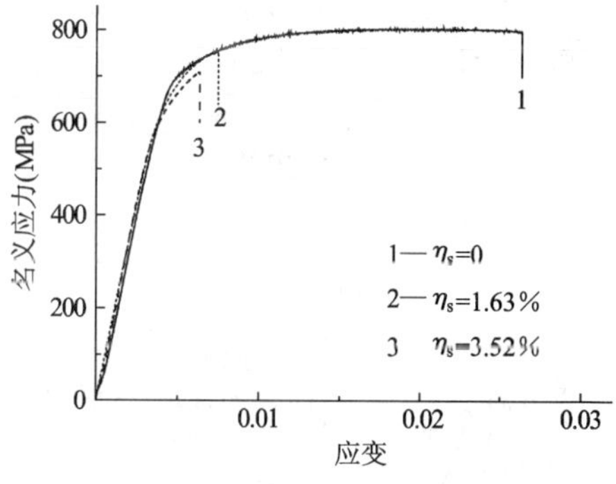

图3—4 冷拔低碳钢丝的名义应力—应变曲线对比[91]

3.2.2 力学性能退化规律

18根冷拔低碳钢丝(包括1根无锈钢丝和17根锈蚀钢丝)试样的各项力学性能参数试验结果见表3—2。

表3—2 冷拔低碳钢丝力学性能参数[91]

平均锈蚀率(%)	名义屈服强度(MPa)	名义极限强度(MPa)	名义极限应变	名义弹性模量(MPa)	平均锈蚀率(%)	名义屈服强度(MPa)	名义极限强度(MPa)	名义极限应变	名义弹性模量(MPa)
0	683	804	0.0268	1.73×10^5	2.44	632	770	0.0080	1.70×10^5

续上表

平均锈蚀率(%)	名义屈服强度(MPa)	名义极限强度(MPa)	名义极限应变	名义弹性模量(MPa)	平均锈蚀率(%)	名义屈服强度(MPa)	名义极限强度(MPa)	名义极限应变	名义弹性模量(MPa)
1.09	668	787	0.0098	1.80×10^5	2.64	636	769	0.0071	1.85×10^5
1.25	636	774	0.0093	1.83×10^5	2.65	636	759	0.0080	1.67×10^5
1.36	673	787	0.0080	1.68×10^5	2.83	643	735	0.0073	1.74×10^5
1.60	648	780	0.0092	1.72×10^5	2.86	663	782	0.0076	1.82×10^5
1.63	669	766	0.0089	1.81×10^5	3.17	611	723	0.0083	1.81×10^5
2.39	631	761	0.0081	1.70×10^5	3.43	651	753	0.0076	1.81×10^5
2.40	612	744	0.0063	1.87×10^5	3.49	630	732	0.0050	1.73×10^5
2.41	667	769	0.0081	1.81×10^5	3.52	633	708	0.0063	1.74×10^5

图 3—5 ~ 图 3—8 是根据试验数据描绘得到的锈蚀对冷拔低碳钢丝各项力学性能参数的影响情况，下面据此进行有关分析。

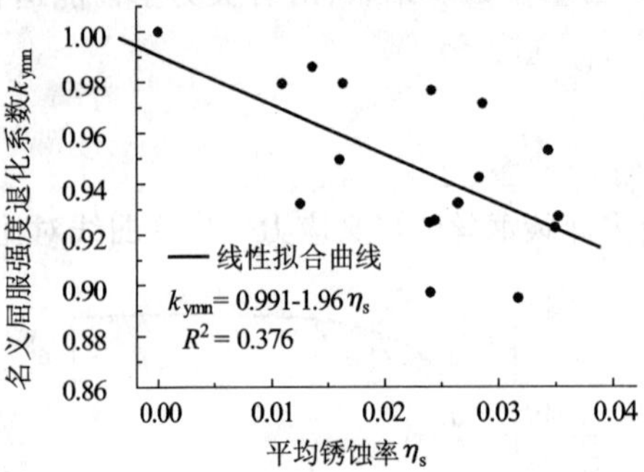

图 3—5　锈蚀冷拔低碳钢丝名义屈服强度退化规律

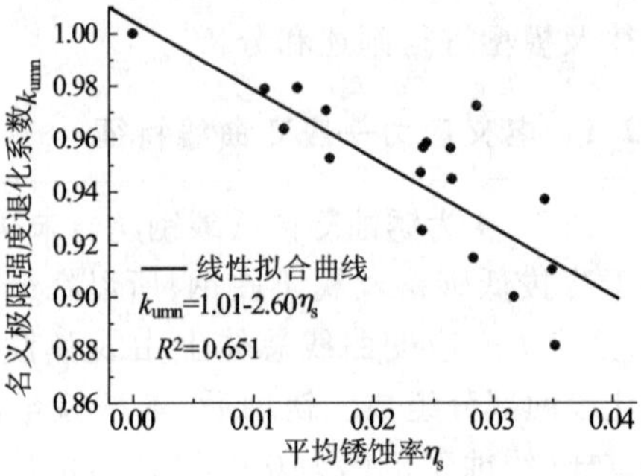

图 3—6　锈蚀冷拔低碳钢丝名义极限强度退化规律

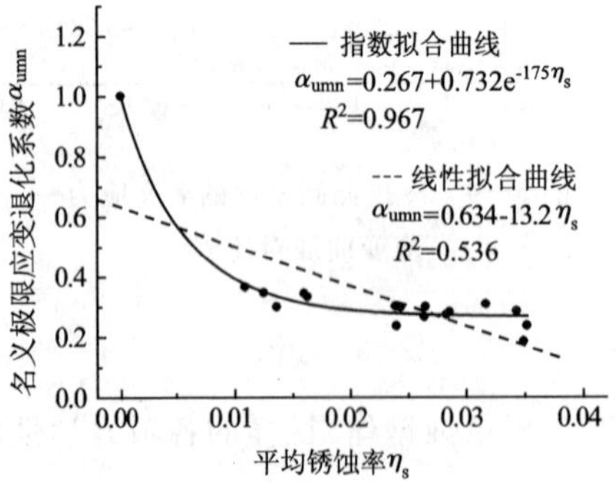

图 3—7　锈蚀冷拔低碳钢丝名义极限应变退化规律

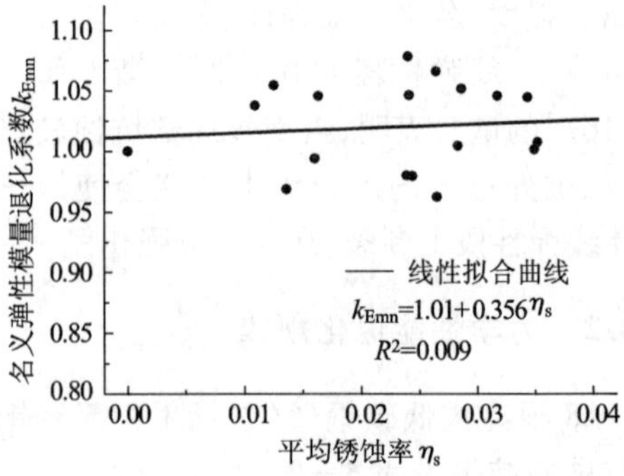

图 3—8　锈蚀冷拔低碳钢丝名义弹性模量退化规律

名义屈服强度、名义极限强度、名义极限应变三者都随平均锈蚀率的增大而发生不同程度的退化，这是合乎情理的，而名义弹性模量则出现了小幅度的增大，这种结果显然不合乎情理，应是由试验误差及离散性造成。

名义屈服强度和名义极限强度随平均锈蚀率的增大显示了较好的线性退化趋势，而名义极限应变则随平均锈蚀率的增大显示了较好的指数退化趋势。

各参数退化系数表达式中平均锈蚀率 η_s 前的系数，反映了该参数随平均锈蚀率的退化速率。对比名义屈服强度、名义极限强度和名义极限应变三个参数的退化速率发现，三者的退化速率依次递增。究其原因，氯盐侵蚀下，冷拔低碳钢丝具有显著的坑蚀特征，且随着平均锈蚀率的增大，总体蚀坑的尺寸也会增大，而蚀坑尺寸增大带来的应力、应变集中效应更是呈非线性的加速发展。另一方面，名义屈服强度主要是由许多较明显的局部锈坑处的率先屈服强化过程所控制，它受到蚀坑应力、应变集中效应的影响，但此时的外加平均应力相对较小，再加上名义屈服强度对应于标距范围内的平均残余应变，它还受无锈坑处变形的影响，因此，其退化速率相对较小。名义极限强度和名义极限应变则是由最不利的一个局部锈坑处的极限失效所控制，且其对应的外加平均应力相对较大，因此，二者的退化速率比名义屈服强度的退化速率更大。由于强化段的应力发展速率远小于应变发展速率，因此，虽然名义极限强度和名义极限应变都是由最不利的一个局部锈坑处的极限失效所控制，前者的退化速率也远小于后者的退化速率。

关于锈蚀冷拔低碳钢丝的名义弹性模量问题，理论上分析应该是随平均锈蚀率的增大而呈退化趋势，至于退化速率，应根据更加大量的试验结果进行确定。这里可先作如下简化考虑：在整体弹性工作阶段，以锈蚀率等于实际锈蚀钢丝平均锈蚀率的绝对均匀锈蚀钢丝为参照，实际锈蚀钢丝蚀坑处的名义弹性模量较之偏小，其余部位处的名义弹性模量较之偏大，综合起来，可近似认为实际锈蚀钢丝的名义弹性模量等于与其平均锈蚀率相等的绝对均匀锈蚀钢丝的名义弹性模量，即名义弹性模量退化速率等于锈蚀率增长速率，亦即名义弹性模量退化系数表达式中平均锈蚀率 η_s 前的系数为 1。

基于上述试验结果拟合及分析，给出锈蚀冷拔低碳钢丝各项力学性能参数随平均锈蚀率的退化规律模型。

$$f_{pym,c} = (0.991 - 1.96\eta_s) f_{pym,0} \quad (3—26)$$

$$f_{ptm,c} = (1.01 - 2.60\eta_s) f_{ptm,0} \quad (3—27)$$

$$\varepsilon_{pum,c} = (0.267 + 0.732e^{-175\eta_s}) \varepsilon_{pum,0} \quad (3—28)$$

$$E_{pm,c} = (1 - 1.00\eta_s) E_{pm,0} \quad (3—29)$$

式中，$f_{pym,c}$、$f_{ptm,c}$、$\varepsilon_{pum,c}$、$E_{pm,c}$ 分别为锈蚀预应力钢筋的名义条件屈服抗拉强度平均值、名义极限抗拉强度平均值、名义极限应变平均值、名义弹性模量平均值；$f_{pym,0}$、$f_{ptm,0}$、$\varepsilon_{pum,0}$、$E_{pm,0}$ 分别为未锈蚀预应力钢筋的名义条件屈服抗拉强度平均值、名义极限抗拉强度平均值、名义极限应变平均值、名义弹性模量平均值。

上述退化规律模型适用的平均锈蚀率范围为 0 ~ 3.52%。

3.2.3 名义概率强度预计模型

冷拔低碳钢丝没有明显的屈服平台，因此极限抗拉强度是其基本强度，另外，GB 50010—2002 还将预应力钢筋极限抗拉强度的 0.85 倍作为其条件屈服强度。

锈蚀冷拔低碳钢丝的极限强度也属于随机问题，因此同样需要获得其标准值作为强度基本代表值进行结构计算，为此，只要获得其极限失效概率模型，见式(3—12)，就可以取 $p_f=0.0228$，从中解出极限强度标准值模型。然而，这一工作目前尚未开展，因此这里也通过近似方法获得其三种名义概率强度预计模型。

3.2.3.1 极限抗拉概率强度预计模型

(1)平均值

锈蚀冷拔低碳钢丝的名义极限抗拉强度平均值预计模型可近似采用试验结果拟合公式来代替，见式(3—27)，式中未锈蚀冷拔低碳钢丝名义极限抗拉强度试验平均值 $f_{ptm,0}$ 在有些情况下可能不便得到，此时可按式(3—32)计算获得。

(2)标准值

前已述及，钢筋强度标准值系具有 97.72% 保证率的概率取值，该值取决于试验统计平均值和变异系数，计算表达式见式(3—15)。

前面已经通过试验统计获得了锈蚀冷拔低碳钢丝的名义极限抗拉强度平均值预计模型，见式(3—27)，由此可以计算出对应于每一个试验点锈蚀率的强度平均值 $f_{ptm,c}(\eta_s)$。用该平均值与对应试验值相减并平方，取各平方值的平均值并开方即可获得近似均方差 σ_{pt}，上述试验数据的 $\sigma_{pt}=0.0173f_{ptm,0}$。

根据 $f_{ptm,c}(\eta_s)$ 和 σ_{pt}，由下式求得对应于每个试验点腐蚀率的近似变异系数 $\delta_{pt}(\eta_s)$。

$$\delta_{pt}(\eta_s)=\sigma_{pt}/f_{ptm,c}(\eta_s) \quad (3—30)$$

最后，假定锈蚀冷拔低碳钢丝名义极限抗拉强度仍然不拒绝正态分布，则可根据式(3—15)获得其标准值模型。基于上述数据得到的随锈蚀率变化的冷拔低碳钢丝名义极限抗拉强度标准值计算模型为

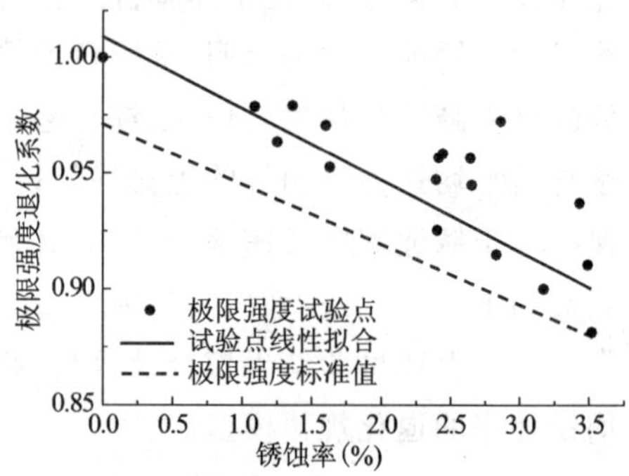

图 3—9 锈蚀冷拔低碳钢丝名义极限抗拉强度退化

$$f_{ptk,c}=(0.971-2.60\eta_s)f_{ptm,0} \quad (3—31)$$

图 3—9 为根据上述模型计算得到的锈蚀冷拔低碳钢丝名义极限抗拉强度标准值曲线。

有些情况可能不便得到未锈蚀冷拔低碳钢丝名义极限抗拉强度试验平均值 $f_{ptm,0}$，此时，可将式(3—31)中的 η_s 取为零，并用 GB 50010—2002 给出的未锈蚀冷拔低碳钢丝极限抗拉强度标准值 $f_{ptk,0}$ 代替式中的 $f_{ptk,c}$，由此反算得到近似的 $f_{ptm,0}$，即

$$f_{ptm,0}=1.030f_{ptk,0} \tag{3—32}$$

将式(3—32)代入式(3—31)得到锈蚀冷拔低碳钢丝名义极限抗拉强度标准值的另一种计算模型：

$$f_{ptk,c}=(1-2.68\eta_s)f_{ptk,0} \tag{3—33}$$

(3)设计值

已知材料强度设计值等于其标准值除以材料分项系数，而 GB 50010—2002 以标准值为基础根据校准法获得的预应力钢筋的材料分项系数 $\gamma_p=1.2$，于是，锈蚀冷拔低碳钢丝名义极限抗拉强度设计值 $f_{pt,c}$ 为

$$f_{pt,c}=(0.809-2.17\eta_s)f_{ptm,0} \tag{3—34}$$

或

$$f_{pt,c}=(0.833-2.23\eta_s)f_{ptk,0} \tag{3—35}$$

3.2.3.2 条件屈服抗拉概率强度预计模型

前已述及，GB 50010—2002 将预应力钢筋极限抗拉强度的 0.85 倍作为其条件屈服强度。对于锈蚀冷拔低碳钢丝，这里也建议采用这种方法确定其条件屈服强度。

(1)平均值

锈蚀冷拔低碳钢丝的条件屈服抗拉强度平均值 $f_{pym,c}$ 可由 $f_{ptm,c}$ 乘以 0.85 获得，即

$$f_{pym,c}=(0.859-2.21\eta_s)f_{ptm,0} \tag{3—36}$$

或

$$f_{pym,c}=(0.884-2.28\eta_s)f_{ptk,0} \tag{3—37}$$

(2)标准值

由前面所得锈蚀冷拔低碳钢丝的极限抗拉强度标准值 $f_{ptk,c}$ 乘以 0.85 即可得到其条件屈服抗拉强度标准值 $f_{pyk,c}$。

$$f_{pyk,c}=(0.825-2.21\eta_s)f_{ptm,0} \tag{3—38}$$

或

$$f_{pyk,c}=(0.85-2.28\eta_s)f_{ptk,0} \tag{3—39}$$

(3)设计值

由前面所得锈蚀冷拔低碳钢丝的极限抗拉强度设计值 $f_{pt,c}$ 乘以 0.85 即可得到其条件屈服抗拉强度设计值 $f_{py,c}$。

$$f_{py,c}=(0.688-1.84\eta_s)f_{ptm,0} \tag{3—40}$$

或

$$f_{py,c}=(1-2.68\eta_s)f_{py,0} \tag{3—41}$$

式中 $f_{py,0}$——GB 50010—2002 给出的未锈蚀冷拔低碳钢丝极限抗拉强度设计值。

3.3 锈蚀高强冷拉钢丝力学性能退化规律及概率强度预计模型

高强钢丝是目前预应力结构中广泛使用的预应力钢筋。高强钢丝是用优质高碳碳素钢盘条(含碳量为 0.7% ~0.9%)经索氏体化处理、酸洗、镀铜或磷化后冷拨制成的，并根据不同的要求进一步采取有关深加工工艺。根据不同的深加工工艺，高强钢丝又可分为冷拉钢丝、消除应力钢丝、刻痕钢丝、低松弛钢丝和镀锌钢丝等，直径为

3 ~ 7 mm。

高强冷拉钢丝是冷拔后直接用于预应力混凝土的钢丝。开盘后钢丝呈螺旋状，没有良好的伸直性。这种钢丝存在残余应力，屈强比低，伸长率小，一般用于铁路轨枕、压力水管和电杆等小型预应力构件。这些构件中钢丝的锈蚀会导致结构性能严重退化。

文献[96]对高强冷拉钢丝锈蚀后的力学性能退化问题进行了试验研究，锈蚀钢丝试样来自掺盐(8%)并在人工气候环境下加速锈蚀的专用钢丝混凝土试块，锈蚀率范围为 0 ~ 0.87%，钢丝公称直径为 5 mm，拉伸试样长度为 600 mm，应力应变量测标距 50 mm。下面基于试验结果对有关力学性能退化规律及模型进行阐述和分析。

3.3.1 名义应力—应变曲线特征

图 3—10 为锈蚀高强冷拉钢丝与未锈蚀高强冷拉钢丝的名义应力—应变曲线对比。与冷拔低碳钢丝类似，高强冷拉钢丝在未锈蚀时，其应力—应变曲线总体上也由线弹性段和强化段两部分组成；锈蚀后，本试验全部 17 根试样(锈蚀率范围为 0 ~ 0.87%)的应力应变曲线总体上也都由线弹性段和强化段两部分组成，只不过随着锈蚀率的增大，钢丝的名义屈服强度、名义极限强度、名义极限应变均逐渐减小，线弹性段和强化段逐渐变短。可以推断，当钢丝局部坑蚀较严重时，与冷拔低碳钢丝类似，蚀坑处过大的应力集中效应也会使其在总体线弹性段上断裂，从而丧失强化段。

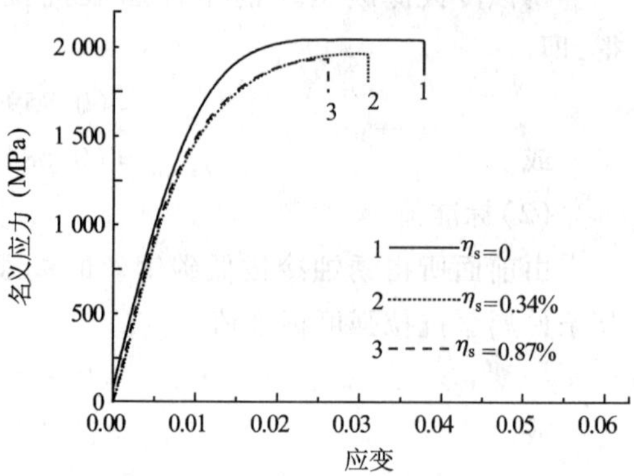

图 3—10　锈蚀高强冷拉钢丝的名义应力—应变曲线对比[96]

3.3.2 力学性能退化规律

18 根高强冷拉钢丝(包括 1 根无锈钢丝和 17 根锈蚀钢丝)试样的各项力学性能参数试验结果见表 3—3。

表 3—3　高强冷拉钢丝力学性能参数[96]

平均锈蚀率(%)	名义屈服强度(MPa)	名义极限强度(MPa)	名义极限应变	名义弹性模量(MPa)	平均锈蚀率(%)	名义屈服强度(MPa)	名义极限强度(MPa)	名义极限应变	名义弹性模量(MPa)
0	1549	2043	0.0377	1.95×10^5	0.34	1583	1971	0.0258	1.96×10^5
0.26	1445	1935	0.0281	1.91×10^5	0.34	1478	1963	0.0309	1.88×10^5
0.27	1522	1946	0.0275	1.78×10^5	0.35	1452	1934	0.0291	1.85×10^5

续上表

平均锈蚀率(%)	名义屈服强度(MPa)	名义极限强度(MPa)	名义极限应变	名义弹性模量(MPa)	平均锈蚀率(%)	名义屈服强度(MPa)	名义极限强度(MPa)	名义极限应变	名义弹性模量(MPa)
0.28	1581	1999	0.0262	2.03×10^5	0.38	1444	1936	0.0291	1.86×10^5
0.3	1514	1985	0.0305	1.87×10^5	0.45	1454	1895	0.0278	1.86×10^5
0.31	1610	1995	0.0254	2.01×10^5	0.47	1459	1920	0.0320	1.9×10^5
0.32	1558	2033	0.0274	2.01×10^5	0.54	1536	1959	0.0249	1.93×10^5
0.32	1458	1935	0.0320	1.90×10^5	0.75	1517	1949	0.0278	1.88×10^5
0.34	1690	2025	0.0230	1.97×10^5	0.87	1495	1933	0.0261	1.90×10^5

图 3—11 ~ 图 3—14 是根据试验数据描绘得到的锈蚀对高强冷拉钢丝各项力学性能参数的影响情况,下面据此进行有关分析。

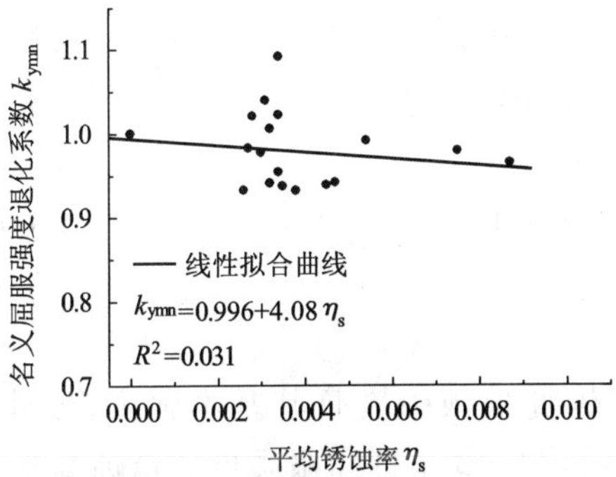

图 3—11　锈蚀高强冷拉钢丝名义屈服强度退化规律

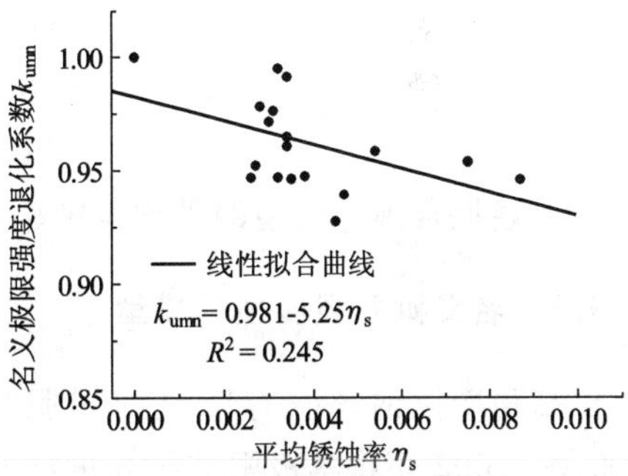

图 3—12　锈蚀高强冷拉钢丝名义极限强度退化规律

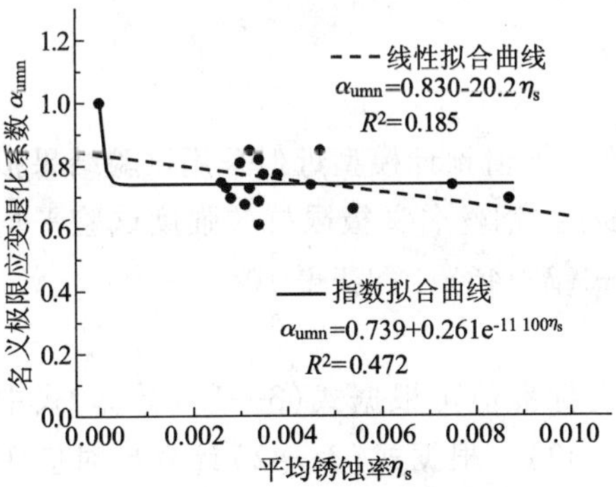

图 3—13　锈蚀高强冷拉钢丝名义极限应变退化规律

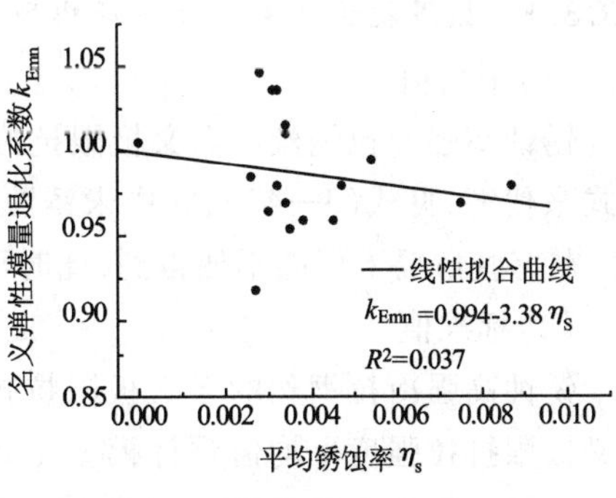

图 3—14　锈蚀高强冷拉钢丝名义弹性模量退化规律

名义屈服强度、名义极限强度、名义极限应变及名义弹性模量都随平均锈蚀率的增大而发生不同程度的退化,其中名义屈服强度、名义极限强度及名义弹性模量三者随平均锈蚀率的增大显示了一定的线性退化趋势,而名义极限应变则随平均锈蚀率的增大显示了更好的指数退化趋势。

对比名义屈服强度、名义极限强度和名义极限应变等三个参数的退化速率(退化系数表达式中平均锈蚀率 η_s 前的系数)发现,与前述锈蚀冷拔钢丝的情况类似,三者的退化速率从前往后逐渐增大,其原因也与锈蚀冷拔钢丝的相同,这里不再赘述。

与冷拔钢丝相比,高强冷拉钢丝的总体锈蚀难以发展,但其坑蚀特征更加显著,因此,坑蚀效应更加明显。同时,由于本试验各试样间的总体锈蚀程度差距较小,试验的离散性普遍较大,体现在各参数拟合曲线的确定性系数很小,尤其是名义屈服强度和名义弹性模量更小。因此,本试验结果主要在于对锈蚀高强钢丝力学性能退化规律作以初步揭示,其中确定性系数相对较好的名义极限强度和名义极限应变两个参数的退化预计模型有一定的参考价值;同时,名义弹性模量的退化模型亦可与冷拔钢丝作同样处理。于是,基于本试验结果拟合及分析的锈蚀高强冷拉钢丝有关力学性能参数随平均锈蚀率退化的预计模型为

$$f_{\mathrm{ptm,c}} = (0.981 - 5.25\eta_s) f_{\mathrm{ptm,0}} \tag{3—42}$$

$$\varepsilon_{\mathrm{pum,c}} = (0.739 + 0.261 e^{-11\,100\eta_s}) \varepsilon_{\mathrm{pum,0}} \tag{3—43}$$

$$E_{\mathrm{pm,c}} = (1 - 1.00\eta_s) E_{\mathrm{pm,0}} \tag{3—44}$$

上述拟合预计模型的平均锈蚀率范围为 0 ~ 0.87% 。

3.3.3 名义概率强度预计模型

高强冷拉钢丝没有明显的屈服平台,因此极限强度是其基本强度,另外,GB 50010—2002 还将其极限抗拉强度的 0.85 倍作为其条件屈服强度。锈蚀高强冷拉钢丝的极限失效概率模型研究工作目前尚未开展,因此这里也通过与锈蚀冷拔低碳钢丝相同的近似方法获得其三种名义概率强度预计模型。

3.3.3.1 极限抗拉概率强度预计模型

(1)平均值

锈蚀高强冷拉钢丝的名义极限抗拉强度平均值预计模型近似采用试验结果拟合公式来代替,见式(3—42),式中未锈蚀高强冷拉钢丝名义极限抗拉强度试验平均值 $f_{\mathrm{ptm,0}}$在有些情况下可能不便得到,此时可按式(3—46)计算获得。

(2)标准值

锈蚀高强冷拉钢丝的名义极限抗拉强度标准值可根据式(3—15)计算,式中的名义极限抗拉强度平均值预计模型见式(3—42)。根据式(3—42)计算出对应于每一个试验点锈蚀率的强度平均值 $f_{\mathrm{ptm,c}}(\eta_s)$,用该平均值与对应试验值相减并平方,取各平方值的平均值并开方以获得近似均方差 σ_{pt},上述试验数据的 $\sigma_{\mathrm{pt}} = 0.0171 f_{\mathrm{ptm,0}}$;根据 $f_{\mathrm{ptm,c}}(\eta_s)$和 σ_{pt},由式(3—30)求得对应于每个试验点腐蚀率的近似变异系数 $\delta_{\mathrm{pt}}(\eta_s)$。

将 $f_{\mathrm{ptm,c}}(\eta_s)$和 $\delta_{\mathrm{pt}}(\eta_s)$代入式(3—15)即可得到随锈蚀率变化的高强冷拉钢丝名义极限抗拉强度标准值计算模型。

$$f_{ptk,c}=(0.946-5.25\eta_s)f_{ptm,0} \tag{3—45}$$

图3—15为根据上述模型计算得到的锈蚀高强冷拉钢丝名义极限抗拉强度标准值曲线。

当$f_{ptm,0}$不便得到时，可将式(3—45)中的η_s取为零，并用GB 50010—2002给出的未锈蚀高强冷拉钢丝极限抗拉强度标准值$f_{ptk,0}$代替式中的$f_{ptk,c}$，由此反算得到近似的$f_{ptm,0}$，即

$$f_{ptm,0}=1.057f_{ptk,0} \tag{3—46}$$

将式(3—46)代入式(3—45)得到锈蚀高强冷拉钢丝名义极限抗拉强度标准值的另一种计算模型：

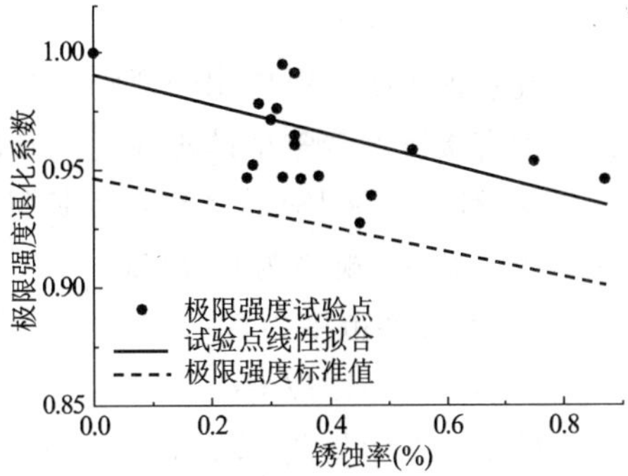

图3—15　锈蚀高强冷拉钢丝名义极限抗拉强度退化

$$f_{ptk,c}=(1-5.55\eta_s)f_{ptk,0} \tag{3—47}$$

(3)设计值

标准值除以材料分项系数1.2即可得到设计值。于是，锈蚀高强冷拉钢丝名义极限抗拉强度设计值$f_{pt,c}$为

$$f_{pt,c}=(0.788-4.38\eta_s)f_{ptm,0} \tag{3—48}$$

或

$$f_{pt,c}=(0.833-4.63\eta_s)f_{ptk,0} \tag{3—49}$$

3.3.3.2　条件屈服抗拉概率强度预计模型

(1)平均值

锈蚀高强冷拉钢丝的条件屈服抗拉强度平均值$f_{pym,c}$可由其极限抗拉强度平均值$f_{ptm,c}$的0.85倍获得，即

$$f_{pym,c}=(0.834-4.46\eta_s)f_{ptm,0} \tag{3—50}$$

或

$$f_{pym,c}=(0.881-4.72\eta_s)f_{ptk,0} \tag{3—51}$$

(2)标准值

锈蚀高强冷拉钢丝的条件屈服抗拉强度标准值$f_{pyk,c}$可由其极限抗拉强度标准值$f_{ptk,c}$的0.85倍获得，即

$$f_{pyk,c}=(0.804-4.46\eta_s)f_{ptm,0} \tag{3—52}$$

或

$$f_{pyk,c}=(0.85-4.72\eta_s)f_{ptk,0} \tag{3—53}$$

(3)设计值

锈蚀高强冷拉钢丝的条件屈服抗拉强度设计值$f_{py,c}$可由其极限抗拉强度设计值$f_{pt,c}$的0.85倍获得，即

$$f_{py,c}=(0.670-3.72\eta_s)f_{ptm,0} \tag{3—54}$$

或

$$f_{py,c}=(1-5.55\eta_s)f_{py,0} \tag{3—55}$$

式中　$f_{py,0}$——GB 50010—2002给出的未锈蚀高强冷拉钢丝极限抗拉强度设计值。

3.4 锈蚀高强钢绞线力学性能退化规律及概率强度预计模型

高强钢绞线广泛应用于预应力混凝土结构，其锈蚀后的力学性能退化规律及预计模型直接影响着整个结构性能的退化规律及预计模型。

文献[96,106]对高强钢绞线锈蚀后的力学性能退化问题进行了试验研究。锈蚀钢绞线试样(规格为ϕ^s12.7(1×7)1860)来自掺盐(5%)钢绞线混凝土试件(图3—16)，锈蚀率范围为0~3.11%；静力拉伸试验在电液伺服机上进行，试验中钢绞线的位移量测标距按GB/T 5224—2003要求取规定最小值500 mm；为实现对全程拉伸试验中的变形量测，专门设计制作了一对位移传动夹条，二者间的相对位移便是量距范围内的伸长量。试验装置如图3—17所示。下面基于试验结果对有关力学性能退化规律及模型进行阐述和分析。

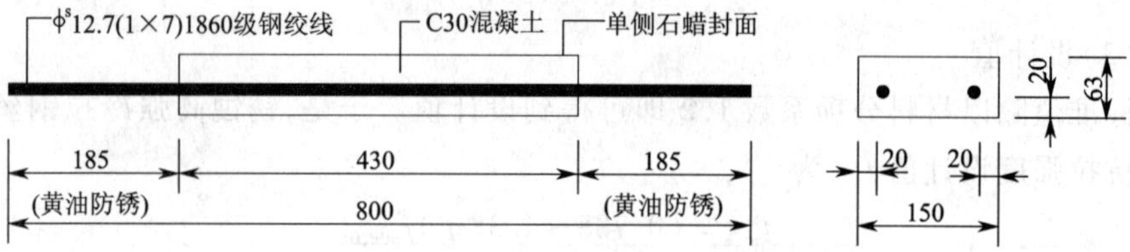

图3—16 钢绞线锈蚀试件设计(单位:mm)

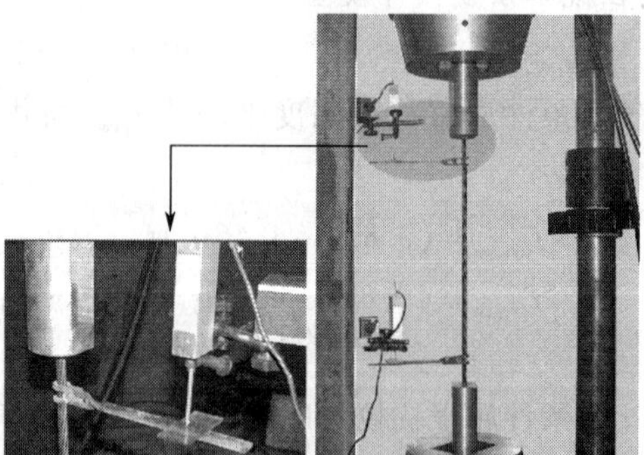

图3—17 钢绞线拉伸试验装置

3.4.1 名义应力—应变曲线特征

图3—18为锈蚀高强钢绞线与未锈蚀高强钢绞线的名义应力—应变曲线对比。与前述冷拔低碳钢丝及高强冷拉钢丝类似，高强钢绞线在未锈蚀时，其应力—应变曲线总体上也由线弹性段和强化段两部分组成；锈蚀后，高强钢绞线的应力—应变曲线出现了台阶性下降，且随着锈蚀率的增大，第一次下降台阶往往出现得更早。锈蚀钢绞线和未锈蚀钢绞线的应力—应变曲线之所以出现上述不同，是由二者的断丝过程

不同所引起的。未锈蚀试样的断裂是在完成较大拉伸变形后突然一次性出现多根断丝(往往是7根钢丝一次性断裂),而锈蚀试样则往往是从拉伸变形不大时就开始断丝,而且基本上是随着拉伸变形的不断增大而逐根间断性断丝。因此,锈蚀钢绞线应力—应变曲线每个台阶性下降都对应着1根(偶尔也会同时有2根)钢丝的断裂。

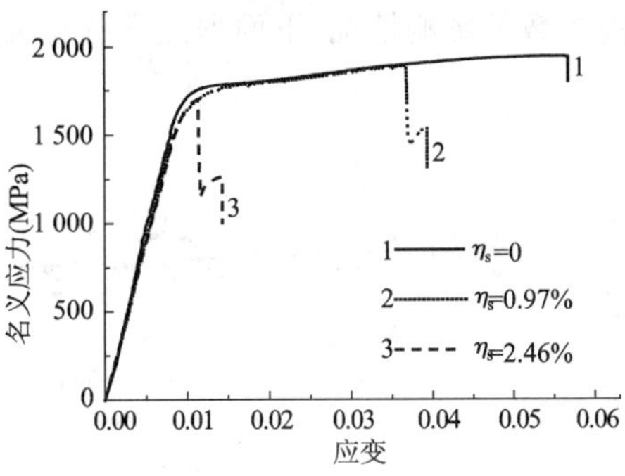

图 3—18　锈蚀钢绞线的名义应力—应变曲线对比[96]

在首根钢丝断裂之前,钢绞线的应力—应变曲总体上也由线弹性段和强化段两部分组成,且随着锈蚀率的增大,线弹性段和强化段逐渐变短,当钢绞线钢丝局部坑蚀较严重时,蚀坑处过大的应力集中效应也会使其在总体线弹性段上断裂,从而丧失强化段。

3.4.2　力学性能退化规律

34根高强钢绞线(包括4根无锈钢绞线和30根锈蚀钢绞线)的各项力学性能参数试验结果见表3—4。

表 3—4　高强钢绞线力学性能参数[96]

平均锈蚀率(%)	名义屈服强度(MPa)	名义极限强度(MPa)	名义极限应变	名义弹性模量(MPa)	平均锈蚀率(%)	名义屈服强度(MPa)	名义极限强度(MPa)	名义极限应变	名义弹性模量(MPa)
0	1683	1945	0.0517	1.95×10^5	1.93	1673	1742	0.0176	1.63×10^5
0	1707	1879	0.0447	1.95×10^5	2.06	1703	1749	0.0174	1.55×10^5
0	1738	1916	0.0473	1.98×10^5	2.07	1725	1793	0.0166	1.86×10^5
0	1741	1941	0.0567	2.00×10^5	2.14	1730	1743	0.0149	1.79×10^5
0.72	1591	1855	0.0339	1.76×10^5	2.17	1735	1743	0.0114	1.96×10^5
0.72	1739	1900	0.0398	2.02×10^5	2.28	1694	1792	0.0328	1.95×10^5
0.85	1886	1998	0.0311	2.03×10^5	2.33	1743	1753	0.0119	1.85×10^5
0.94	1712	1881	0.0350	1.93×10^5	2.39	1740	1789	0.0160	1.71×10^5
0.97	1849	1990	0.0350	1.81×10^5	2.46	未屈服	1698	0.0113	1.78×10^5
0.97	1694	1888	0.0365	1.86×10^5	2.54	1685	1798	0.0249	2.18×10^5
1.16	1565	1785	0.0197	1.85×10^5	2.55	1693	1809	0.0314	1.6×10^5
1.38	1712	1768	0.0205	1.76×10^5	2.64	1685	1815	0.0326	1.96×10^5
1.66	1722	1816	0.0283	1.54×10^5	2.80	1742	1811	0.0168	1.87×10^5
1.68	1695	1760	0.0219	1.45×10^5	2.91	1704	1715	0.0136	1.57×10^5
1.76	1682	1722	0.0243	1.92×10^5	3.03	1675	1762	0.0202	1.79×10^5
1.76	1657	1746	0.0156	2.16×10^5	3.05	1647	1705	0.0142	1.85×10^5
1.81	1693	1756	0.0181	1.58×10^5	3.11	1686	1758	0.0169	2.19×10^5

图 3—19 ~ 图 3—22 是根据试验数据描绘得到的锈蚀对高强钢绞线各项力学性能参数的影响情况，下面据此进行有关分析。

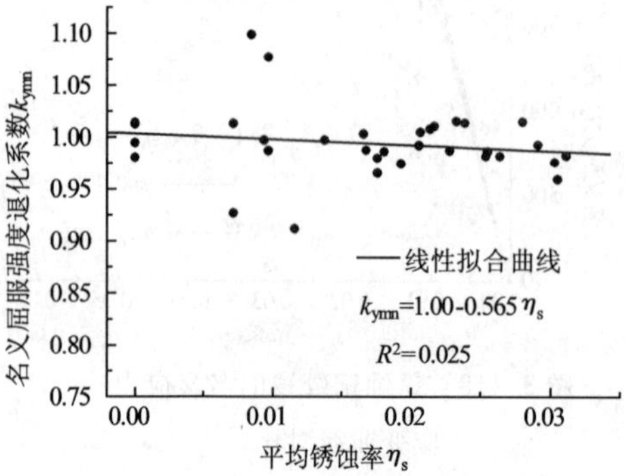

图 3—19 锈蚀钢绞线的名义屈服强度退化规律

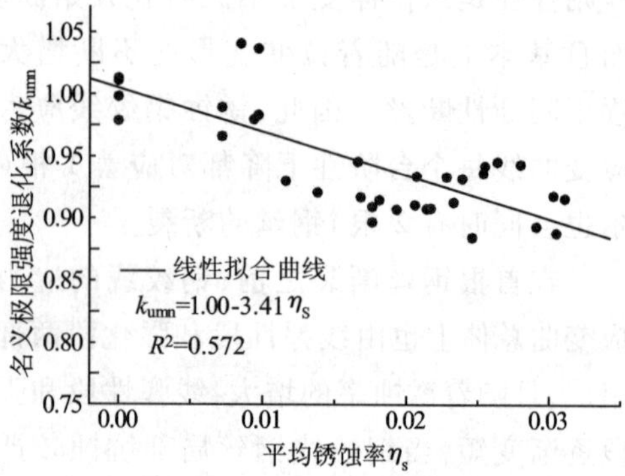

图 3—20 锈蚀钢绞线的名义极限强度退化规律

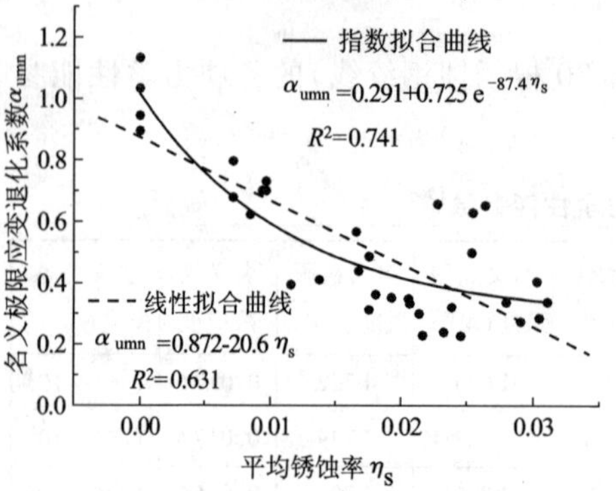

图 3—21 锈蚀钢绞线的名义极限应变退化规律

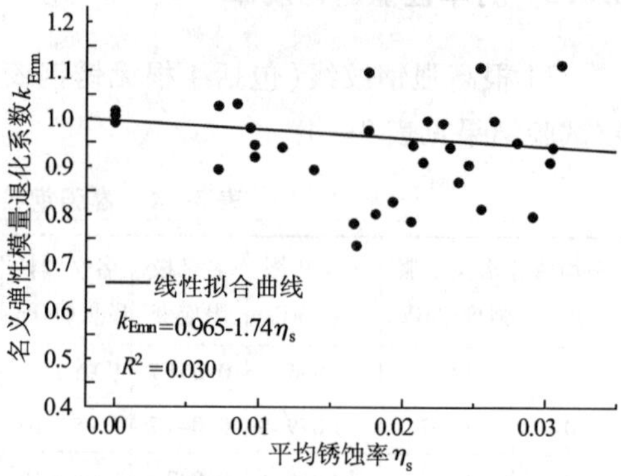

图 3—22 锈蚀钢绞线的名义弹性模量退化规律

与前述两类钢丝的情况类似，高强钢绞线的名义屈服强度、名义极限强度、名义极限应变及名义弹性模量也都随平均锈蚀率的增大而发生不同程度的退化，其中名义屈服强度、名义极限强度及名义弹性模量三者随平均锈蚀率的增大显示了一定的线性退化趋势，而名义极限应变则随平均锈蚀率的增大显示了更好的指数退化趋势；同时，高强钢绞线的名义屈服强度、名义极限强度和名义极限应变三个参数的退化速率（退化系数表达式中平均锈蚀率 η_s 前的系数）后者比前者也更大，其原因与钢丝的相同，这里也不再赘述。

本试验结果中，名义屈服强度和名义弹性模量的离散性很大（确定性系数远小于 1），名义极限强度和名义极限应变两个参数的离散性相对较小（确定性系数比较接近于 1），因此，这里给出后两者的退化预计模型以供参考；同时，名义弹性模量的退化模型亦与前述钢丝作同样处理。于是，基于本试验结果拟合及分析的锈蚀高强钢绞线有关力学性能参数随平均锈蚀率退化的预计模型为

$$f_{ptm,c}=(1.00-3.41\eta_s)f_{ptm,0} \tag{3—56}$$

$$\varepsilon_{pum,c}=(0.291+0.725e^{-87.4\eta_s})\varepsilon_{pum,0} \tag{3—57}$$

$$E_{pm,c}=(1-1.00\eta_s)E_{pm,0} \tag{3—58}$$

上述拟合预计模型的平均锈蚀率范围为 0 ~3.11% 。

3.4.3 断口特征及断裂机理

高强钢绞线具有典型的坑蚀特征，蚀坑会影响其受拉断裂过程中的延性水平，这典型体现在其受拉断口特征上。

3.4.3.1 钢丝断口宏观特征

对钢绞线静力拉伸后得到了其钢丝断口，断口的宏观观察表明，未锈蚀钢丝主要出现杯锥式断口和铣刀式断口两种基本断口形式以及它们的组合形式，但也出现了极少的劈裂式断口。锈蚀钢丝出现了劈裂式断口、杯锥式断口和铣刀式断口三种基本断口形式以及它们的组合形式。各类典型断口的宏观照片如图 3—23 和图 3—24 所示。

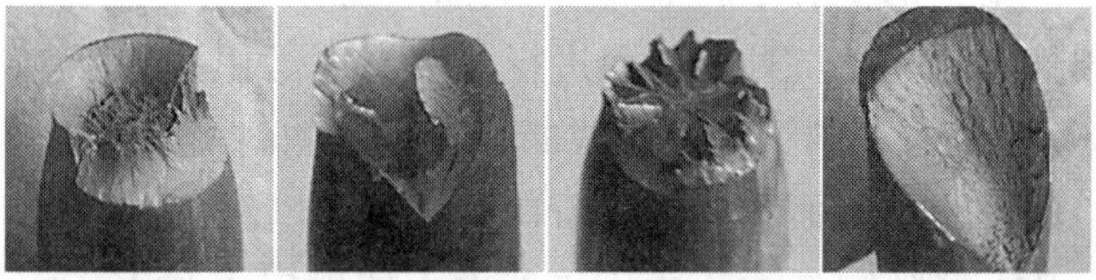

(a) 杯锥式断口1 (b) 杯锥式断口2 (c) 铣刀式断口 (d) 劈裂式断口

图 3—23 未锈蚀钢丝的静力拉伸断口(单侧)[89]

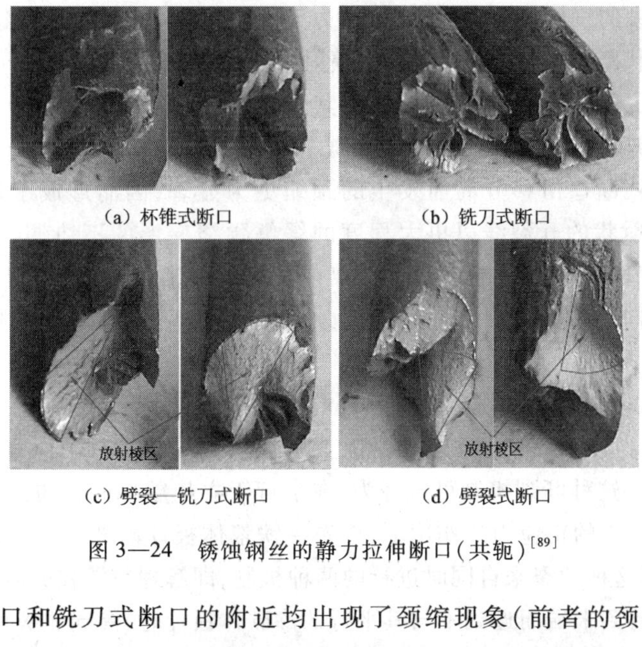

(a) 杯锥式断口 (b) 铣刀式断口

(c) 劈裂—铣刀式断口 (d) 劈裂式断口

图 3—24 锈蚀钢丝的静力拉伸断口(共轭)[89]

杯锥式断口和铣刀式断口的附近均出现了颈缩现象(前者的颈缩程度相对较轻)，二者均属于宏观延性断口。劈裂式断口附近未出现颈缩现象，属于宏观脆性断口。劈裂—铣刀式断口附近未出现明显的颈缩现象，总体上也属于宏观脆性断口。

杯锥式断口由杯和锥共轭组成。杯由杯底和杯壁（杯壁又称“剪切唇”）组成，有些杯底宽阔平坦，有些杯底则狭小如 V 尖形；杯壁内表面与钢丝纵轴线约成 10° ~ 45°角，如图 3—24（a）所示。

铣刀式断口由许多沿横断面半径线方向呈辐射状排列的“小脊”组成，小脊的两个小斜面大致与钢丝纵轴线成 10° ~ 45°角，如图 3—23（c）、图 3—24（b）所示。

劈裂式断口由若干个劈裂面组成，各劈裂面与钢丝纵轴线大致成 10° ~ 45°角，色泽较为明亮，有许多闪闪发亮的结晶状“小刻面”，并可看见人字形“放射棱”，“放射棱”的放射源在蚀坑边缘，如图 3—24（d）所示。

劈裂—铣刀式断口由若干个劈裂面与小范围的铣刀式断裂区组成，劈裂面区的宏观特征与劈裂式断口的相同，铣刀式断裂区的宏观特征与铣刀式断口的相同，如图 3—24（c）所示。

3.4.3.2 典型断口区的微观特征

分别对铣刀式断口的小脊小斜面、杯锥式断口的杯壁内侧斜面、劈裂式断口接近蚀坑边缘处的斜面和远离蚀坑处的斜面进行电镜扫描，如图 3—25 所示。

（1）铣刀式断口小脊小斜面和杯锥式断口杯壁内侧斜面的微观特征

铣刀式断口的小脊小斜面和杯锥式断口的杯壁内侧斜面上主要可见珠光体横断面组织，如图 3—25（a）、（b）所示。由于这些面上的剪应力和正应力均较大，同时考虑到其宏观断口特征，可以确定这些面是由滑移分离机制所造成[160]。

铣刀式断口和杯锥式断口在断裂前首先发生显著的颈缩变形，颈缩变形导致钢丝中心出现较大的三轴拉应力，三轴拉应力又促使钢丝中心的微孔洞长大和聚合而形成等轴韧窝状断裂区（铣刀式断口为辐射中心，杯锥式断口为杯底或 V 尖），该区域的形成缓解了颈缩变形的不协调，同时其边缘部位产生了应力应变集中，并向 45°左右的薄弱受剪斜面发展而产生滑移分离。

由于铣刀式断口滑移分离前发生的颈缩更为显著，因而形成了许多沿横断面半径方向呈辐射状的开裂线以更大程度的缓解颈缩变形的不协调，从而形成铣刀式断口中的小脊；而杯锥式断口滑移分离前发生的颈缩相对较轻，因而只需形成沿横断面周圈方向的一条开裂线便可缓解颈缩变形的不协调，从而形成杯锥式断口中的杯壁。

（2）劈裂式断口接近蚀坑边缘处斜面的微观特征

劈裂式断口接近蚀坑边缘处的斜面上可见较为完整的珠光体板片组织，如图 3—25（c）所示。这种断裂机制可解释为，在平行于主片层平面方向的剪应力及垂直于主片层平面方向的正应力的作用下，首先在铁素体板片内部发生平行于主片层平面方向的开裂，这种开裂来自同时进行的两种机制，即解理与滑移分离。当铁素体板片内的开裂进行到末端而遇到不与其平行的渗碳体板片时，渗碳体板片也被撕裂，如此实现了断裂面的扩张。

(3)劈裂式断口远离蚀坑边缘处斜面的微观特征

劈裂式断口远离蚀坑边缘处的斜面上可见较大的解理舌,同时,在解理舌上还有细小的韧窝,如图 3—25(d)所示。结合断口的宏观特征,可以确定这是一种以解理断裂为主,同时伴有韧窝断裂的混合断裂机制。

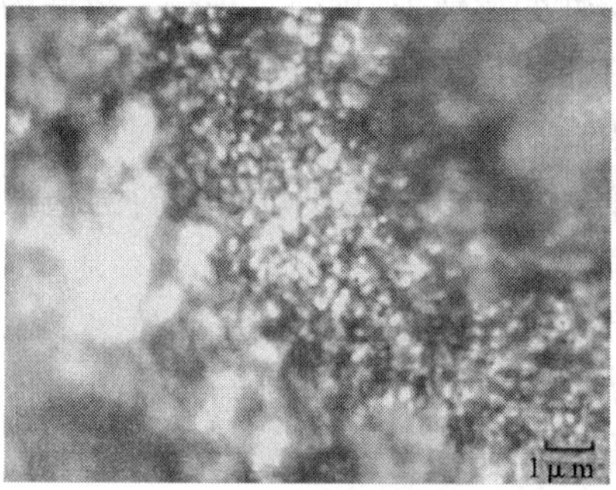

(a) 铣刀式断口小脊斜面

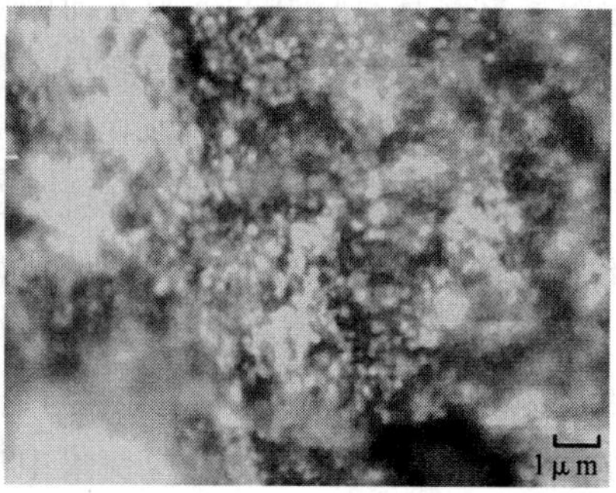

(b) 杯锥式断口杯壁内侧斜面

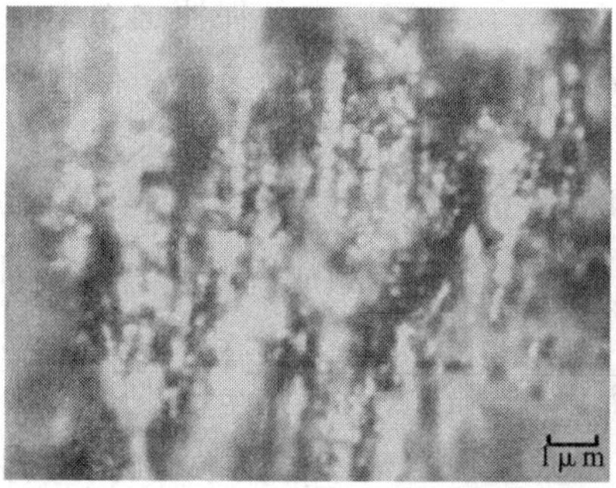

(c) 劈裂式断口近蚀坑处斜面

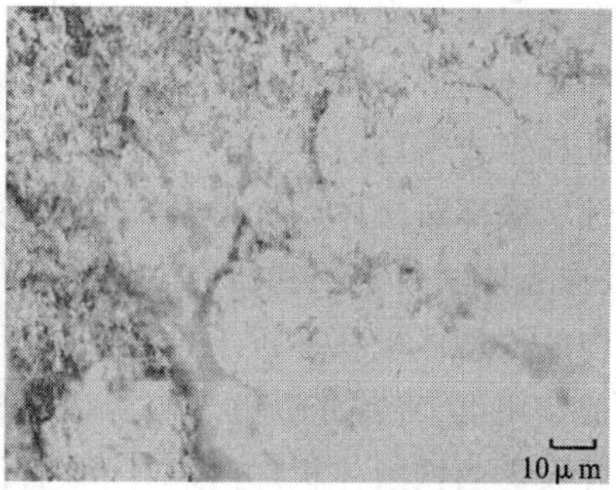

(d) 劈裂式断口远蚀坑处斜面

图 3—25 典型断口区 SEM 照片[89]

3.4.3.3 锈蚀钢绞线钢丝的断裂机制分析

从试验研究可知,未锈蚀钢绞线中的钢丝主要发生延性断裂,而锈蚀钢绞线中的钢丝则既可能发生延性断裂,又可能发生脆性断裂。

锈蚀钢绞线钢丝不同的断裂形式取决于蚀坑处的断裂效应特征及微观组织结构特征,前者主要取决于蚀坑的几何特征,后者主要取决于蚀坑底珠光体团的位向特征。

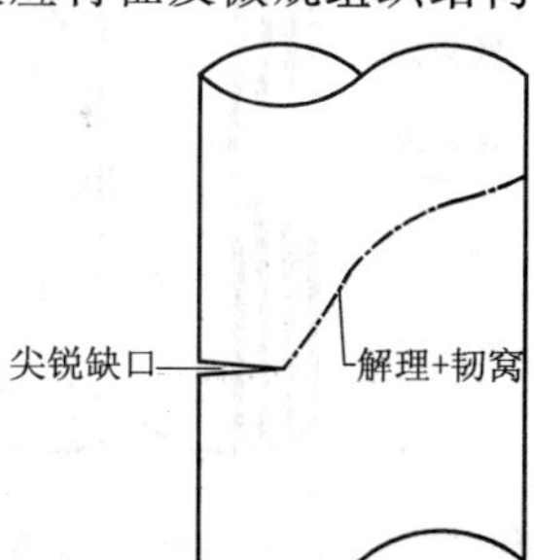

图 3—26 尖锐缺口钢丝试样的断裂

当蚀坑非常尖锐——典型如图 3—26 所示的横向尖锐缺口时,缺口根部会出现高度局部化的应力应变集中现象,由此产生的局部过塑变形使其发生局部脆性断裂,断裂的微观机制为解理 + 韧窝;该局部脆性断裂迅速失稳扩展而实现全截面的脆性断裂,断口形式为劈裂式。由于无法发生较大范围的塑性变形,因而观察不到宏观颈缩现象。显然,该脆性断裂过程主要由高度局部化的断裂效应特征所决定,与微观组织结构特征关系不大。当然,这种非常尖锐的蚀坑很少出现,但有些棱锥形蚀坑也可能会出现较高程度的应力应变集中而发生上述劈裂式断口。

大部分蚀坑具有钝型几何特征,因而蚀坑处的应力应变集中程度也不很高。此时,如果坑底材料具有良好的顺力方向的塑性变形能力,则会出现较大范围的塑性变形而颈缩,继而发生延性的铣刀式断口或杯椎式断口;反之,如果坑底材料不具有良好的顺力方向的塑性变形能力,则开裂会由此而生并失稳扩展至全截面断裂,出现脆性的劈裂式断口。由此看来,钝型蚀坑处的断裂方式取决于坑底材料的塑性变形能力,而该能力又取决于该处珠光体团的位向。

当蚀坑底部珠光体团的位向与钢丝纵轴线间的夹角较小时,如图 3—27(a)、(b)所示,该处珠光体团处于有利的受力状态而具有良好的顺力方向的塑性变形能力,于是,较大范围、较低程度的应变集中使蚀坑处首先出现较大范围的塑性变形,继而在蚀坑处各截面内发生应力应变重分布而整体出现塑性变形,同时出现颈缩现象。颈缩变形导致钢丝中心出现较大的三轴拉应力,三轴拉应力又促使钢丝中心的微孔洞长大和聚合而形成等轴韧窝状断裂区,最后以滑移分离的断裂扩展机制形成铣刀式断口或杯锥式断口。

当蚀坑底部珠光体团的位向与钢丝纵轴线间的夹角较大时,如图 3—27(c)所示,该处珠光体团处于不利的受力状态,因而顺力方向的塑性变形能力较差,此时,珠光体团内的铁素体板在平行于主片层平面方向的剪应力及垂直于主片层平面方向的正应力的作用下,将首先以解理与滑移分离的机制在其内部产生平行于主片层平面方向的开裂。当铁素体板片内的开裂进行到末端而遇到不与其平行的珠光体团时,珠光体团将同时以解理和韧窝的机制沿铁素体板片内的开裂方向被撕裂,如此实现了断裂面的扩张,最终形成脆性的劈裂式断口。由于整个断裂过程没有发生充分的塑性变形,因而不会产生颈缩现象。

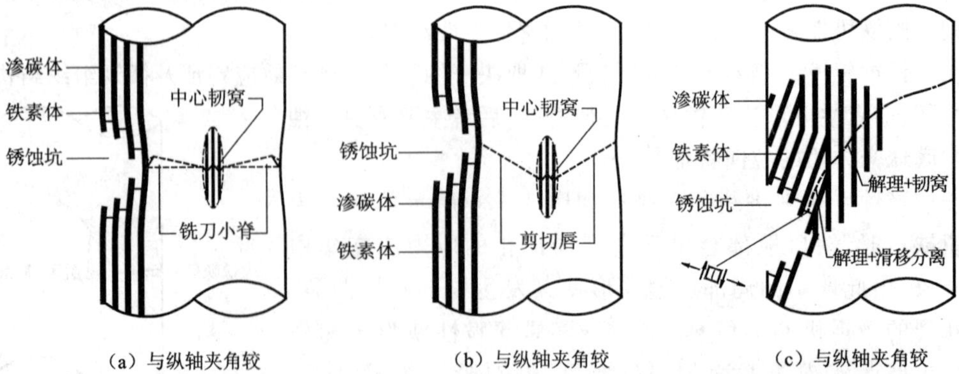

(a) 与纵轴夹角较小时的铣刀式断裂　(b) 与纵轴夹角较小时的杯锥式断裂　(c) 与纵轴夹角较大时的劈裂式断裂

图 3—27　基于蚀坑处珠光体团位向的钢丝断裂机制

3.4.3.4 锈蚀钢绞线的断裂特性分析

钢绞线的最大承拉力取决于首批断裂钢丝,这实际上意味着,首批钢丝断裂时平均拉应力决定了整根钢绞线的破断力。如果每根外围钢丝上所有蚀坑处正好为平行珠光体团,则首批钢丝断裂时已发生足够的拉伸变形而使所有钢丝充分受拉,因而整根钢绞线的最大承拉力削弱不大,其削弱主要来自首批断裂钢丝在断裂面处的蚀坑对整根钢绞线横截面积的减少。反之,只要钢绞线中的某一根外围钢丝的某一个蚀坑处是倾斜珠光体团,则这根钢丝就会在拉伸变形并不充分的条件下,首先以宏观脆性方式断裂,由此决定的整根钢绞线的最大承拉力将受到较大削弱。显然,钢绞线所有外围钢丝的蚀坑"打中"倾斜珠光体团的问题是一个概率问题。从定性角度来讲,对发生坑蚀的钢绞线而言,其总体锈蚀程度越大,则蚀坑"打中"倾斜珠光体团的概率也越大,钢丝出现脆性断裂的概率也越大,整根钢绞线的脆性断裂特征也越明显。

3.4.4 断裂失效概率模型

锈蚀钢绞线中首根钢丝的断裂代表了该钢绞线的受拉失效事件,显然,由于锈蚀分布的随机性、荷载作用的随机性以及材料性能的不定性等原因,该失效事件属于随机事件,其失效与否需要由相应的概率模型表达。为建立锈蚀钢绞线的受拉断裂失效概率模型,首先需要建立相应的断裂准则,然后获得基于平均名义应力和锈蚀程度的断裂效应以及断裂抗力的随机分布模型,最后采用概率理论获得断裂失效概率模型。

3.4.4.1 断裂准则

对于未锈蚀的钢绞线钢丝而言,当其受到轴心拉力作用时,其应力状态非常简单,因此可以直接根据简单的轴心受拉试验建立其断裂条件。但对于锈蚀钢绞线钢丝,当其受到轴心拉力作用时,由于蚀坑效应的影响,使其应力状态变得非常复杂。同时,从上一节的分析可知,蚀坑的存在还可能影响到钢绞线钢丝的断裂形式,继而影响到其断裂抗力。所以,仅仅通过简单的轴心受拉试验是无法建立锈蚀钢绞线的断裂条件的,还需要根据前述的断裂机制探讨锈蚀钢绞线的断裂准则。

前述断裂机制分析表明,宏观脆性断裂起源于蚀坑底部局部过塑变形引起的开裂,而且一旦开裂便快速失稳扩展至全截面断裂,即初始断裂和极限断裂几乎同时发生。对于宏观延性断裂,其断裂过程为:蚀坑处塑性变形→应力应变重分布→蚀坑处各截面整体塑性变形→颈缩→钢丝中心出现三轴拉应力→钢丝中心韧窝式开裂→钢丝周圈滑移分离式断裂并形成铣刀式或杯锥式断口。显然,宏观延性断裂起源于蚀坑处先行出现的塑性变形。因此,不管是宏观延性断裂还是宏观脆性断裂,其微观断裂机制却都是源于超限的塑性变形,因而可以采用材料力学方法中的塑性破坏准则作为其断裂准则。形状改变比能理论可以作为选择,但该理论是以刚刚屈服作为破坏准则,用于应变梯度较大的锈蚀钢丝的断裂分析过于苛刻。与 Mises 应力相对应,塑性理论中还常用到一

个应变不变量——Mises 应变[168]，这里以 Mises 应变达到极限值作为断裂准则，即

$$\varepsilon_{\mathrm{v}} = \varepsilon_{\mathrm{v,u}} \tag{3—59}$$

ε_{v} 即为 Mises 应变，有多种不同系数的表达式，此处引用 ANSYS 软件采用的表达式，即

$$\begin{aligned}\varepsilon_{\mathrm{v}} &= \frac{1}{\sqrt{2}(1+\nu')}\sqrt{(\varepsilon_x-\varepsilon_y)^2+(\varepsilon_y-\varepsilon_z)^2+(\varepsilon_z-\varepsilon_x)^2+\frac{3}{2}(\gamma_{xy}^2+\gamma_{yz}^2+\gamma_{zx}^2)} \\ &= \frac{1}{\sqrt{2}(1+\nu')}\sqrt{(\varepsilon_1-\varepsilon_2)^2+(\varepsilon_2-\varepsilon_3)^2+(\varepsilon_3-\varepsilon_1)^2}\end{aligned} \tag{3—60}$$

式中 ν'——等效波松比，弹性阶段采用材料波松比，即 $\nu'=\nu$，塑性阶段取 $\nu'=0.5$。

3.4.4.2 断裂参量的有限元模拟方法

由于三维蚀坑的存在，使锈蚀钢绞线断裂参量的理论分析十分困难，因而可以考虑采用有限元方法进行分析，这里选用通用有限元软件 ANSYS 进行分析。

(1)材料属性及本构关系

ANSYS 分析中，假定钢绞线钢丝的材料属性为非线弹性材料模型中的各向等向强化率不相关塑性模型。根据未锈蚀ϕ^{s}12.7(1×7)1860 级钢绞线及其中心钢丝的拉伸试验，综合得到了钢绞线钢丝的本构关系曲线，如图 3—28 所示。

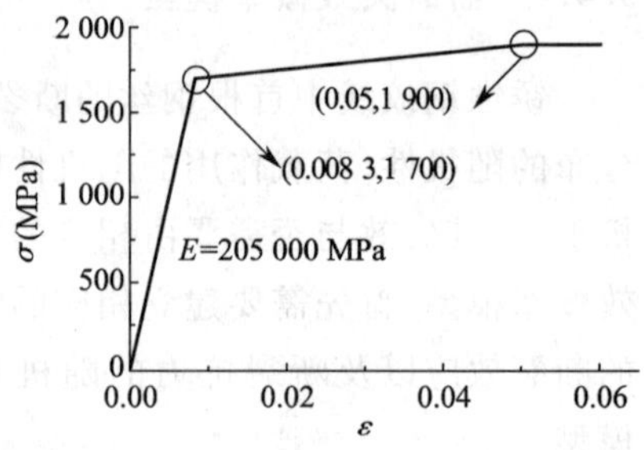

图 3—28 钢绞线钢丝的本构关系曲线

(2)锈蚀钢绞线钢丝的 ANSYS 分析模型

钢绞线由若干根钢丝捻制而成，每根外丝纵轴线呈螺旋形。钢绞线受拉时各根外丝互相抱紧，与中心钢丝形成一个整体而共同变形。因此，对每根外围钢丝而言，其受力状态接近于直钢丝受拉，而并不同于一根独立的螺旋钢丝受拉(此条件下存在着拉直过程的几何大变形及扭矩作用)。基于如此考虑，也为使问题简化，可将处在钢绞线中受拉的各外围钢丝视作独立的一根直钢丝受拉。

根据试验观察，钢绞线钢丝的坑蚀形态非常典型，一个明显的蚀坑沿钢丝横截面周圈往往是孤立存在的，即钢丝同一个横截面上很少同时出现两个明显蚀坑；另外，蚀坑沿钢丝纵轴线的分布也比较分散，两个相邻蚀坑之间的相互影响较小。因此，在分析某个蚀坑处的力学效应时，可以用 1 根钢丝上只有 1 个蚀坑的几何模型进行有限元分析。

前已述及，钢绞线钢丝上的蚀坑几何形状可抽象为马鞍形和椭球形两类，它们均可通过有关布尔运算在 ANSYS 中实现。

根据上述简化几何模型，锈蚀钢绞线钢丝可以采用 1 根中部带有 1 个蚀坑的圆柱受拉模型进行 ANSYS 分析。根据多次试算，模拟受拉钢丝的圆柱长度取 50 mm 即可消除两端约束条件的影响。模拟受拉圆柱的一端被固接，另一端沿圆柱纵轴方向的自由度被耦合以模拟其绕横轴的转动位移受到远处钢丝及周围其他钢丝的约束，并在该端施加满布均布面荷载。模拟受拉圆柱采用 Solid45 实体单元并划分自由四

面体网格。图 3—29 为带有椭球形蚀坑的锈蚀钢绞线钢丝的 ANSYS 分析模型示意。

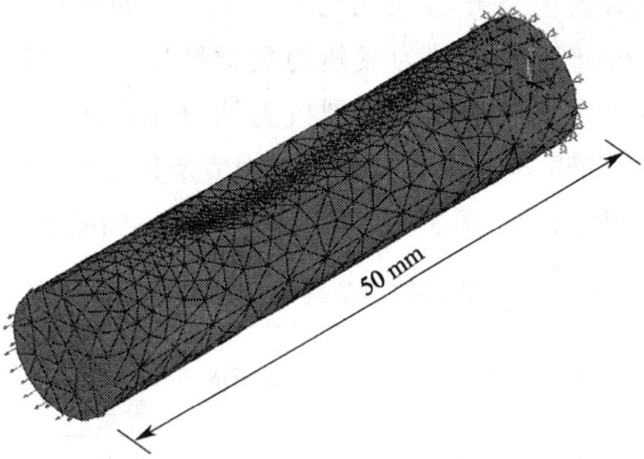

图 3—29　锈蚀钢绞线钢丝的 ANSYS 分析模型示意

3.4.4.3　断裂抗力分布模型

(1)试验研究

为获得锈蚀钢绞线的断裂抗力,首先需要进行锈蚀钢绞线试样的拉伸试验,为此,特制作了 7 个掺盐混凝土试件(图 3—16)进行锈蚀(掺盐率为水泥质量的 5%),每个试件内对称放置 2 根ϕ^s12.7(1×7)1860 级钢绞线。锈蚀持续 13 个月之后破形得到了 14 根锈蚀钢绞线试样,然后对 14 根锈蚀钢绞线试样进行了拉伸试验,每根钢绞线当加载至出现三批断丝时停止试验,最终得了 46 根断裂钢丝。

通过数据采集系统记录了拉伸过程中每根钢丝断裂时施加在钢绞线上的拉伸力,由此计算得到每根钢丝断裂时施加在钢绞线上的平均拉应力,并将其视作该钢丝断裂时所承受的平均拉应力 σ_m。拉伸试验结束后,对每根断裂钢丝断口处的蚀坑形状进行观察,并采用百分尺(尾部磨尖)量取了每一根钢丝断口处蚀坑的长度、宽度及深度等三维尺寸,测量中深度和宽度精确到 0.01 mm,长度精确到 0.1 mm。

(2)有限元模拟

有了每根钢丝断裂时所承受的平均拉应力、断口处的蚀坑形状及其三维尺寸,便可采用有限元模拟获得每根钢丝的断裂抗力,即钢丝断裂时蚀坑处的最大 Mises 应变,记作 $\varepsilon_{v,u}$,结果见表 3—5。

表 3—5　锈蚀钢绞线钢丝的断裂抗力 $\varepsilon_{v,u}$

序号	1	2	3	4	5	6	7	8	9	10	11	12
$\varepsilon_{v,u}$	0.011	0.0112	0.0114	0.0115	0.0127	0.0148	0.0178	0.0195	0.0203	0.0223	0.0235	0.0257
序号	13	14	15	16	17	18	19	20	21	22	23	24
$\varepsilon_{v,u}$	0.0292	0.0312	0.0355	0.0378	0.0392	0.0392	0.0403	0.0406	0.0407	0.0427	0.0427	0.0437
序号	25	26	27	28	29	30	31	32	33	34	35	36
$\varepsilon_{v,u}$	0.0441	0.0448	0.0461	0.0463	0.0489	0.0511	0.0514	0.0527	0.0528	0.0531	0.0559	0.0565
序号	37	38	39	40	41	42	43	44	45	46		
$\varepsilon_{v,u}$	0.0567	0.0578	0.0584	0.0611	0.0649	0.0654	0.0681	0.0818	0.0831	0.086		

(3)分布模型

由于正态分布和对数正态分布往往对材料抗力(如强度)类的分布具有较好的适用性,同时,这两类分布还具有较为成熟的数学处理方法,因此,这里首先假定正态分布或对数正态分布作为锈蚀钢绞线断裂抗力的分布模式。

采用数理统计软件 SPSS 对上述 46 个断裂抗力值及其对数值所构成的数据样本进行了分析,表 3—6 为其描述性统计量,图 3—30 和图 3—31 分别为两个数据样本的分布直方图。

表 3—6　断裂抗力及其对数的描述性统计量

项　目	N	平均值	标准差	极小值	极大值	百分位值		
						第 25 个	第 50 个	第 75 个
断裂抗力	46	0.0424	0.0197	0.0110	0.0860	0.0252	0.0432	0.0561
断裂抗力对数	46	−3.296	0.5727	−4.510	−2.453	−3.684	−3.142	−2.882

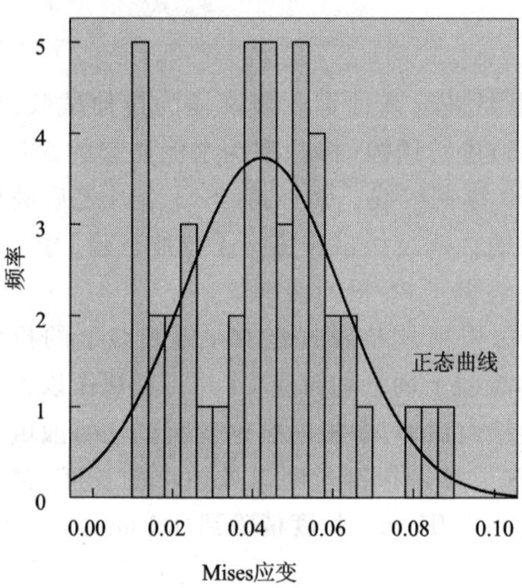

图 3—30　断裂抗力的分布直方图

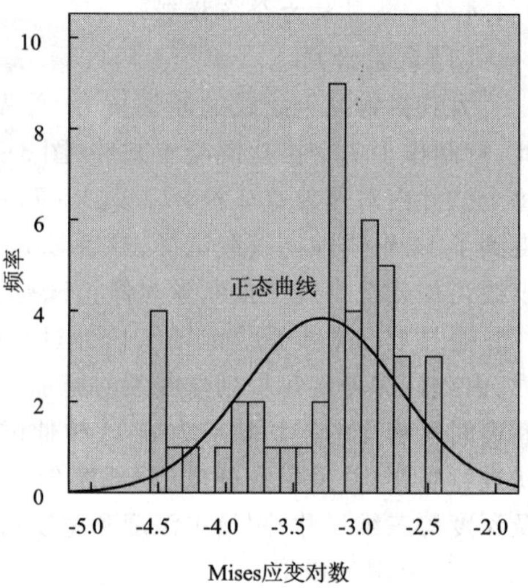

图 3—31　断裂抗力对数的分布直方图

分布直方图可以大致反映数据样本的分布趋势,从图 3—30 和图 3—31 可以看出,相对于对数正态分布,正态分布对锈蚀钢绞线钢丝断裂抗力数据样本具有更好的适用性,然而,这两种分布模式各自的适用程度有多大却并不清楚。要定量分析某种分布模式的适用性还需要进行拟合优度检验。

这里仍然采用数理统计软件 SPSS 对上述 46 个断裂抗力值分布的正态性及对数正态性进行拟合优度的 *K—S* 检验,结果是:正态检验的精确显著性(双侧)水平为 0.874,对数正态检验的精确显著性(双侧)水平为 0.059,二者均大于正常可接受的显著性水平 0.05。这说明,锈蚀钢绞线的断裂抗力在 0.05 显著性水平下不拒绝正态分布和对数正态分布。

为简化表达,这里将锈蚀钢绞线断裂抗力变量记为 R。根据表 3—6,σ_R =

0.0197，$\mu_R=0.0424$；$\sigma_{\ln R}=0.5727$，$\mu_{\ln R}=-3.296$，于是可以得到锈蚀钢绞线钢丝断裂抗力的正态分布模型及对数正态分布模型（概率密度函数）分别为式（3—61）和式（3—62）。

$$f(R)=20.25\cdot\exp[-1288(R-0.0424)^2] \tag{3—61}$$

$$f'(R)=\frac{1}{1.436R}\cdot\exp[-1.524(\ln R+3.296)^2] \tag{3—62}$$

由于钢绞线中任何一根钢丝的断裂即意味着钢绞线的断裂失效，因此，所得到的上述关于钢绞线钢丝断裂抗力的分布模型也就代表了钢绞线断裂抗力的分布模型。

3.4.4.4 断裂效应分布模型

对于一段锈蚀钢绞线，其上有许多形状及大小不同的蚀坑。于是，在同一个应力水平下，每个蚀坑处对应的断裂效应各不相同；在同一个蚀坑处，不同的应力水平对应的断裂效应也各不相同。因此，该段锈蚀钢绞线上的断裂效应是一个基于蚀坑分布（与锈蚀率有关）和应力变化的随机变量，要研究断裂失效概率问题，必须首先找到这个随机变量的分布模型。需要说明的是，由于断裂抗力也是一个随机变量，因而断裂并不一定发生在断裂效应最大的那个蚀坑处。

本书第2章曾对4段不同锈蚀率钢绞线蚀坑的三维几何尺寸进行过统计，根据这些蚀坑三维几何尺寸，利用前述有限元模拟方法，可以得到每个蚀坑在不同外加平均应力 σ_m 作用下的断裂效应 ε_v（即最大 Mises 应变）；根据大量的断裂效应数据，继而可以分析得到断裂效应分布模型[106]。

对大量断裂效应数据分析发现，高锈蚀率高应力水平下的许多较大蚀坑处断裂效应已大大超出其抗力水平，它们必然会引起钢绞线的断裂失效，因而这部分数据实际上代表了断裂失效的确定性结论，其占样本数据总量的比例即为已确定的失效概率；而此条件（高锈蚀率高应力水平）下剩余的较小蚀坑处断裂效应数据则视为概率数据样本。根据前述锈蚀钢绞线断裂抗力的统计结果，在46个数据样本中，断裂抗力的最大值为0.086，再考虑部分盈余度，可以认为：当断裂效应大于或等于0.1时必然会引起断裂失效的确定性结论。于是，每一个断裂效应数据样本可分解为两部分，第一部分可称作断裂效应确定性数据集，数据范围为 $\varepsilon_v\geq 0.1$；第二部分可称作断裂效应概率数据样本，数据范围为 $\varepsilon_v<0.1$。根据分析，断裂效应概率数据样本总体服从对数正态分布，其（简记为 S）分布模型（概率密度函数）为

$$f(S)=\frac{1}{\sqrt{2\pi}\sigma_{\ln S}S}\exp\left[-\frac{(\ln S-\mu_{\ln S})^2}{2\sigma_{\ln S}^2}\right] \tag{3—63}$$

式中

$$\mu_{\ln S}=-4.912+1.354\times 10^{-33}\cdot\sigma_m^{10.173} \tag{3—64}$$

$$\sigma_{\ln S}=0.082+0.280\cdot\exp[-1.451\times 10^{-4}\cdot(\sigma_m-1730)^2] \tag{3—65}$$

3.4.4.5 断裂失效概率模型

前已论证，对断裂效应大于0.1的数据，可直接将其视作断裂失效概率为100%的确定性数据样本，这部分数据个数占总数据个数的比值即为总样本的第一部分失

效概率，记为 p_{f1}；而对断裂效应小于 0.1 的数据，由于其与断裂抗力共同都不拒绝对数正态分布，因此可利用工程结构可靠度计算中的中心点法求解该部分数据对应的可靠指标暨失效概率，记为 p_{f2}，此时，中心点法提供的是精确解答；p_{f1} 与 p_{f2} 之和即为最终的断裂失效概率，记为 p_f，即

$$p_f = p_{f1} + p_{f2} \tag{3—66}$$

p_{f1} 与平均应力 σ_m 及锈蚀率 η_s 有关，其关系可通过回归处理得到：

$$p_{f1} = -0.001 + 1.4 \times 10^{-55} \cdot \sigma_m^{18.38} \cdot \eta_s^{3.749} \geqslant 0 \tag{3—67}$$

由于断裂抗力 R 和概率数据样本中的断裂效应 S 均不拒绝对数正态分布，因此可在对数正态分布假定下讨论失效概率问题，此时，断裂功能函数 Z 可表示为[169]

$$Z = \ln R - \ln S = \ln(R/S) \tag{3—68}$$

显然，Z 服从正态分布，因此，失效概率 p_{f2}（$p_{f2} = P(Z<0)$）与可靠指标 β 之间的关系为

$$p_{f2} = \Phi(-\beta) = 1 - \Phi(\beta) \tag{3—69}$$

式中，$\Phi(\cdot)$ 为标准正态函数，其值可从有关概率论的数学手册中查取；可靠指标 $\beta = \mu_Z/\sigma_Z$，根据断裂抗力 R 和概率数据样本中的断裂效应 S 的统计参数 $\mu_{\ln R}$、$\sigma_{\ln R}$、$\mu_{\ln S}$、$\sigma_{\ln S}$ 计算出 μ_Z 和 σ_Z，从而得到可靠指标 β 为

$$\beta = \frac{1.616 - 1.354 \times 10^{-33} \cdot \sigma_m^{10.173}}{\sqrt{0.328 + \{0.082 + 0.280 \cdot \exp[-1.451 \times 10^{-4}(\sigma_m - 1\,730)^2]\}^2}} \tag{3—70}$$

分析式(3—66)所示的断裂失效概率模型发现，锈蚀钢绞线的断裂失效概率受平均拉应力 σ_m 的影响十分显著，而受锈蚀率 η_s 的影响相对小一些，如图 3—32 所示。

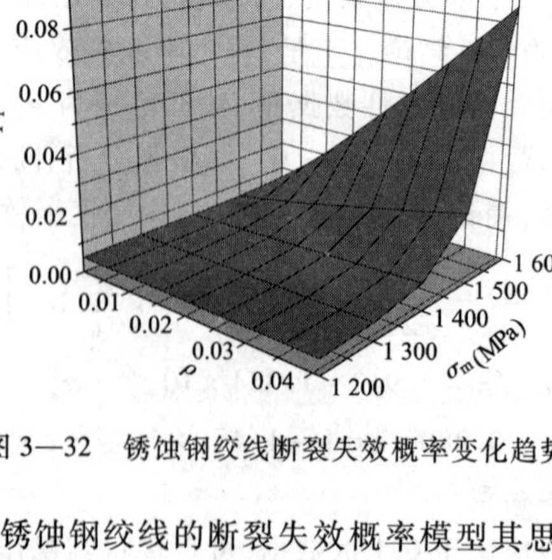

图 3—32　锈蚀钢绞线断裂失效概率变化趋势

通过上述方法获得锈蚀钢绞线的断裂失效概率模型其思路较为合理，但也需要较为充分的试验结果作支撑。

3.4.5 名义概率强度预计模型

前面已获得了锈蚀钢绞线的断裂失效概率模型，见式(3—66)，在此基础上，可以通过确定适当的断裂失效概率而反算得到其极限抗拉强度平均值及标准值模型，并进一步获得其设计值模型。然而，由于式(3—66)的试验支撑不够充分，因此这里仍然采用与锈蚀冷拔低碳钢丝及高强冷拉钢丝相同的近似方法获得其三种名义概率强度预计模型。

3.4.5.1 极限抗拉概率强度预计模型

(1)平均值

锈蚀高强钢绞线的名义极限抗拉强度平均值预计模型近似采用试验结果拟合公式来代替，见式(3—56)，式中未锈蚀高强钢绞线名义极限抗拉强度试验平均值 $f_{ptm,0}$ 在有些情况下可能不便得到，此时可按式(3—72)计算获得。

(2)标准值

锈蚀高强钢绞线的名义极限抗拉强度标准值可根据式(3—15)计算，算式中的名义极限抗拉强度平均值预计模型如式(3—56)；然后，根据式(3—56)计算出对应于每一个试验点锈蚀率的强度平均值 $f_{ptm,c}(\eta_s)$，用该平均值与对应试验值相减并平方，取各平方值的平均值并开方以获得近似均方差 σ_{pt}，上述试验数据的 $\sigma_{pt}=0.027\,4f_{ptm,0}$；根据 $f_{ptm,c}(\eta_s)$ 和 σ_{pt}，由式(3—30)求得对应于每个试验点腐蚀率的近似变异系数 $\delta_{pt}(\eta_s)$。

将 $f_{ptm,c}(\eta_s)$ 和 $\delta_{pt}(\eta_s)$ 代入式(3—15)即可得到随锈蚀率变化的高强钢绞线名义极限抗拉强度标准值计算模型：

$$f_{ptk,c}=(0.946-3.41\eta)f_{ptm,0} \tag{3—71}$$

图 3—33 为根据上述模型计算得到的锈蚀高强钢绞线名义极限抗拉强度标准值曲线。

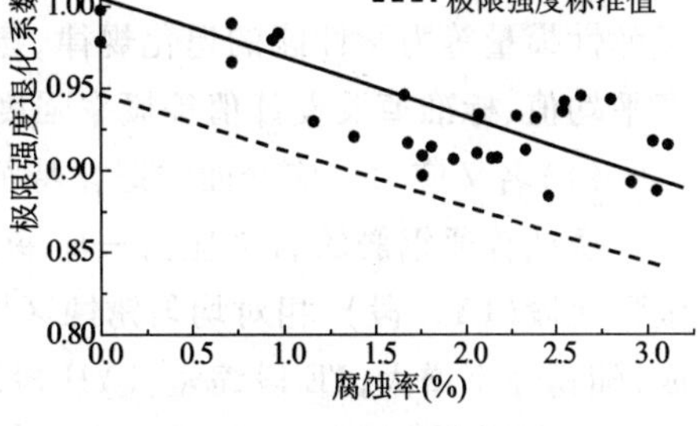

图 3—33 锈蚀高强钢绞线名义极限抗拉强度退化

当 $f_{ptm,0}$ 不便得到时，可将式(3—71)中的 η_s 取为零，并用 GB 50010—2002 给出的未锈蚀高强钢绞线极限抗拉强度标准值 $f_{ptk,0}$ 代替式中的 $f_{ptk,c}$，由此反算得到近似的 $f_{ptm,0}$，即

$$f_{ptm,0}=1.057f_{ptk,0} \tag{3—72}$$

将式(3—72)代入式(3—71)得到锈蚀高强钢绞线名义极限抗拉强度标准值的另一种计算模型：

$$f_{ptk,c}=(1-3.60\eta_s)f_{ptk,0} \tag{3—73}$$

(3)设计值

标准值除以材料分项系数 1.2 即可得到设计值。于是，锈蚀高强钢绞线名义极

限抗拉强度设计值$f_{pt,c}$为

$$f_{pt,c}=(0.788-2.84\eta_s)\cdot f_{ptm,0} \tag{3—74}$$

或 $$f_{pt,c}=(0.833-3.00\eta_s)f_{ptk,0} \tag{3—75}$$

3.4.5.2 条件屈服抗拉概率强度预计模型

(1)平均值

锈蚀高强钢绞线的条件屈服抗拉强度平均值$f_{pym,c}$可由其极限抗拉强度平均值$f_{ptm,c}$乘以0.85倍获得，即

$$f_{pym,c}=(0.85-2.90\eta_s)f_{ptm,0} \tag{3—76}$$

或 $$f_{pym,c}=(0.898-3.07\eta_s)f_{ptk,0} \tag{3—77}$$

(2)标准值

锈蚀高强钢绞线的条件屈服抗拉强度标准值$f_{pyk,c}$可由其极限抗拉强度标准值$f_{ptk,c}$乘以0.85倍获得，即

$$f_{pyk,c}=(0.804-2.90\eta_s)f_{ptm,0} \tag{3—78}$$

或 $$f_{pyk,c}=(0.85-3.06\eta_s)f_{ptk,0} \tag{3—79}$$

(3)设计值

锈蚀高强钢绞线的条件屈服抗拉强度设计值$f_{py,c}$可由其极限抗拉强度设计值$f_{pt,c}$乘以0.85倍获得，即

$$f_{py,c}=(0.670-2.42\eta_s)f_{ptm,0} \tag{3—80}$$

或 $$f_{py,c}=(1-3.60\eta_s)f_{py,0} \tag{3—81}$$

式中 $f_{py,0}$——GB 50010—2002给出的未锈蚀高强钢绞线极限抗拉强度设计值。

3.5 小 结

本章系统论述了普通钢筋及冷拔低碳钢丝、高强冷拉钢丝、高强钢绞线等预应力钢筋锈蚀后的名义应力—应变曲线、名义屈服强度、名义极限强度、名义极限应变、名义弹性模量等力学性能的退化规律，建立了基于结构承载力评估及设计用的钢筋强度平均值、标准值及设计值等概率强度预计模型。

(1)名义应力—应变曲线退化特征

锈蚀普通钢筋的名义应力—应变曲线由总体线弹性段(TE段)、显著坑蚀区屈服强化段(LYH段)、相对均匀锈蚀区屈服段(TY段)、总体强化段(TH段)等四段构成；随锈蚀率增大，TE段缩短，LYH段增长，TY段和TH段均缩短乃至消失。

锈蚀预应力钢丝(包括冷拔低碳钢丝和高强冷拉钢丝)的名义应力—应变曲线总体上也由线弹性段和强化段两部分组成，且随着锈蚀率的增大，线弹性段和强化段逐渐变短，当钢丝局部坑蚀较严重时，钢丝会在总体线弹性段上断裂，从而使强化段完全消失；由于锈蚀高强钢绞线中各钢丝不同步断裂，所以其应力—应变曲线存在多个下降台阶，但在第一根钢丝断裂之前，钢绞线的应力—应变曲线总体上也由线弹性

段和强化段两部分组成，且随着锈蚀率的增大，线弹性段逐渐变短，强化段逐渐变短乃至消失。不过，预应力钢丝的应力—应变曲线的线弹性段与强化段的过渡比较平缓，相比之下，高强钢绞线的应力—应变曲线的线弹性段与强化段的过渡更为突变。

(2)力学性能参数退化规律

普通钢筋和三种预应力钢筋的名义屈服强度、名义极限强度及名义极限应变随平均锈蚀率的增大都显示了一定的线性退化趋势，同时，名义极限应变随平均锈蚀率的增大更接近于指数退化趋势；对于名义弹性模量，本书所涉及的试验结果离散性过大，但根据分析也认为其呈线性退化趋势。

各参数线性退化系数表达式中平均锈蚀率 η_s 前的系数反映了该参数随平均锈蚀率的退化速率。对比任一类钢筋的名义屈服强度、名义极限强度和名义极限应变等三个参数的退化速率发现，三者的退化速率从前往后逐渐增大。

名义极限强度和名义极限应变的退化速率反应了钢筋坑蚀效应的大小。对比各类钢筋名义极限强度和名义极限应变的退化速率(表 3—7)发现，高强钢绞线和高强冷拉钢丝最大，冷拔低碳钢丝次之，普通钢筋最小，这表明，高强钢绞线和高强冷拉钢丝的坑蚀效应最显著，冷拔低碳钢丝次之，普通钢筋最小。

表 3—7　各类钢筋名义极限强度及名义极限应变退化速率比较

钢筋种类	名义极限强度退化速率	名义极限应变退化速率
普通钢筋	1.05 ~ 1.80	1.20 ~ 3.57
冷拔低碳钢丝	2.60	13.2
高强冷拉钢丝	5.25	20.2
高强钢绞线	3.41	20.6

(3)名义概率强度预计模型

由于锈蚀分布的随机性、荷载作用的随机性以及材料性能的不定性等原因，锈蚀钢筋的失效事件属于随机事件，其失效与否需要由相应的概率模型表达。为建立锈蚀钢筋的失效概率模型，首先需要建立相应的失效准则，然后获得基于平均名义应力和锈蚀程度的失效效应以及失效抗力的随机分布模型，最后采用概率理论获得受拉失效概率模型。笔者根据这一思路建立了锈蚀高强钢绞线的断裂失效概率模型。

有了失效概率模型，就可以通过确定适当的失效概率而反算得到钢筋强度平均值及标准值模型，并进一步获得其设计值模型。由于本章所建立的锈蚀高强钢绞线断裂失效概率模型的试验结果支撑不够充分，因此与其他三类钢筋一同都采用了近似方法建立了各自的三种名义概率强度预计模型。

第4章 锈蚀钢筋黏结性能退化规律及预计模型

钢筋混凝土构件是由钢筋体与混凝土体两部分组合而成的复合体,钢筋与混凝土之间良好的黏结作用是其正常工作的必要基础,这种基础作用主要体现在两个方面:一是锚固区的黏结作用,用以保证钢筋混凝土构件整体的基本几何不变性,从而保证钢筋与混凝土之间的整体共同工作属性;二是裂缝区段的黏结作用,用以保证钢筋混凝土构件截面的基本几何不变性,从而保证钢筋与混凝土之间的局部共同工作属性。

钢筋与混凝土的黏结作用主要来源于三个方面,即混凝土中水泥凝胶体与钢筋表面的化学胶着力、钢筋与混凝土接触面间的摩擦力、钢筋与混凝土之间的机械咬合力。当钢筋锈蚀后,其锈蚀产物(为结构疏松的氧化物)包裹在钢筋表面,隔离了钢筋与混凝土表面的接触,从而降低了钢筋与混凝土之间的胶结作用;另一方面,钢筋锈蚀后其体积会增大而产生锈胀力,在锈胀初期,保护层混凝土尚未胀裂,锈胀作用反而增加了钢筋与混凝土之间的法向接触压力,从而提高了二者之间的摩擦力;随着锈蚀的不断发展,锈胀力也会不断增大,从而会导致保护层混凝土锈胀开裂且裂缝宽度不断增大,摩擦力和机械咬合力受到削弱,钢筋与混凝土之间的黏结作用因此遭到削弱。

在锈蚀钢筋与混凝土的黏结性能研究中,试验研究一直以来是其最基础的也是最必要的方法,但目前有关的试验方法较多,许多试验方法都是在不断改进中逐渐趋于合理。首先,在加速钢筋锈蚀方法上,快速通电法以其试验周期短、锈蚀程度容易控制等优点长期以来成为一种主要的方法,但这种方法产生的锈蚀形态、锈胀力分布以及黏结应力重分布等问题与实际结构情况差别较大,尤其这种方法获得的极限黏结强度比实际情况小很多[104],所以,后来一些研究逐渐转向采用人工气候法加速钢筋锈蚀[162,170]。其次,在黏结试件形式上,长期一直主要采用拔出试件(包括压出试件)和梁式试件两大类,拔出试件早期多为中心拔出试件,后来发现其混凝土对钢筋的握裹条件与实际结构条件差别较大,所以逐渐改进为偏置拔出试件,并模拟箍筋的影响。梁式试件考虑了梁中钢筋锚固区存在弯矩和剪力的影响,模拟剪跨区或纯弯区受拉钢筋的锚固状态,与实际受力状态符合较好,但这种方法试验过程相对复杂,试验成本相对更高,难以开展大量的研究。

目前,已有大量学者就锈蚀钢筋与混凝土的黏结性能退化问题展开了各种方式的试验研究[97-104],在定性层面上揭示了锈蚀对钢筋与混凝土之间黏结作用的影响规律,并通过试验数据拟合得到了黏结滑移特征参数与钢筋锈蚀率的定量关系模型,建立了基于短黏结试件的平均黏结滑移本构关系模型以及基于长黏结试件随位置变化的黏结滑移本构关系模型;有些学者还将基本力学理论分析与试验研究结果相结合建立了锈蚀钢筋与混凝土之间的黏结强度预计模型[105]。

中国矿业大学近年来基于人工气候加速腐蚀方式和偏置拔出试件形式,就锈蚀钢筋与混凝土的黏结性能退化问题展开了较为系统的研究:通过短黏结试件拔出试验揭示了锈蚀钢筋与混凝土的基本黏结性能退化规律和预计模型;通过长黏结试件拔出试验揭示了锚固区黏结应力分布及退化规律以及相应的预计模型。本章将在介绍、分析上述研究结果的基础上,对基本黏结滑移本构关系模型,以及锚固区(长黏结区)的黏结滑移本构关系位置函数及应力分布模型进行简化处理,同时,对裂缝间黏结应力分布与退化特征及其对受拉钢筋与受压混凝土的协同工作水平的影响进行分析,并介绍有关规范中关于协同工作水平退化的预计模型,为锈蚀钢筋混凝土构件承载性能退化分析奠定基础。

4.1 锈蚀普通钢筋基本黏结性能退化规律及预计模型

文献[162]通过大量短黏结试件对锈蚀普通钢筋与混凝土的基本黏结性能退化问题进行了试验研究,下面对其有关研究结果进行介绍,并对有关问题进行进一步的分析。

4.1.1 试验方案简介

试件设计如图4—1所示,不同于中心黏结试件,本试件设置两根偏置黏结主筋,黏结段长100 mm。为了避免试件端部混凝土受到局部挤压,影响黏结段应力状态的平均分布,减少试验结果的误差,将埋入钢筋的两端各30 mm用PVC管套住,使之与混凝土无黏结。另外,为了消除两端混凝土对试件中部黏结段锈胀开裂的约束影响,在无黏结部位事先制造人工裂缝。

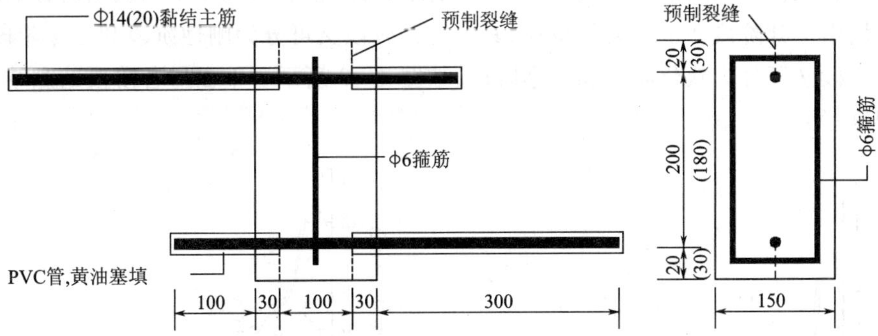

图4—1 普通钢筋短黏结试件设计[162](单位:mm)

所有试件混凝土强度等级都按C25设计。加速锈蚀方法是将黏结试件用15%氯化钠溶液浸泡两个月,之后将试件置于人工气候室内($T=40℃$,$RH=90\%$)加速锈蚀,达到预定锈胀裂缝宽度后移出进行拉拔试验。拉拔试验在电液伺服机上进行,采用位移控制连续单调加载方式,加载速度为0.1 mm/min。

试件分为 6 组，主要考虑钢筋直径(14 mm，20 mm)、保护层厚度(20 mm，30 mm)、钢筋表面形式(变形，光圆)以及箍筋影响(有箍筋，无箍筋)等因素；每组试件有 4 个，分别对应未锈蚀、锈胀裂缝宽度 0.2 mm、0.5 mm、0.8 mm。试件分组情况见表 4—1。

表 4—1　普通钢筋短黏结试件分组[162]

试件编号	钢筋直径(mm)	保护层厚度(mm)	钢筋表面形式	有无箍筋	数量(个)
BD－14－20	14	20	变形	无	4
BDS－14－20	14	20	变形	有	4
BDS－14－30	14	30	变形	有	4
BDS－20－20	20	20	变形	有	4
BDS－20－30	20	30	变形	有	4
BPS－14－20	14	20	光圆	有	4

4.1.2　黏结滑移曲线特征与黏结滑移机理

通过拔出试验可以获得所有试件全程拉拔荷载、钢筋自由端滑移及加载端滑移。从数据结果可知，钢筋自由端滑移相对于加载端滑移存在滞后反映现象，许多研究将两个滑移平均后作为黏结滑移。实际上，对于短黏结试件(黏结长度在 $3d \sim 5d$ 之间)而言，自由端滑移就可以较好地代表总体黏结滑移，而加载端滑移在测试中往往难以合理排除黏结段以外钢筋本身的伸长位移，将其考虑进黏结滑移反而容易引起偏差。本试验中，黏结长度相对较长，为 $5d$ 和 $7.1d$ 两种，此时用自由端滑移代表平均黏结滑移不够理想，但考虑到加载端测试滑移的代表性不佳，因而这里仍以自由端滑移代表平均黏结滑移。

各组试件的黏结滑移曲线如图 4—2 所示，普通钢筋与混凝土的黏结滑移曲线总体上均由上升阶段和下降阶段组成，其中上升阶段又可分为刚性阶段和强化阶段，而下降阶段又可分为软化阶段和残余阶段，如图 4—3 所示。下面对各阶段的黏结滑移机理进行分析。

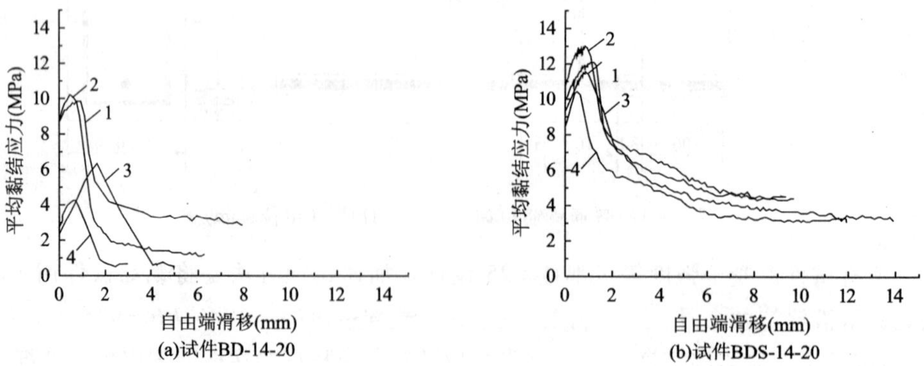

图　4—2

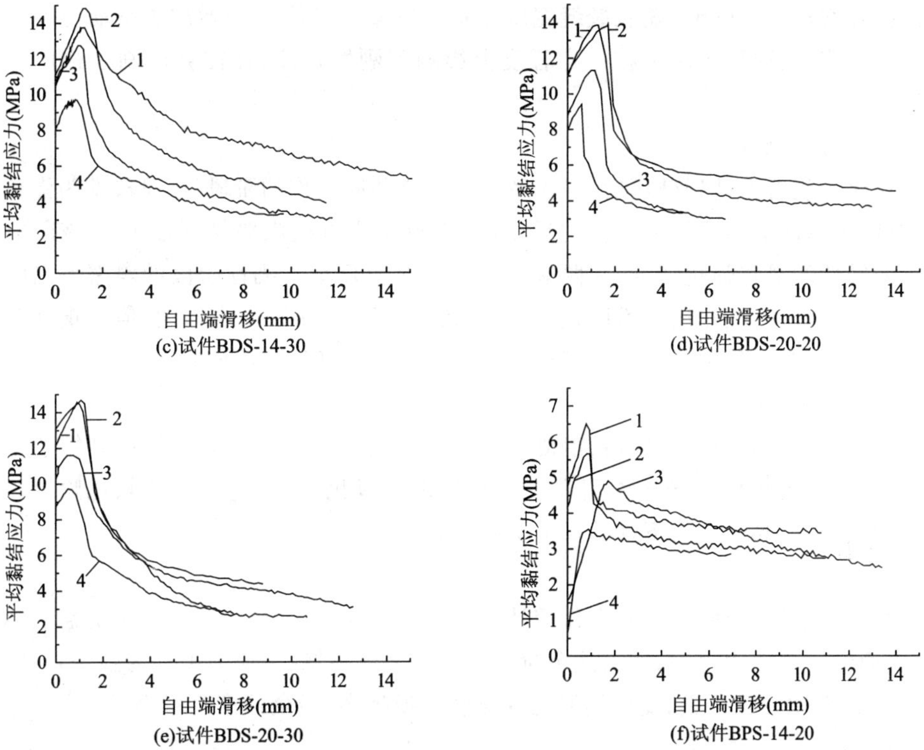

图 4—2　普通钢筋短黏结试件黏结滑移曲线

1—$w=0$；2—$w=0.2$；3—$w=0.5$；4—$w=0.8$

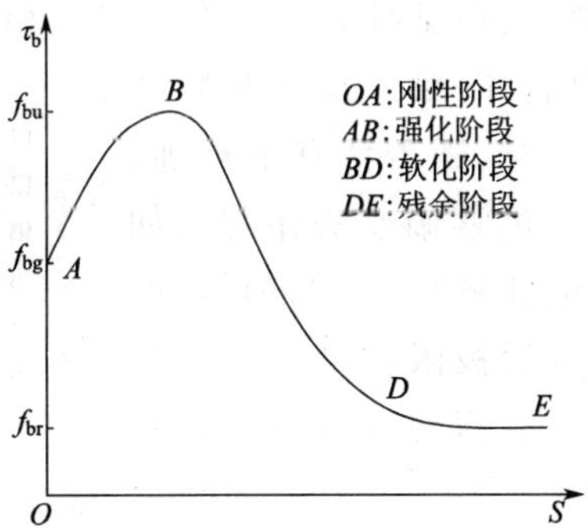

图 4—3　黏结滑移特征曲线

4.1.2.1　刚性阶段

在拉拔初期，拔出位移极小的条件下，主要由化学胶着力工作的阶段为刚性阶段。该阶段具有明显的线性特征和很大的斜率，体现了很大的拔出刚度，因此，这里近似称其为刚性阶段，其末点应力可称为胶着强度或刚性强度，记作 f_{bg}。总体来说，钢筋锈蚀越严重，化学胶着力就退化得越多，刚性强度 f_{bg} 也退化得越多；但是，当钢筋锈蚀程度较小时(例如锈胀裂缝宽度 $w<0.2$ mm),锈胀作用增加了钢筋与混凝土之间的摩擦力,这种作用也在一定程度上影响到刚性强度,往往会使刚性强度有所提高。

4.1.2.2 强化阶段

在化学胶着力遭到破坏后,进入摩擦和咬合共同工作的阶段,该阶段即为强化阶段,对应于总体滑移曲线上升段的后半段,末点对应着极限黏结强度 f_{bu}。该段曲线具有非线性的滑移强化特征,其两端点割线斜率明显小于刚性阶段的斜率。当钢筋锈蚀量不大时,摩擦作用有所增强,所以导致极限黏结强度 f_{bu} 也增大,但当钢筋锈蚀量过大以后,摩擦作用反而下降,所以导致极限黏结强度 f_{bu} 也下降。

4.1.2.3 软化阶段

在达到极限黏结强度以后,混凝土被劈裂(无锈胀裂缝构件)或锈胀裂缝急剧变宽(有锈胀裂缝构件),摩擦作用和咬合作用迅速退化,曲线进入滑移软化阶段。钢筋锈蚀越严重,黏结应力下降的梯度也越大。

4.1.2.4 残余阶段

当劈裂裂缝足够大时,咬合作用消耗殆尽,此时进入残余阶段。由于劈裂裂缝很大,因而纵向摩擦力很小,所以残余阶段黏结应力也很低,该应力可称为残余强度,记为 f_{br}。钢筋锈蚀越严重,变形钢筋的变形肋消损越多,残余强度也越小。

4.1.3 箍筋、保护层厚度及钢筋直径对黏结性能的影响

箍筋可以约束混凝土的横向变形,从而明显提高主筋与混凝土的黏结性能。从拔出试验过程来看,有箍筋试件在达到峰值应力后混凝土表面会出现顺筋裂缝,一般较细,最后钢筋徐徐拔出,但试件并不完全裂开。相反,无箍筋试件在达到峰值应力后很快会发生劈裂破坏,黏结应力陡降幅度比有箍筋试件大得多,同时,随着滑移的增加,劈裂裂缝宽度增大,黏结强度逐渐丧失殆尽。如图 4—4 所示,从极限黏结强度来看,有箍筋试件明显高于无箍筋试件;从开裂后极限黏结强度和残余黏结强度退化程度来看,有箍筋试件明显低于无箍筋试件。

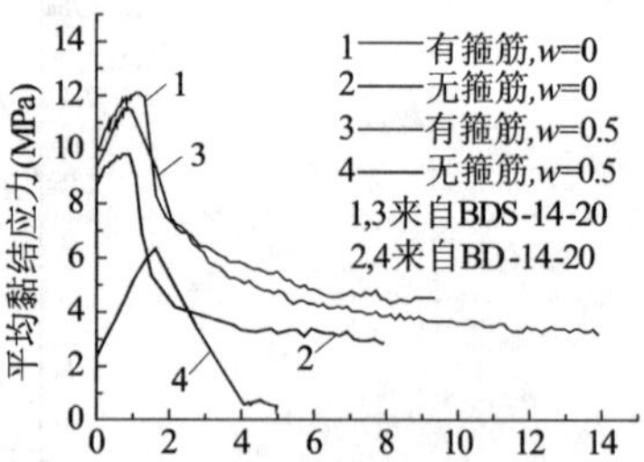

图 4—4 箍筋对黏结性能的影响

与无锈蚀情况类似,保护层厚度对锈蚀钢筋与混凝土的黏结性能影响也较大。随着保护层厚度增大,外围混凝土的抗劈裂能力也会增大,从而引起极限黏结强度提高,如图 4—5 所示,但与箍筋的影响相比,保护层厚度的影响相对较小。

从理论上讲,钢筋直径越大,极限荷载也越大,但是,极限黏结强度的差别并不大。图 4—6 中,未锈蚀的Φ 14 钢筋比未锈蚀的Φ 20 钢筋的极限黏结强度低,但锈胀裂缝宽度 0.5 mm 的两种钢筋情况却相反,这种结果应是试验离散性所致。

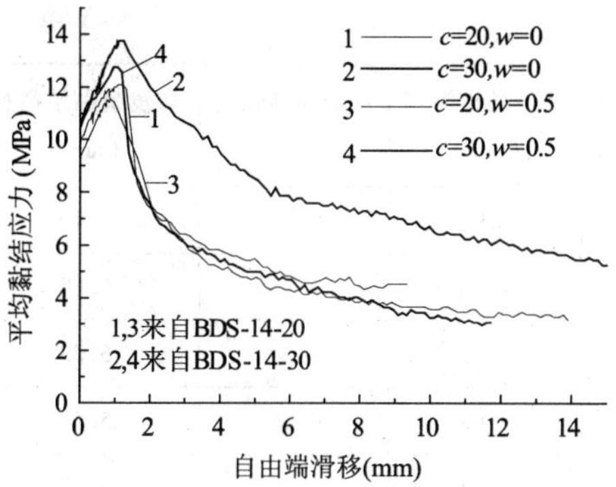

图 4—5 保护层厚度对黏结性能的影响

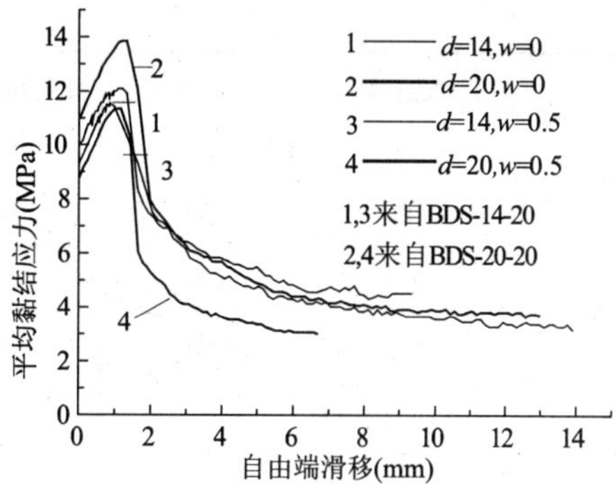

图 4—6 钢筋直径对黏结性能的影响

4.1.4 基于锈胀裂缝宽度的黏结特征参数退化规律及预计模型

根据上述黏结滑移曲线，可以用自由端初滑移黏结强度、极限黏结强度、极限黏结滑移、残余黏结强度、初残余黏结滑移等 5 个黏结特征参数来反映黏结滑移曲线特征。各试件的黏结特征参数见表 4—2。

表 4—2 普通钢筋短黏结试件黏结特征参数

试件编号	裂缝宽度(mm)	自由端初滑移黏结强度(MPa)	极限黏结强度(MPa)	极限黏结滑移(mm)	残余黏结强度(MPa)	初残余黏结滑移(mm)
BD—14—20	0	8.84	9.84	0.91	3.22	7.36
	0.2	9.30	10.21	0.45	1.50	4.28
	0.5	3.09	5.92	0.36	0.53	5.24
	0.8	3.11	4.25	0.70	0.58	2.44
BDS—14—20	0	10.17	12.08	1.14	4.41	8.66
	0.2	11.09	13.01	0.85	4.34	9.02
	0.5	9.49	11.57	0.87	4.31	6.31
	0.8	8.75	10.42	0.51	3.92	5.67
BDS—14—30	0	10.84	13.76	1.18	6.52	11.24
	0.2	11.41	14.83	1.30	4.08	11.41
	0.5	10.83	12.75	1.07	4.03	7.78
	0.8	8.29	9.66	0.92	4.55	4.89
BDS—20—20	0	11.32	13.83	1.31	3.85	11.40
	0.2	11.31	13.88	1.71	5.21	9.12
	0.5	9.16	11.32	1.15	3.09	6.14
	0.8	8.29	9.40	0.59	3.31	4.69

续上表

试件编号	裂缝宽度(mm)	自由端初滑移黏结强度(MPa)	极限黏结强度(MPa)	极限黏结滑移(mm)	残余黏结强度(MPa)	初残余黏结滑移(mm)
BDS—20—30	0	12.43	14.59	0.90	4.44	7.49
	0.2	13.35	14.70	1.06	4.94	6.85
	0.5	10.61	11.61	0.75	3.34	6.03
	0.8	8.99	9.69	0.68	3.33	5.50
BPS—14—20	0	5.00	6.50	0.80	3.44	9.59
	0.2	4.34	5.67	0.95	2.87	10.02
	0.5	1.65	4.91	1.72	3.20	8.45
	0.8	1.05	3.55	0.89	2.90	4.82

下面以各试件无锈时的特征参数为基准,分析锈胀试件各特征参数随锈胀裂缝宽度增大而退化的规律,并通过数据拟合建立有关预计模型。

初步分析数据发现,在几类试件中,不同钢筋表面形式(变形钢筋与光圆钢筋)试件及不同箍筋条件(有箍筋与无箍筋)试件的黏结特征参数随锈胀裂缝宽度的退化规律差别较大,而不同钢筋直径和不同保护层厚度试件的黏结特征参数随锈胀裂缝宽度的退化规律则差别不大。因此,下面在分析各特征参数随锈胀裂缝宽度的变化规律及预计模型时,将全部 6 组试件分为 3 类,即有箍筋变形钢筋类(包括 BPS—14—20、BDS—14—30、BDS—20—20、BDS—20—30 共 4 组试件)、无箍筋变形钢筋类(包括 BD—14—20 共 1 组试件)和有箍筋光圆钢筋类(包括 BPS—14—20 共 1 组试件)。3 类试件的各黏结特征参数退化规律及预计模型分别见图 4—7 ~ 图 4—11。于是,以无锈蚀条件下钢筋与混凝土的黏结特征参数计算模型为基础,再乘以图4—7 ~ 图 4—11 给出的锈蚀影响系数 η_{iw},便可得到锈蚀钢筋混凝土的黏结特征参数。

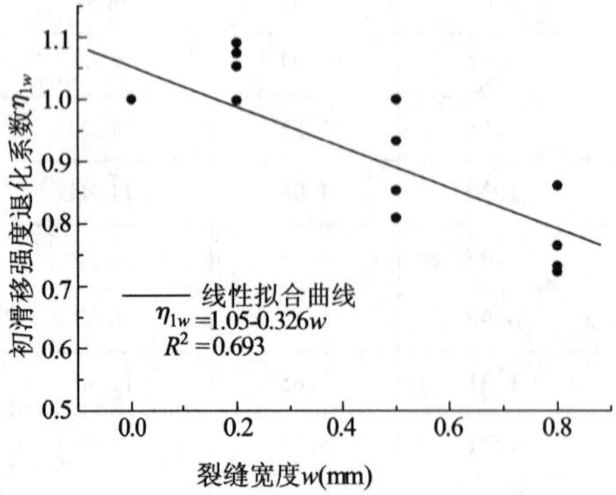

(a) 有箍筋变形钢筋

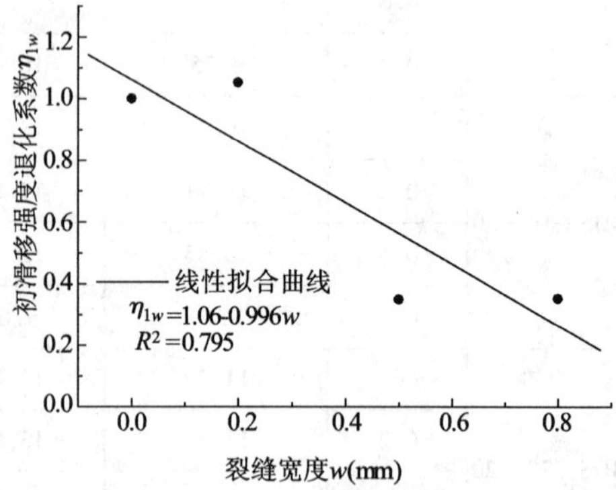

(b) 无箍筋变形钢筋

图 4—7

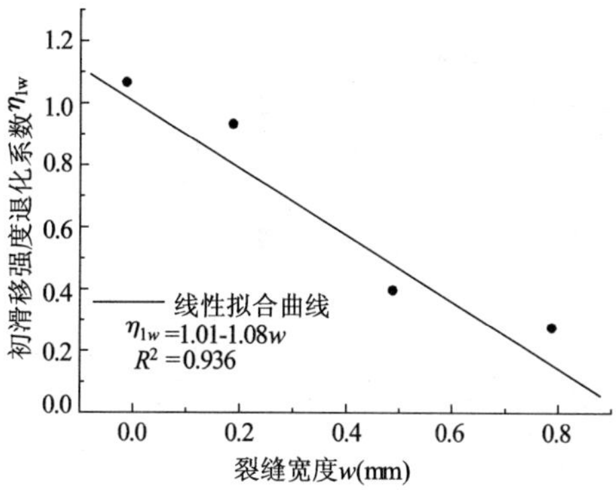

(c) 有箍筋光圆钢筋

图 4—7　自由端初滑移时的黏结强度退化规律及预计模型

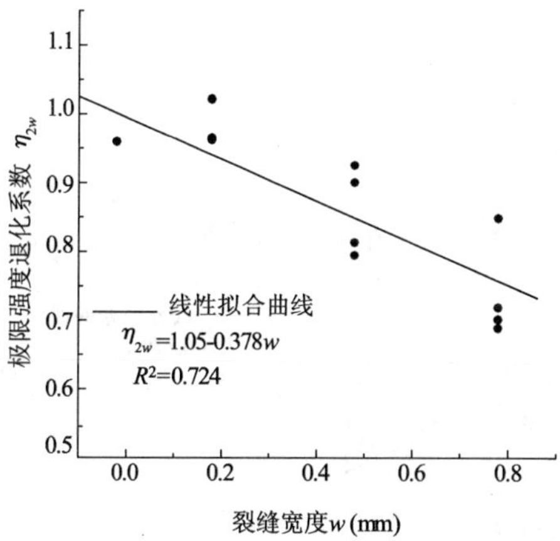

(a)有箍筋变形钢筋

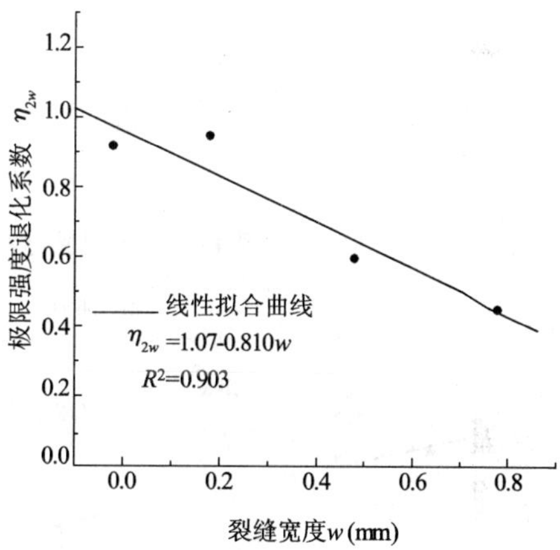

(b)无箍筋变形钢筋

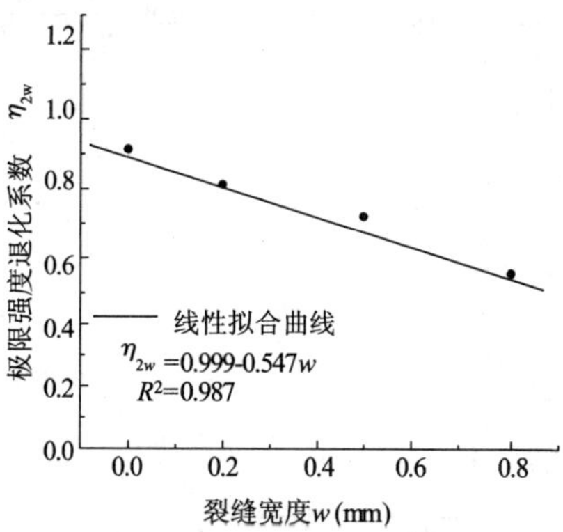

(c)有箍筋光圆钢筋

图 4—8　极限黏结强度退化规律及预计模型

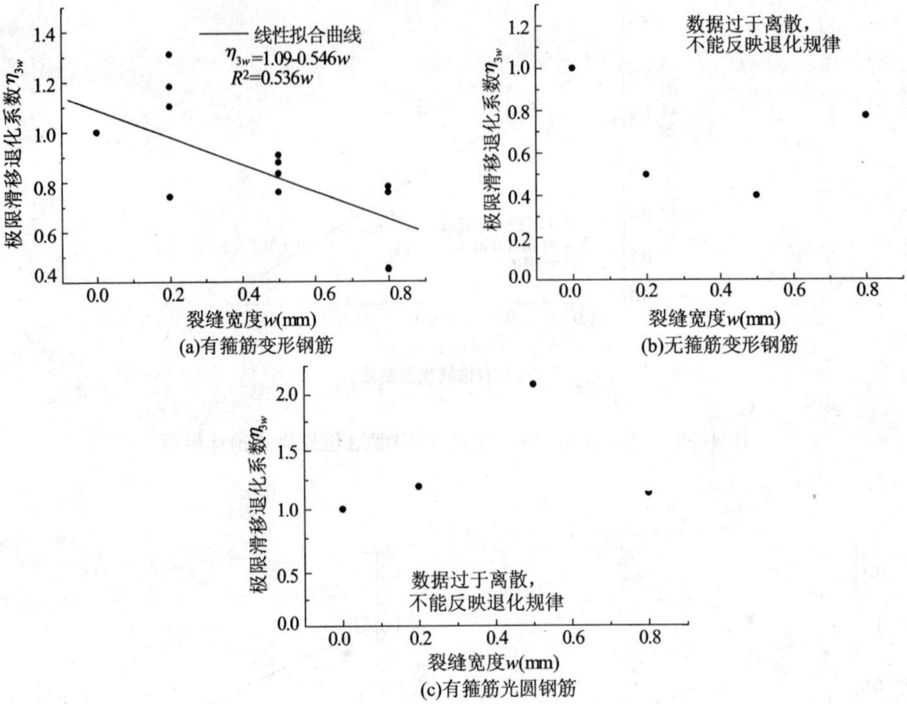

图 4—9　极限黏结滑移退化规律及预计模型

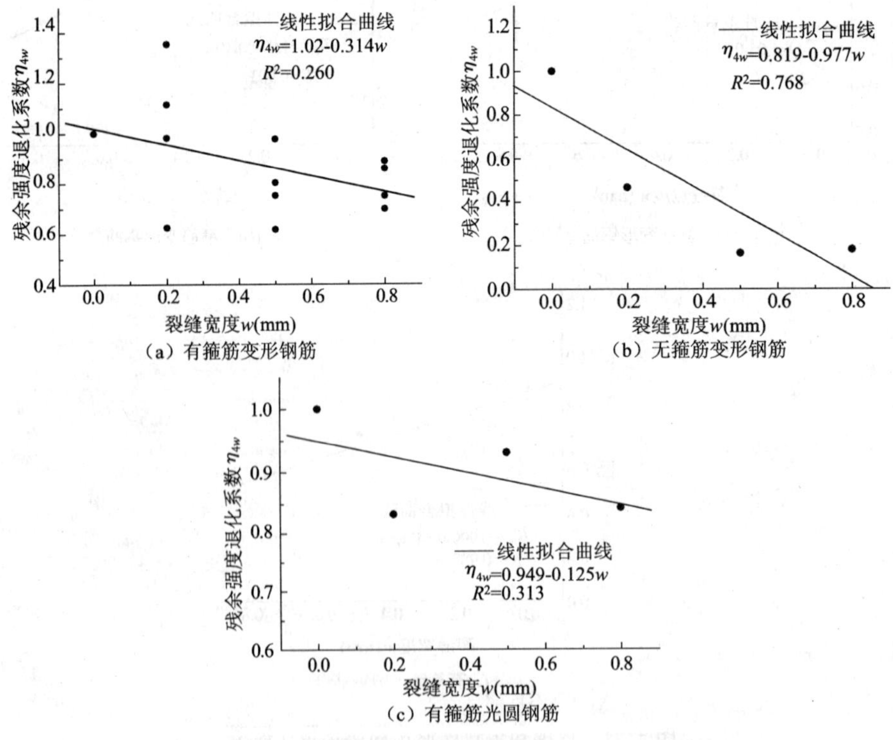

图 4—10　残余黏结强度退化规律及预计模型

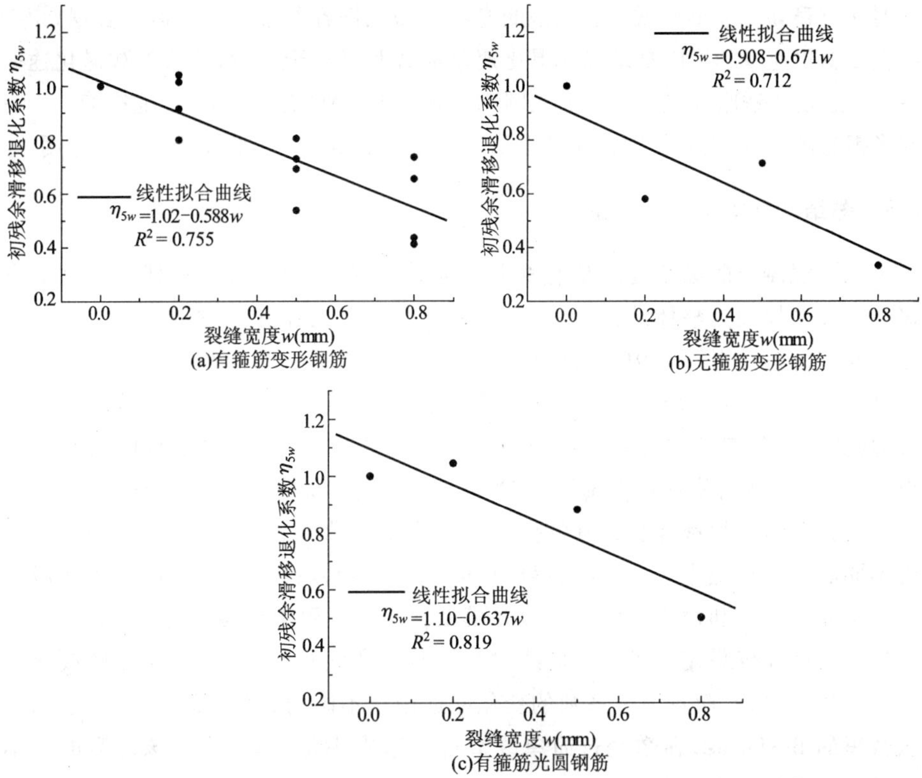

图 4—11　初残余黏结滑移退化规律及预计模型

4.1.4.1　黏结特征参数退化的总体规律

纵观上述各图可以看出，除了无箍筋变形钢筋试件和有箍筋光圆钢筋试件的极限黏结滑移特征参数试验结果过于离散而未能得到其退化规律和预计模型外，其他各特征参数的试验结果均显示了较好的线性退化规律。

4.1.4.2　黏结特征参数退化速率的横向比较

各参数退化预计的线性模型中，裂缝宽度 w 前的系数反映了该参数随裂缝宽度的退化速率，表 4—3 为三类试件各黏结特征参数的退化速率。

表 4—3　普通钢筋短黏结试件黏结特征参数退化速率(1/mm)

试件类别	初滑移黏结强度退化速率	极限黏结强度退化速率	极限黏结滑移退化速率	残余黏结强度退化速率	初残余黏结滑移退化速率
有箍筋变形钢筋类	0.326	0.378	0.536	0.314	0.588
无箍筋变形钢筋类	0.996	0.810	—	0.977	0.671
有箍筋光圆钢筋类	1.08	0.547	—	0.125	0.637

对比有箍筋变形钢筋试件和无箍筋变形钢筋试件各参数的退化速率发现，前者都明显小于后者，这说明箍筋对保持锈胀开裂试件的黏结性能具有重要作用。

对比有箍筋变形钢筋试件和有箍筋光圆钢筋试件各参数的退化速率发现,初滑移黏结强度退化速率和极限黏结强度退化速率前者明显小于后者,其余参数退化速率差别不大。这说明锈胀裂缝对有箍筋光圆钢筋试件极限黏结前的黏结性能影响大于有箍筋变形钢筋试件,这主要是因为在极限黏结前变形钢筋的变形肋发挥了重要作用。

4.1.5 黏结滑移本构关系模型

钢筋与混凝土的黏结性能是混凝土结构的基本结构性能之一,建立合理的黏结滑移本构关系模型是整体结构性能分析(尤其是有限元分析)的重要基础。

从现有的黏结滑移本构关系模型来看,大多都是在试验曲线的基础上采用分段式模型来表述。吴庆博士基于上述试验结果,给出了锈蚀试件黏结滑移本构关系(黏结应力与平均滑移之关系)的4段式模型,即线性滑移段(过原点的线性关系)、劈裂段(二次抛物线关系)、下降段(二次抛物线关系)及残余段(应力恒定)[162]。

分段式模型一般都能够较好的拟合每一条试验曲线,但每一条试验曲线往往又需要不同的分段模型来表述,这使得模型的统一性较差;同时,一条曲线用多段函数表达也不便于计算和建模,因此,分段式模型在实际应用中不够方便。

作者尝试仅仅采用一条函数曲线对黏结滑移曲线进行拟合,并希望曲线函数表达式不要过于复杂,而且通过系数的变化能适用于不同的试验曲线。结果发现,指数类函数里的BoxLucas2函数经过简单改造可以基本满足上述要求,该函数的基本表达式及改造后的表达式分别如下:

$$y=\frac{a}{a-b}(\mathrm{e}^{-bx}-\mathrm{e}^{-ax}) \tag{4—1}$$

$$y=c(\mathrm{e}^{-bx}-\mathrm{e}^{-ax}) \tag{4—2}$$

式中,a、b、c为系数。

图4—12为式(4—2)的曲线形式,它与黏结滑移曲线的总体趋势是类似的,但是,由于该曲线的影响系数只有a、b、c三个,所以仅通过这三个系数的变化难以保证曲线与黏结滑移曲线的每一个特征点都能吻合。为此,作者在拟合时首先考虑保证曲线顶点最大程度的吻合(这也就保证了黏结特征参数里极限黏结强度和极限黏结滑移这两个最关键参数的准确性),同时尽量保证曲线左右张开程度具有一定的吻合性。

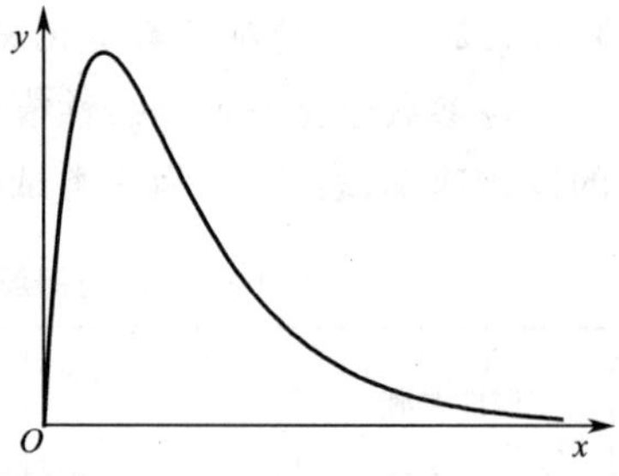

图4—12　BoxLucas2曲线形式

首先对BDS-14-20组试件进行拟合。经过多次试拟合,发现系数b主要影响曲线左右张开程度,b越大,曲线越收紧,b越小,曲线越开张;同时,b越大,又使得曲线顶点对其他系数依赖的敏感性也越大,因而不易保证顶点回归结果的吻合性;最后综合各方面的影响后确定所有情况下曲线的系数b都取固定值0.5,该值可以保证拟合曲线与试验黏结滑移曲线的左右张开程度基本

吻合,同时还能保证曲线顶点回归结果具有非常好地吻合性。于是,黏结滑移模型曲线(BoxLucas2 曲线)的数学模型为

$$\tau_b = c(e^{-0.5S} - e^{-aS}) \tag{4—3}$$

该模型曲线的顶点横坐标即为其极限黏结滑移值 S_u,该值可通过对其求极值的方法获得,其表达式为

$$S_u = \frac{\ln 0.5 - \ln a}{0.5 - a} \tag{4—4}$$

将式(4—4)代入式(4—3)即可求出模型曲线顶点纵坐标(即极限黏结强度)f_{bu}。

在 b 取固定值 0.5 的基础上,下面主要讨论系数 a 和 c 随试验曲线顶点参数(极限黏结强度 f_{bu} 和极限黏结滑移 S_u)变化的关系。

BDS-14-20 组试件中未锈试样的 f_{bu} = 12.08 MPa, S_u = 1.14 mm;根据图 4—8(a)和图 4—9(a)中 f_{bu} 和 S_u 随锈胀裂缝宽度 w 的退化系数 η_{2w} 和 η_{3w} 的表达式,可以求出 w = 0.2 mm、0.5 mm、0.8 mm 时的 f_{bu} 和 S_u 的值;每一对 f_{bu} 和 S_u 值都可以直接拟合出一对系数 a 和 c;根据直接拟合出的 f_{bu}、S_u 与 a、c 的关系,回归出 a、c 随 f_{bu} 及 S_u 的模型关系。于是,只要给出黏结滑移曲线的顶点参数 f_{bu} 和 S_u,就可以计算出模型曲线的系数 a 和 c,从而获得该黏结滑移曲线的模型曲线及曲线数学模型。

BDS-14-20 组试件中 4 个试样的模型曲线系数 a、c 的获得过程见表 4—4。对比回归曲线系数与直接拟合曲线系数以及模型曲线顶点参数与试验顶点参数发现,回归结果的吻合性非常好。

表 4—4 BDS-14-20 组试件模型曲线系数 a、c 的获得过程

裂缝宽度 w(mm)	试验回归顶点参数		直接拟合曲线系数		基于试验顶点参数回归的曲线系数		基于回归系数的模型曲线顶点参数	
	f_{bu}(MPa)	S_u(mm)	a(mm)	c(mm)	a(mm)	c(mm)	f_{bu}(MPa)	S_u(mm)
0	12.08	1.14	1.41	33.1	1.412	33.34	12.18	1.138
0.2	11.788	1.118	1.456	31.4	1.456	31.12	11.68	1.118
0.5	10.391	0.933	1.97	22.2	1.971	22.35	10.46	0.932
0.8	9.01	0.746	2.82	15.9	2.822	15.87	9.00	0.745

基于试验顶点参数回归的曲线系数模型如下:

$$a = 0.634 + 15.579 \cdot e^{-2.632S_u} \tag{4—5}$$

$$c = -3.378 + 2.902 \cdot e^{0.210f_{bu}} \tag{4—6}$$

于是,根据式(4—3)、式(4—5)与式(4—6)可以绘制出 BDS—14—20 组试件中各试样的模型曲线,如图 4—13 所示。通过与试验曲线的对比,发现对于 w = 0 的情况,模型曲线与试验曲线的顶点吻合非常好,而其余情况则不然,这主要是因为开裂情况下的试验回归顶点参数与实际试验参数有差异,而模型曲线的顶点参数是忠实于试验回归顶点参数的,所以与实际试验参数也就有差异。

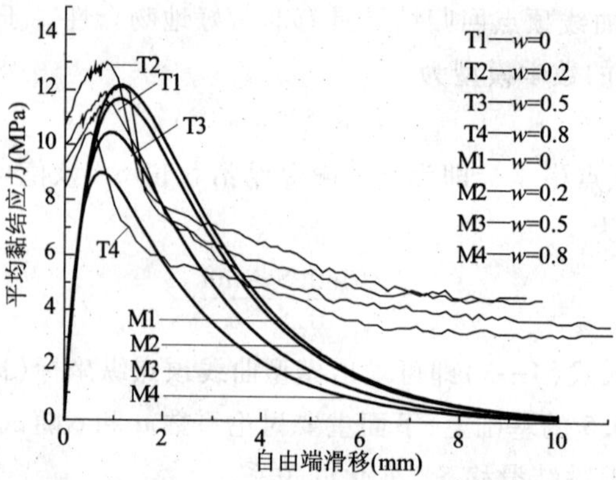

图 4—13　BDS - 14 - 20 组试件试验曲线与模型曲线对比

式(4—5)和式(4—6)是根据 BDS—14—20 组试件回归出来的系数模型,用于其他组试件时顶点参数的吻合性不好,且主要体现在极限黏结强度上。分析发现,以 BDS—14—20 组试件作为基准,其他各组试件的 f_{bu}/S_u 与之有差异,该差异是造成极限黏结强度吻合性不好的主要原因,为此,对影响极限黏结强度的系数 c 进行 f_{bu}/S_u 的修正。经回归,f_{bu}/S_u 对系数 c 的修正系数 α_c 如下:

$$\alpha_c = 0.411 + 14.316 \cdot e^{-0.306 f_{bu}/S_u} \tag{4—7}$$

于是,修正后的系数 c 的表达式为

$$c = (-3.378 + 2.902 \cdot e^{0.210 f_{bu}}) \cdot (0.411 + 14.316 \cdot e^{-0.306 f_{bu}/S_u}) \tag{4—8}$$

根据式(4—3)、式(4—5)与式(4—8),可以绘制出其他 3 组试件中各试样的模型曲线,如图 4—14 ~ 图 4—16。从这几组模型曲线与相应试验曲线的对比来看,与BDS—14—20组试件一样,对于 $w=0$ 的情况下模型曲线与试验曲线的顶点吻合较好,其余情况则不然,这也是由于开裂情况下的试验回归顶点参数与实际试验参数有差异所造成的。

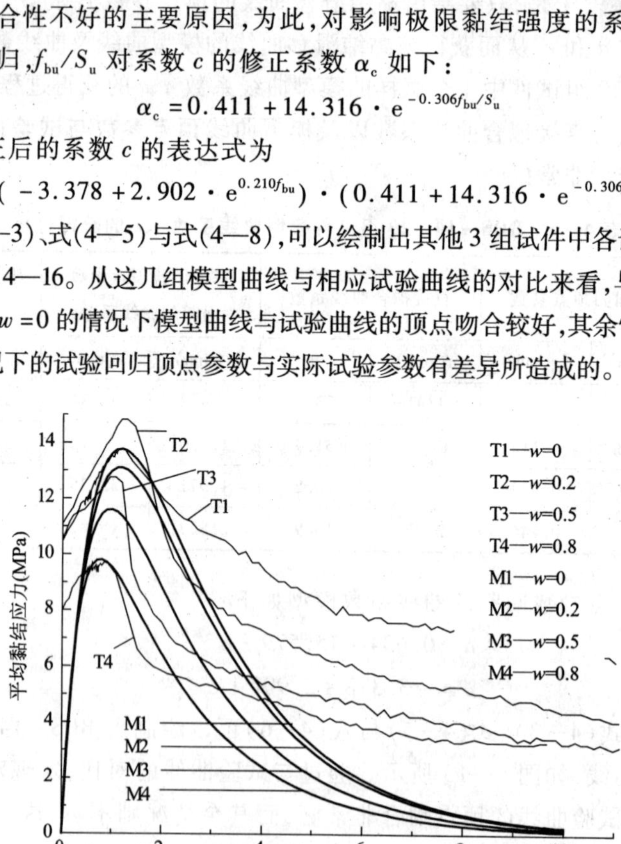

图 4—14　BDS - 14 - 30 组试件试验曲线与模型曲线对比

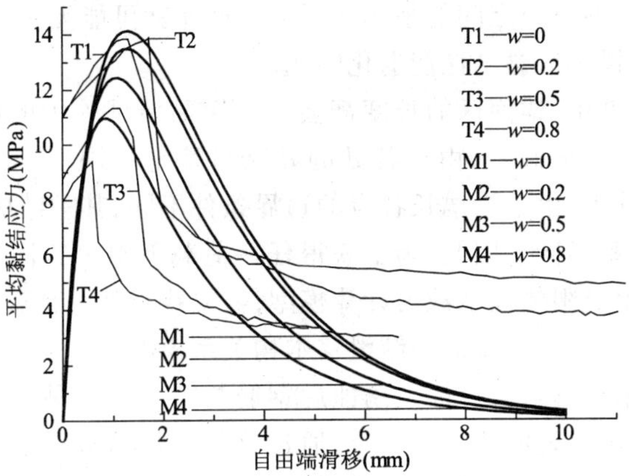

图 4—15　BDS - 20 - 20 组试件试验曲线与模型曲线对比

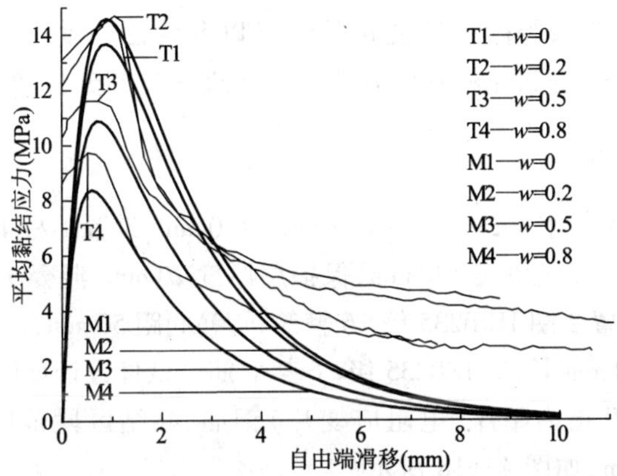

图 4—16　BDS - 20 - 30 组试件试验曲线与模型曲线对比

总体来看，用一条统一的 BoxLucas2 曲线拟合黏结滑移曲线具有一定的适用性，尤其在拟合顶点参数时具有较好的吻合性，但是，该曲线在拟合残余段时吻合性差，好在一般结构分析时很少能用到残余段，因为该段对应的滑移量往往达到数毫米以上，此时结构整体早已发生黏结滑移破坏，因此建议模型曲线下降到黏结应力等于极限黏结强度一半时即停止。

基于对上述 BoxLucas2 曲线大量拟合结果的分析，笔者建议式(4—3)和式(4—5)与式(4—8)这一套曲线模型表达式在如下范围内使用较为合适：$S_u = [0.3, 1.5]$，$f_{bu} = [6, 15]$，$f_{bu}/S_u = [5, 40]$，对于其他不在该范围的情况，可根据具体情况基于 BoxLucas2 曲线重新进行拟合，找到新的曲线系数 a、b、c 的模型。

4.2　锈蚀普通钢筋锚固区黏结性能退化规律及预计模型

前已述及，锚固区的黏结作用用以保证钢筋混凝土构件整体的基本几何不变性，从而保证钢筋与混凝土之间的整体共同工作属性。因此，当锈蚀引起锚固区黏结性能退化以后，钢筋与混凝土之间的整体共同工作性能就可能无法得到保证，有必要研究基于锈蚀程度的锚固区黏结性能退化问题。

实际混凝土构件中，锚固区的长度都会大于短黏结试验中的锚固长度。在较长的锚固区段内，在同一荷载下，由于各处的黏结滑移量不同，其黏结应力也不同；同时，在相同黏结滑移下，由于沿锚长各点的边界条件不同，其黏结应力也不同，即各点的黏结滑移本构关系不同。因此，为了获得任一荷载下整个锚固区段内的黏结应力分布模型，继而获得极限锚固承载力计算模型，需要找到任一荷载下整个锚固区段内的黏结滑移分布模型及每一点的黏结滑移本构关系模型。

目前，国内外学者已对未锈蚀及锈蚀后钢筋与混凝土的黏结滑移本构关系随位置变化的问题进行了大量的研究[170-175]，通过给基本黏结滑移本构关系乘以位置函数来建立随位置变化的黏结滑移本构关系模型。

文献[170]采用内贴片长黏结拔出试件研究了长黏结区段内的黏结滑移、黏结应力、黏结滑移本构关系等随位置变化的情况以及锈蚀程度、侧压力对其的影响问题，下面介绍有关研究情况并就其中有些问题作进一步的分析和探讨。

4.2.1 试验方案简介

长黏结拔出试件尺寸为 200 mm × 150 mm × 120 mm，设置 1 根 HRB335 级Φ 14 黏结主筋，主筋长 500 mm，黏结段长 120 mm，保护层厚度 20 mm，混凝土强度等级按 C20 设计；黏结区段居中设置 2 圈 HPB235 级ϕ 6 箍筋，箍筋间距 50 mm；为了稳定箍筋，在试件另一侧设置 1 根 200 mm 长的 HPB235 级ϕ 6 架立筋。试件设计如图 4—17 所示。

黏结主筋采用开槽内贴片（电阻应变片）钢筋，黏结区段范围槽内两侧贴片，每侧贴片间距为 40 mm，如图 4—18 所示。

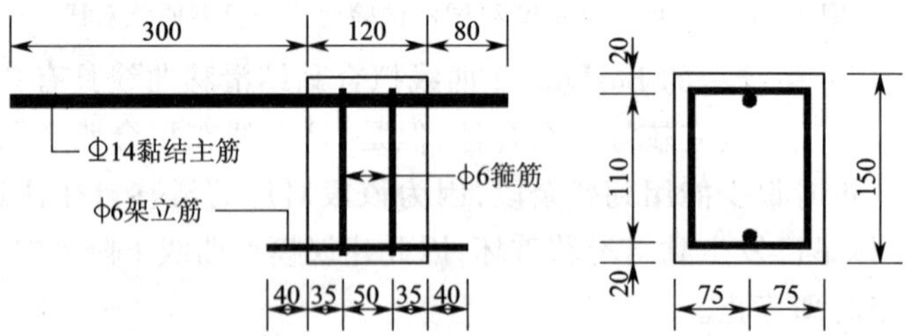

图 4—17 长黏结试件设计[170]

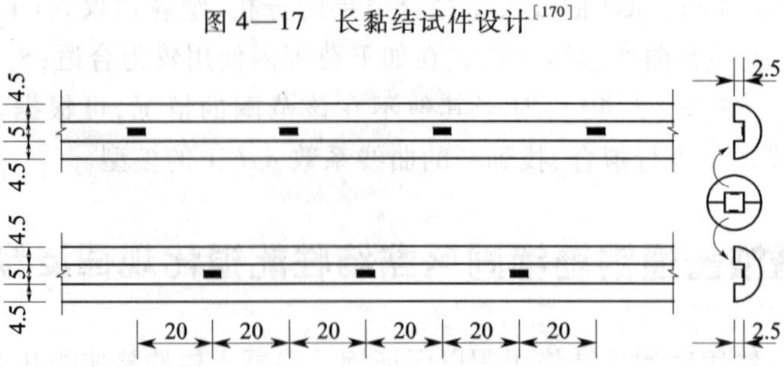

图4—18 长黏结试件黏结主筋内贴应变片示意图[170]（单位：mm）

锈蚀试件内掺水泥质量8%的工业用盐并置于人工气候室内进行加速锈蚀，人工气候室内为恒温（30℃）恒湿（90%）环境。试件分组见表4—5。

表4—5　普通钢筋长黏结试件分组[170]

试件编号	设计锈胀裂缝宽度（mm）	实际锈胀裂缝宽度（mm）	拉拔时的侧向约束	备　注
LB1—1	未锈	未锈	无	—
LB1—2	未锈	未锈	无	—
LB1—3	未锈	未锈	有	—
LB2—1	锈而不裂	锈而未裂	无	—
LB2—2	锈而不裂	锈而未裂	无	—
LB2—3	锈而不裂	锈而未裂	有	—
LB3—1	0.2	—	—	试件制作异常而放弃
LB3—2	0.2	0.16	无	—
LB3—3	0.2	0.16	有	—
LB4—1	0.3	0.23	无	—
LB4—2	0.3	0.25	无	—
LB4—3	0.3	0.25	有	—

拔出试验在电液伺服机上进行。侧向约束试件主要模拟实际构件中混凝土梁端支座反力的影响，侧向约束施加在黏结区段的中部，即在距离自由端40～80 mm之间，侧向力大小为10 kN，其加载装置照片见图4—19。

试验采集参数包括：拉拔力、黏结主筋自由端及加载端相对于混凝土的黏结滑移、黏结主筋内贴片应变及混凝土表面应变等，加载过程以位移控制，速度为0.1 mm/min。

图4—19　侧向约束长黏结试件拔出试验装置照片[170]

4.2.2　黏结滑移及黏结应力计算

根据试验采集参数，并采用一定的假定关系，可以求出每一级荷载下黏结区段内任一点的黏结滑移及黏结应力，为进一步研究黏结区段内随位置变化的黏结滑移本构关系及应力分布等问题奠定基础。

4.2.2.1　黏结滑移

锚固长度内钢筋和混凝土之间的相对滑移是用该点处钢筋和混凝土之间的位移差来确定的。在许多研究中[176-179]，都把钢筋与混凝土的相对滑移沿黏结长度的分布近似假定为二次抛物线形式，其曲线方程为

$$S(x)=ax^2+bx+c \tag{4—9}$$

曲线边界条件为

$$x=0\text{ 时},S'(0)=0 \tag{4—10}$$

$$x=\frac{l_a}{2}\text{时},S'\left(\frac{l_a}{2}\right)=\frac{S_l-S_f}{l_a} \tag{4—11}$$

$$x=l_a\text{ 时},S(l_a)=S_l \tag{4—12}$$

式中 x——计算点位置,从自由端算起;

$S(x)$——x 处的黏结滑移;

l_a——黏结长度;

S_l——加载端的黏结滑移;

S_f——自由端的黏结滑移。

根据已知的 l_a 和实测的 S_l 及 S_f,便可根据下式求得黏结区段任一位置的黏结滑移值 $S(x)$:

$$S(x)=(S_l-S_f)\frac{x^2}{l_a^2}+S_f \tag{4—13}$$

4.2.2.2 黏结应力

根据测得的各测点应变 ε_i 及两侧点之间的间距 h,即可采用如下对角阵方程来求解各测点的黏结应力 τ_i。[180]

$$\begin{bmatrix}4&1&&&&\\1&4&1&&&\\&1&4&1&&\\&\cdots&\cdots&\cdots&&\\&&1&4&1\\&&&1&4\end{bmatrix}_{(n-1)\times(n-1)}\begin{Bmatrix}\tau_1\\\tau_2\\\tau_3\\\cdots\\\tau_{n-2}\\\tau_{n-1}\end{Bmatrix}_{(n-1)\times 1}=\frac{3E_sd_s}{4h}\begin{Bmatrix}\Delta\varepsilon_1\\\Delta\varepsilon_2\\\Delta\varepsilon_3\\\cdots\\\Delta\varepsilon_{n-2}\\\Delta\varepsilon_{n-1}\end{Bmatrix}_{(n-1)\times 1} \tag{4—14}$$

式中 E_s——钢筋弹性模量;

d_s——钢筋直径;

$\Delta\varepsilon_i=\varepsilon_{i+1}-\varepsilon_{i-1}$。

同时,再假定两个相临测点之间的黏结应力分布为二次抛物线($\tau_i(x)=a_ix^2+b_ix+c_i$),于是可根据线性插值条件及相应边界条件得到 $\tau_i(x)$ 的计算公式为

$$\tau_i(x)=-\frac{\tau'_{i-1}}{2h}(x_i-x)^2+\frac{\tau'_i}{2h}(x-x_{i-1})^2+\frac{1}{2}h\tau'_{i-1}+\tau_{i-1} \tag{4—15}$$

式中,τ'_i为第 i 测点黏结应力 τ_i 的一阶导数,由以下矩阵方程求得:

$$\begin{bmatrix}1&1&0&\cdots&0&0\\0&1&1&\cdots&0&0\\\cdots&\cdots&\cdots&\cdots&\cdots&\cdots\\0&0&0&\cdots&1&0\\0&0&0&\cdots&1&1\\0&0&0&\cdots&0&1\\2&3&3&\cdots&3&1\end{bmatrix}_{(n+1)\times(n+1)}\begin{Bmatrix}\tau'_0\\\tau'_1\\\tau'_2\\\cdots\\\tau'_{n-2}\\\tau'_{n-1}\\\tau'_n\end{Bmatrix}_{(n+1)\times 1}=\begin{Bmatrix}2\,\overline{\tau'_1}\\2\,\overline{\tau'_2}\\2\,\overline{\tau'_3}\\\cdots\\2\,\overline{\tau'_{n-1}}\\2\,\overline{\tau'_n}\\6\dfrac{F-\pi d_sh\sum_{i=1}^{n-1}\tau_i}{\pi d_sh^2}\end{Bmatrix}_{(n+1)\times 1} \tag{4—16}$$

式中　F——拉拔荷载；

$\bar{\tau}'_i$——第$(i-1)$测点到第i测点之间的黏结应力割线斜率，即

$$\bar{\tau}'_i=\frac{\tau_i-\tau_{i-1}}{h} \tag{4—17}$$

因此，根据矩阵方程式(4—14)和式(4—15)就可求出各测点及测点之间任意一点的黏结应力。

4.2.3　黏结滑移分布及演化规律以及极限荷载时的黏结滑移分布模型

根据上节所述的黏结滑移计算方法可以计算出每一荷载下的黏结滑移分布曲线（二次抛物线），图 4—20 为部分无侧向约束长黏结试件及全部有侧向约束长黏结试件在若干级荷载下的黏结滑移曲线。根据黏结滑移曲线，下面分别讨论黏结滑移分布及演化规律以及极限荷载时的黏结滑移分布模型两个问题。

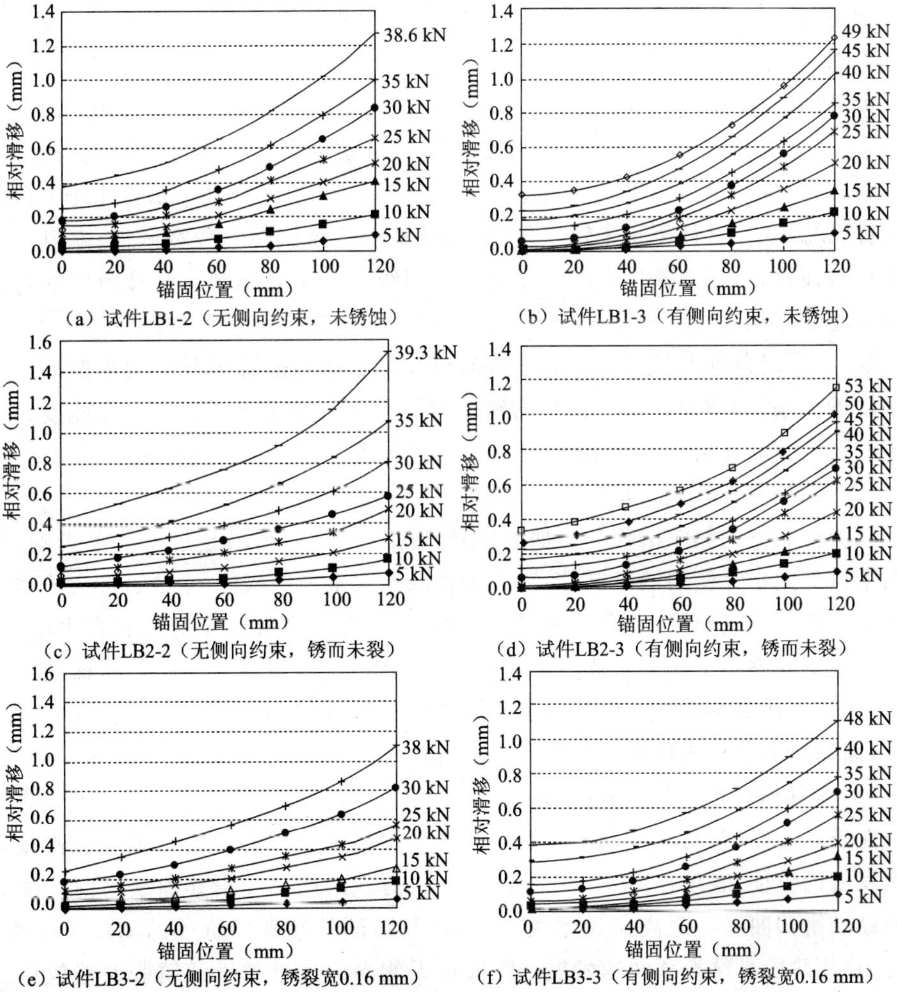

图　4—20

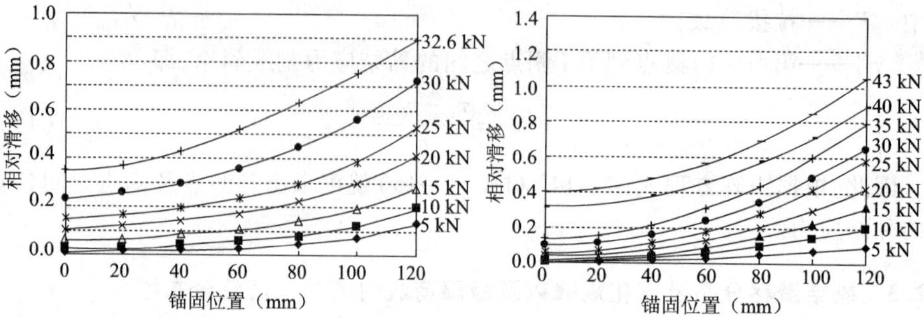

（g）试件LB4-2（无侧向约束，锈裂宽0.25 mm）　（h）试件LB4-3（有侧向约束，锈裂宽0.25 mm）

图 4—20　长黏结试件黏结滑移曲线[170]

4.2.3.1　黏结滑移分布及演化规律

(1)黏结滑移的分布范围及自由端初滑移荷载

加载初期,黏结滑移只出现在加载端附近;随着荷载的增大,黏结滑移逐渐从加载端向自由端延伸。

考察同级荷载下黏结滑移的分布范围以及黏结滑移开始延伸到自由端时的荷载(简称自由端初滑移荷载)发现,二者受侧向约束条件及锈蚀程度的影响较为明显,具体表现在:就同级荷载下黏结滑移的分布范围而言,有侧向约束试件小于无侧向约束试件,锈蚀未裂试件小于未锈试件,未锈试件小于锈胀裂缝较宽试件;就自由端初滑移荷载而言,上述各条件下的对比情况与同级荷载下黏结滑移延伸范围的对比情况相应地正好相反。

显然,同级荷载下黏结滑移的分布范围及自由端初滑移荷载的大小都取决于黏结刚度的大小,而侧向约束及少量的锈蚀(锈而未裂)都有助于提高黏结刚度,相反,较宽的锈胀裂缝又会导致黏结刚度降低,这是出现上述对比情况的原因之所在。

(2)黏结滑移分布的梯度

同级荷载下的黏结滑移分布梯度也受到侧向约束条件及锈蚀程度的影响:有侧向约束试件大于无侧向约束试件,锈蚀未裂试件大于未锈试件,未锈试件大于锈胀裂缝较宽试件。究其原因,上述几种对比条件下,在黏结滑移尚未延伸到自由端之前,同级荷载下的黏结滑移分布范围都是前者小于后者,因而黏结滑移分布梯度就是前者大于后者;在黏结滑移延伸到整个黏结区段之后,自由端的滑移仍然是前者小于后者,因而黏结滑移分布梯度也是前者大于后者。

(3)破坏阶段的黏结滑移发展

在破坏阶段(从劈裂或锈胀裂缝快速发展到极限荷载的阶段),黏结滑移显示了快速发展的特征,表现在图 4—20 中即为极限荷载时的黏结滑移曲线与前一级荷载下的黏结滑移曲线的距离突然增大,这与短黏结试件在破坏阶段的刚度下降类似。同时,破坏阶段黏结滑移快速发展的特征在无侧向约束试件以及锈胀裂缝较宽试件中体现得尤为突出,究其原因仍然是黏结刚度的区别所致。

4.2.3.2 极限荷载时的黏结滑移分布模型

工程应用中最终关心的是极限锚固承载力,因此,根据试验结果给出极限状态下的黏结滑移分布预计模型,并结合此状态下基于位置变化的黏结滑移本构关系模型,便可计算出极限锚固承载力。故此,下面根据有关试验结果建立极限荷载时的黏结滑移分布模型。

实际工程构件锚固区段在黏结受力时都有支座反力提供的侧向约束,因此这里根据 4 个有侧向约束试件的试验结果,拟合出极限荷载时两端滑移的预计模型,并结合式(4—13)给出整个黏结区段内的黏结滑移分布预计模型。

表 4—6 为有侧向约束试件在极限荷载时的两端滑移,二者随裂缝宽度变化的规律如图 4—21 所示。结果显示,在试验裂缝宽度范围内,极限荷载时的自由端滑移 S_{fu} 及加载端滑移 S_{lu} 随裂缝宽度 w 的变化都具有较好的线性特征,拟合公式为

$$S_{fu}=0.335+0.264w \tag{4—18}$$

$$S_{lu}=1.191-0.548w \tag{4—19}$$

将上两式代入式(4—13)得极限荷载时任意位置处的黏结滑移预计模型,即

$$S_u(x/l_a)=(0.856-0.794w)\cdot(x/l_a)^2+0.335+0.264w \tag{4—20}$$

有侧向约束试件在极限荷载时的黏结滑移分布如图 4—22 所示,从中可以看出,随着锈胀裂缝宽度的增大,黏结区段上的黏结滑移分布梯度也在逐渐减小。

表 4—6 有侧向约束长黏结试件在极限荷载时的两端滑移[170]

试件编号	裂缝宽度(mm)	自由端滑移(mm)	加载端滑移(mm)
LB1—3	0	0.33	1.22
LB2—3	0	0.34	1.16
LB3—3	0.16	0.38	1.11
LB4—3	0.25	0.4	1.05

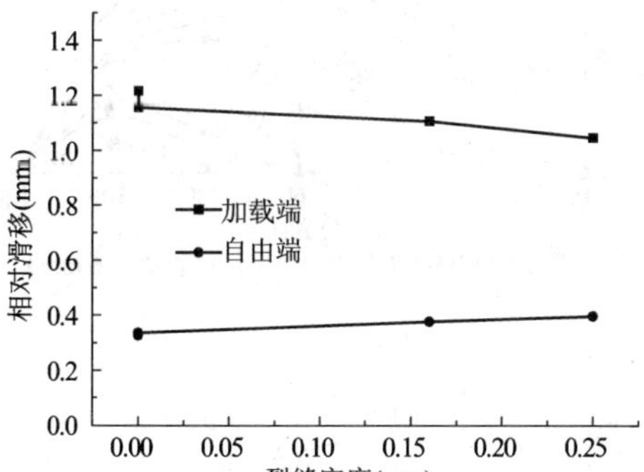

图 4—21 有侧向约束长黏结试件在极限荷载时的两端滑移

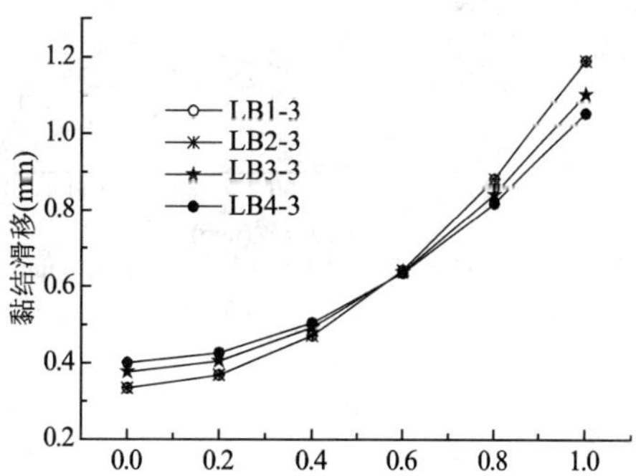

图 4—22 有侧向约束长黏结试件在极限荷载时的黏结滑移分布

4.2.4 黏结应力分布及演化规律与极限荷载时的黏结应力分布模型

根据上节所述的黏结应力计算方法,采用 Matlab 编程可以计算出每一荷载下的黏结应力分布曲线,图 4—23 为部分无侧向约束长黏结试件及全部有侧向约束长黏

结试件在若干级荷载下的黏结应力分布曲线。根据黏结应力分布曲线,下面分别讨论黏结应力分布及演化规律以及极限荷载时的黏结应力分布模型两个问题。

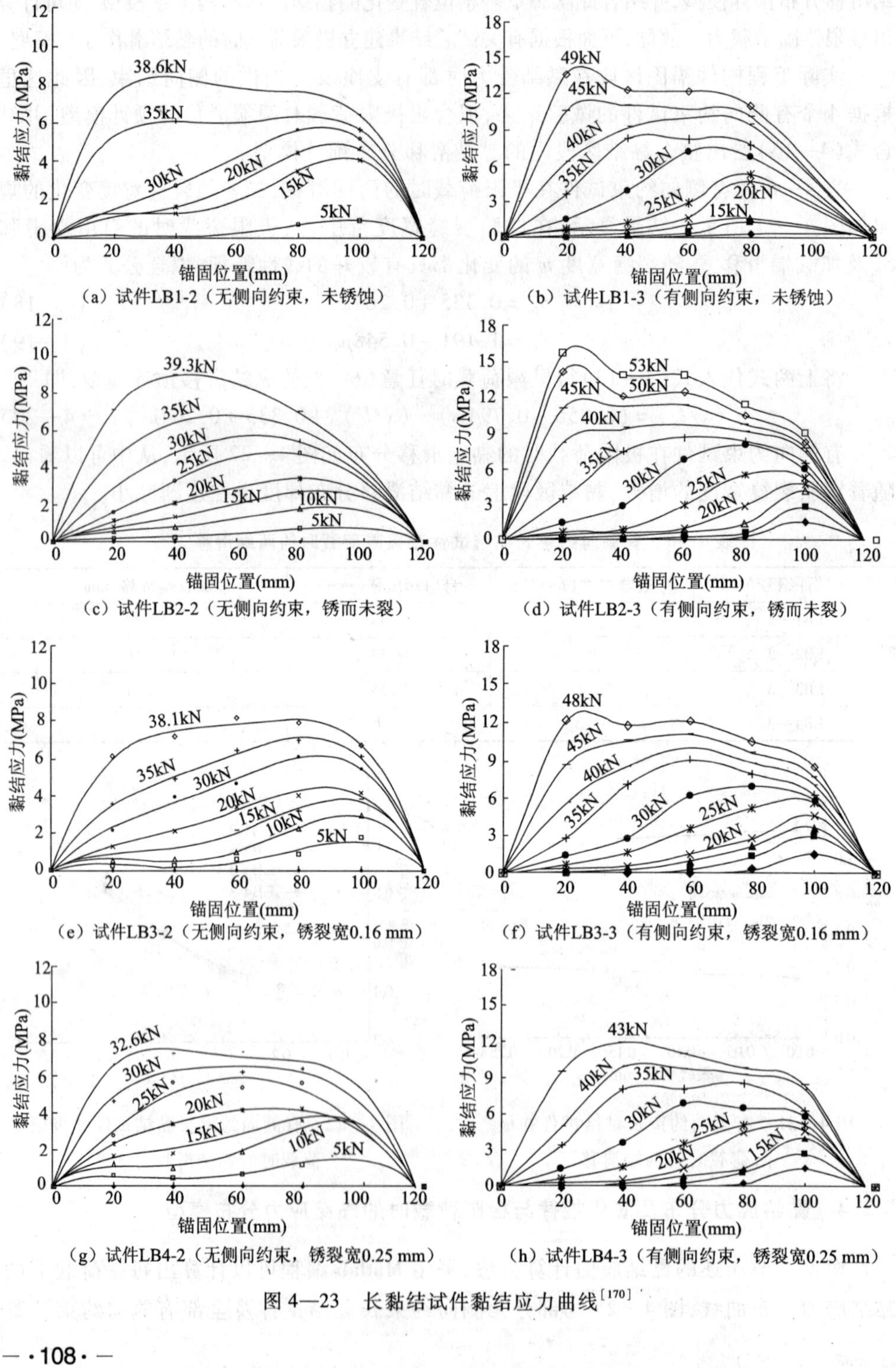

(a) 试件LB1-2(无侧向约束,未锈蚀)　(b) 试件LB1-3(有侧向约束,未锈蚀)

(c) 试件LB2-2(无侧向约束,锈而未裂)　(d) 试件LB2-3(有侧向约束,锈而未裂)

(e) 试件LB3-2(无侧向约束,锈裂宽0.16 mm)　(f) 试件LB3-3(有侧向约束,锈裂宽0.16 mm)

(g) 试件LB4-2(无侧向约束,锈裂宽0.25 mm)　(h) 试件LB4-3(有侧向约束,锈裂宽0.25 mm)

图 4—23　长黏结试件黏结应力曲线[170]

4.2.4.1 黏结应力分布及演化规律

(1)黏结应力的分布范围

加载初期,黏结应力只分布在加载端附近;随着荷载的增大,黏结应力的分布逐渐从加载端向自由端延伸。

从黏结应力曲线可以看出,较小荷载下的黏结应力分布范围受侧向约束条件的影响显著,在同级荷载下,有侧向约束试件小于无侧向约束试件,究其原因仍然是由于侧向约束有助于提高黏结刚度所致。

上述试验曲线未显示出锈蚀对黏结应力分布范围的影响,这主要是因为上述试验中的锈蚀程度总体较轻;如果在一个较大锈蚀程度范围内进行对比的话,则同级荷载下锈蚀严重试件的黏结应力分布范围一定会大于锈蚀轻微或未锈试件。

(2)黏结应力的峰值移动特性

由于不同位置的黏结滑移不同,根据基本黏结滑移本构关系,黏结应力分布范围内会存在应力峰值。在黏结应力尚未满布于整个黏结区段之前,黏结应力峰值靠近加载端,并随着荷载的增大向自由端略微移动;当黏结应力满布于整个黏结区段之后,随着荷载的增大,黏结应力峰值向自由端显著移动,但极限荷载时尚未移动到与自由端平齐;极限荷载时,有侧向约束试件比无侧向约束试件的黏结应力峰值更为明显。

从黏结应力曲线可以看出,在极限荷载之前,即使黏结滑移最大的加载端附近其黏结应力也随荷载的增大而单调增大,这说明,在极限荷载之前,整个黏结区段都还处在基本黏结滑移本构关系曲线的上升段。在此前提下,黏结应力峰值随荷载增大而向自由端移动的原因主要应归于靠近自由端处的混凝土受加载端混凝土端面压力的不利影响最小(该压力与劈裂拉力形成的复合应力状态更易引起混凝土的劈裂);黏结区段中部侧向约束的存在相对凸显了端面压力对加载端的不利影响,相应的也强化了靠近自由端黏结受力的有利条件。

(3)极限荷载时黏结应力分布的均匀性

极限荷载时,不同侧向约束条件、不同锈蚀程度试件的黏结应力沿整个黏结区段的分布都显示了端部梯度很大而中部趋于较为平坦的平缓分布的总体趋势。

从极限黏结应力曲线可以看出,无侧向约束试件比有侧向约束试件的中部曲线相对更为平坦,亦即有侧向约束试件曲线的峰值点相对更为显著,究其原因仍是侧向约束强化了靠近自由端黏结受力的有利条件。

上述试验曲线未显示出锈蚀对极限状态下中部黏结应力分布均匀性的影响,这也是因为上述试验中的锈蚀程度总体较轻;如果扩大锈蚀程度范围进行对比的话,则锈蚀严重试件比锈蚀轻微或未锈试件在极限状态时中部黏结应力分布更为均匀。

4.2.4.2 极限荷载时的黏结应力分布模型

极限荷载时,黏结应力分布曲线呈现一端大一端小、中部比较平缓的形状,分析发现,这种形状可以采用变形的椭圆曲线(由基本椭圆曲线经过变形处理而成)对其进行拟合。

基本椭圆曲线的方程为

$$y = \pm \frac{b}{a}\sqrt{a^2 - x^2} \tag{4—21}$$

以该曲线方程为基础，首先通过移轴处理使横坐标的最小值由 $-a$ 变为0，具体方法是将基本曲线的自变量 x 用 $(x+a)$ 代替，然后给纵坐标 y 乘以变形因子 $(x+c)$，由此即得到变形的椭圆曲线，其方程为

$$y = \pm \frac{b(c+x)}{a}\sqrt{(2a-x)x} \tag{4—22}$$

式中，a、b 为基本椭圆曲线的长轴和短轴半径；c 为调整椭圆变形程度的系数，$c=0$ 时，曲线为一个横躺的水滴轮廓线，$c=\pm\infty$ 时，曲线变回为标准椭圆曲线。在变形椭圆曲线的三个系数中，$a>0$，b 和 c 可正可负，$x\in[0,2a]$。

基本椭圆曲线及其变形椭圆曲线示意图如图 4—24 所示，其中，(b)图所示的变形椭圆曲线其方程中系数 b 和 c 均为正值；如果 b 和 c 均取负值，则曲线变形为左端大而右端小的形状。

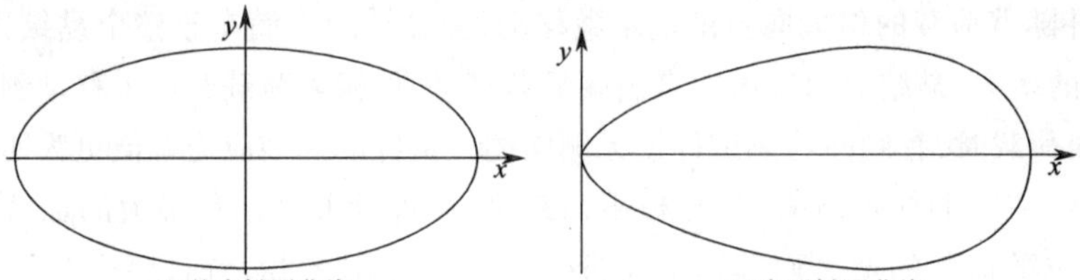

图 4—24　基本椭圆曲线及变形椭圆曲线

变形椭圆曲线的竖标极值点对应的横坐标 x_0 为

$$x_0 = \frac{1}{4}\left(3a - c + \sqrt{9a^2 + 2ac + c^2}\right) \tag{4—23}$$

变形椭圆曲线上半椭圆面积 A 为

$$A = \frac{\pi}{2}ab(a+c) \tag{4—24}$$

采用变形椭圆曲线拟合极限黏结应力分布曲线时，系数 a 的取值为

$$a = l_a/2\text{(绝对值)或 } a = 1/2\text{(相对值)} \tag{4—25}$$

如果还能确定竖标极值点对应的横坐标 x_0 的话，则可由式(4—23)反推出系数 c 的表达式为

$$c = -\frac{(3a - 2x_0)x_0}{a - x_0} \tag{4—26}$$

下面仍以有侧向约束试件的极限黏结应力分布曲线为依据，采用变形椭圆曲线对其进行拟合，从而得到基于锈蚀程度变化的拟合曲线模型。

观察有侧向约束试件的极限黏结应力分布曲线发现，其黏结应力峰值偏向自由端，大致为距离自由端 20 ~ 40 mm(即 $l_a/6$ 至 $l_a/3$ 之间)，考虑到变形椭圆曲线中段

无法完全像实际极限黏结应力分布曲线中段那么平缓，这里就把拟合用变形椭圆曲线的峰值点定在距离自由端 $l_a/3$ 处，即 $x_0=40$ mm；另外，该问题中系数 a 的取值为 60 mm，于是由式(4—26)得 $c=-200$ mm。于是，拟合曲线模型中仅有系数 b 待定。

事实上，在系数 a 和 c 确定以后，系数 b 的大小就决定了峰值点乃至整个黏结区段上的应力的大小，从而也决定了极限黏结承载力的大小。如前所述，未锈蚀试件的极限黏结承载力往往小于锈而未裂试件，但又大于锈胀裂缝较宽的试件。为了考察锈胀开裂对极限黏结承载力的影响，这里仅以未锈蚀试件(LB—1—3)和锈胀裂缝宽度分别为0.16 mm试件(LB—3—3)及0.25 mm试件(LB—4—3)三者的实测极限黏结承载力为依据，回归出与锈胀裂缝宽度 w 有关的系数 b 及相应极限黏结承载力预计模型 F_{um}，见表4—7。

表 4—7　极限黏结应力拟合曲线系数 b 及极限承载力计算

试件编号	锈胀裂宽 w(mm)	实测极限黏结承载力 F_{ut}(kN)	满足 F_{ut} 的系数 b(N/mm³)	根据 w 回归的 b (N/mm³)	基于回归 b 计算的极限黏结承载力 F_{um}(kN)
LB1—3	0	49	−0.0844	−0.0850	49.33
LB3—3	0.16	48	−0.0827	−0.0791	45.90
LB4—3	0.25	43	−0.0741	−0.0758	43.99

其中，根据 w 回归的 b 的计算公式为

$$b=0.037w-0.085 \tag{4—27}$$

于是，将 $a=60$ mm、$c=-200$ mm 以及由式(4—27)计算的 b 代入式(4—22)即得极限黏结应力分布模型：

$$\tau_u(x,w)=\frac{(0.037w-0.085)(x-200)}{60}\sqrt{(120-x)x} \tag{4—28}$$

根据式(4—28)绘制的试件 LB－1－3、LB－3－3 及 LB－4－3 的极限黏结应力分布曲线如图 4—25 所示。

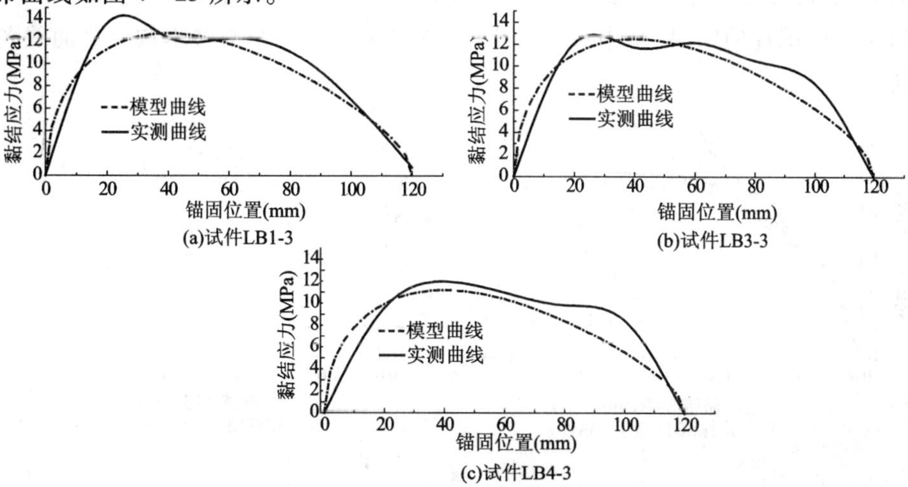

图 4—25　有侧向约束长黏结试件的极限黏结应力分布曲线

若将 a、c 及 x 用与 l_a 的相对值来表示，即 $a=1/2, c=-5/3, x=x/l_a$，则极限黏结应力分布模型又可用下式表示：

$$\tau_u(x/l_a,w)=\frac{(0.037w-0.085)(x/l_a-5/3)}{1/2}\sqrt{(1-x/l_a)x/l_a} \qquad (4—29)$$

另外，把 $a=l_a/2$、$c=-5l_a/3$ 以及由式(4—27)计算的 b 代入式(4—27)计算极限黏结应力分布曲线与 x 轴所夹的面积，再给该面积乘以黏结主筋的截面周长(πd_s)，即得锈蚀主筋与混凝土之间的极限黏结承载力计算公式。

$$F_{aud,c}=\frac{7}{24}\pi^2 l_a^2 d_s(0.085-0.037w) \qquad (4—30)$$

4.2.5 基于位置变化的黏结滑移本构关系模型

在钢筋混凝土结构中，当钢筋锈蚀比较严重时，钢筋与混凝土的黏结性能往往遭到退化，因而可能较早出现可观的黏结滑移变形，此时混凝土对钢筋的锚固作用就不能再按刚性锚固对待，而应该考虑锚固受力过程中黏结应力随黏结滑移的变化问题，即黏结滑移本构关系问题。这一点在钢筋混凝土结构全程有限元分析中显得尤为必要。

前已述及，由于锚固区沿锚长各点的边界条件不同，因此即使在相同黏结滑移下，各点的黏结应力也不同，这表明沿锚长各点的黏结滑移本构关系不同。

目前，对于黏结滑移本构关系随位置变化问题的处理方法大多都是通过给基本黏结滑移本构关系乘以位置函数修正而成，在这种处理方法中，除了合理解决基本黏结滑移本构关系模型之外，另一个关键问题就是建立准确而适用的位置函数模型。

4.2.5.1 基于位置变化的黏结滑移本构关系测试结果

前文已经获得了每一级荷载下沿黏结区段范围内每个测点处的黏结滑移及黏结应力，由此可得到不同位置各测点的黏结滑移本构关系测试曲线。图 4—26 为有侧向约束试件的结果，从中可以看出，不同位置处的黏结滑移本构关系曲线各不相同。

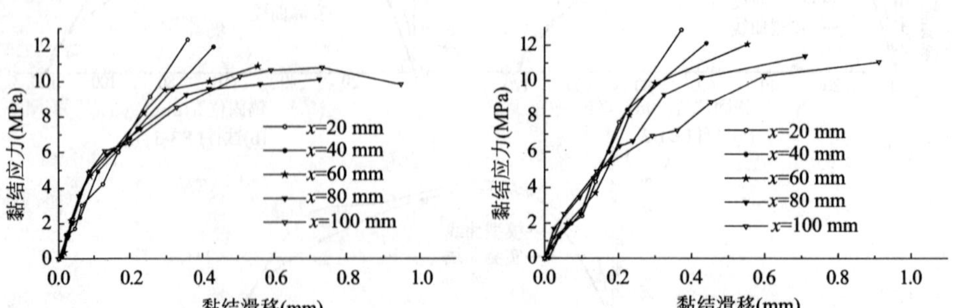

(a) 试件LB1—3（未锈蚀）　(b) 试件LB2—3（锈而未裂）

图 4—26

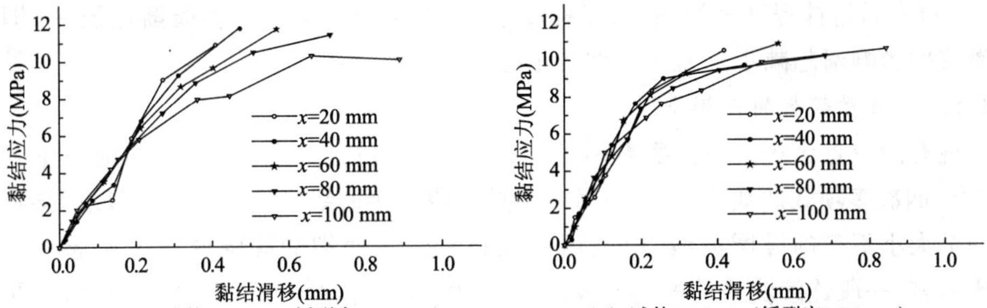

（c）试件LB3—3（锈裂宽0.16 mm）　　（d）试件LB4—3（锈裂宽0.25 mm）

图 4—26　有侧向约束长黏结试件不同位置处的黏结滑移本构曲线[170]

为了进一步探讨不同位置处黏结滑移本构关系的不同，特绘制出若干个固定平均滑移（0.1 mm、0.2 mm、0.3 mm、0.4 mm）下不同位置处的黏结应力分布（黏结应力根据两侧相邻点之间的线性插值获得），如图 4—27 所示。图中横坐标为相对位置坐标，0 为自由端，1 为加载端；纵坐标为相对黏结应力坐标，每个固定平均滑移下各位置处的值是由该位置实测应力除以各非端点位置实测值的平均值所得。该图每条曲线实际上反映的就是位置函数的形状，由此可以看出：

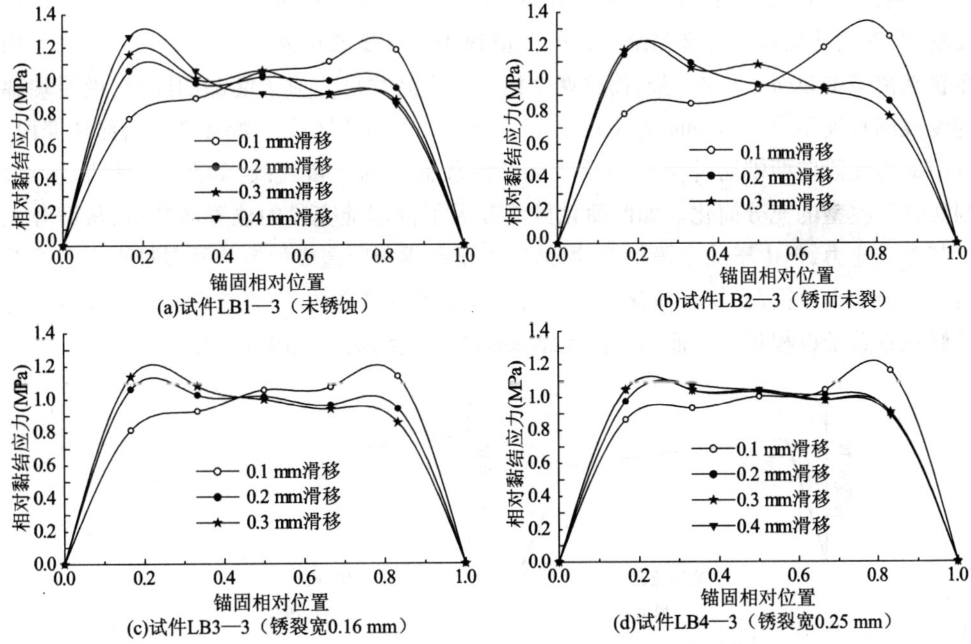

(a)试件LB1—3（未锈蚀）　　(b)试件LB2—3（锈而未裂）

(c)试件LB3—3（锈裂宽0.16 mm）　　(d)试件LB4—3（锈裂宽0.25 mm）

图 4—27　有侧向约束长黏结试件黏结滑移本构关系位置函数测试曲线[170]

（1）位置函数曲线总体上由中段的相对平缓段和两端的陡变段组成。

（2）同一个试件中，位置函数曲线会随着固定滑移的不同而不同：当固定滑移较小时，曲线靠近加载端的纵坐标值大于靠近自由端的纵坐标值，随着固定滑移的增大，这种对比关系逐渐向相反趋势发展。

(3)不同锈蚀程度试件，随锈蚀程度增大，不同固定滑移下曲线渐趋统一(即固定滑移的影响渐趋减小)，且中段曲线渐趋平缓。

4.2.5.2 位置函数简化模型

现有的位置函数模型主要有两大类，一类是一段连续曲线模型，如偏态正弦曲线[172]、四次多项式曲线[170,173,175]；另一类是多段连接曲线模型，如黏结区段两端各采用一个大小不等的椭圆曲线，中段用一段斜直线将两端的椭圆曲线连接起来[174]。相比而言，一段连续曲线的模型比较简单，应用比较方便，但在拟合中段相对平缓的趋势上不够理想；多段连接曲线模型对实际曲线的拟合程度较好，但模型公式分段，应用不够简便。

从本试验的结果可以看出，位置函数曲线总体上比较接近于图4—28(a)所示的三直线形式，因此可以通过构造三直线模型来拟合位置函数曲线，但如前所述，多段式模型本身公式较多，如再将其与基本本构关系函数(许多基本本构关系函数又是由多段函数组成)相乘，则应用非常麻烦，有必要采用一段式模型以简化问题。4.2.3节所述的变形椭圆曲线具有一定的相似性，但其在拟合中段接近直线形状上不够理想。

能否以三直线模型为基础，对其作进一步的简化呢？反观测试位置函数曲线还可发现，两端的陡变段占全部黏结区段的比值很小。本试验中两端向内的第一个测点均布置在离该端20 mm($l_a/6$)处，而这两个第一测点处均已完成了端部的陡变，说明端部陡变段的长度不大于20 mm($l_a/6$)，这是一个相对很小的区段。如果忽略端部陡变段，将中部直线段向两端延伸至占满整个黏结区段而成为一段直线，如图4—28(b)所示，则实现了模型的充分简化。如此简化虽然夸大了两端陡变段的位置函数值，从而夸大了其黏结应力，但由于陡变段很短，黏结应力误差累积所造成的钢筋及混凝土应力误差也就不会太大。因此，这种简化所带来的误差是可以接受的，而且该误差还可通过一定的修正系数予以校正。下面根据试验结果建立一直线式位置函数模型。

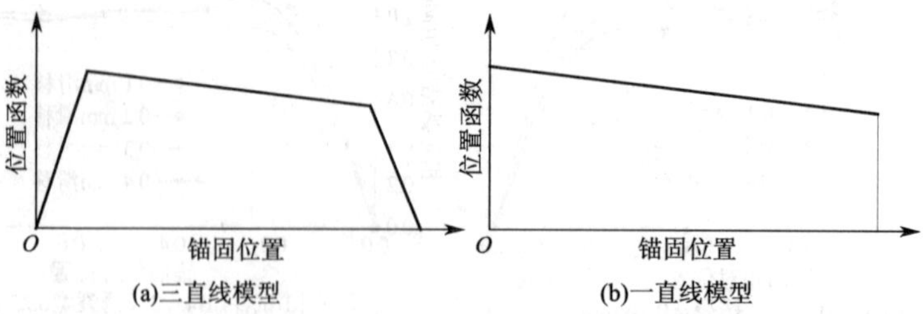

(a)三直线模型 (b)一直线模型

图4—28 黏结滑移本构关系位置函数简化模型曲线

图4—29为不同锈蚀程度试件非端点位置函数测试值及其线性拟合曲线，从中可以看出：

(1)线性函数对非端点位置函数的拟合总体上是比较适合的。

(2)同一个试件中，一直线型位置函数曲线的斜率会随着固定滑移的增大而减小。

(3)不同锈蚀程度试件,随锈蚀程度增大,不同固定滑移下位置函数曲线斜率的变化幅度减小。因此,一直线型位置函数的自变量除了相对位置 x/l_a 之外,还包括滑移 S 和锈蚀程度 w(锈胀裂缝宽度)。

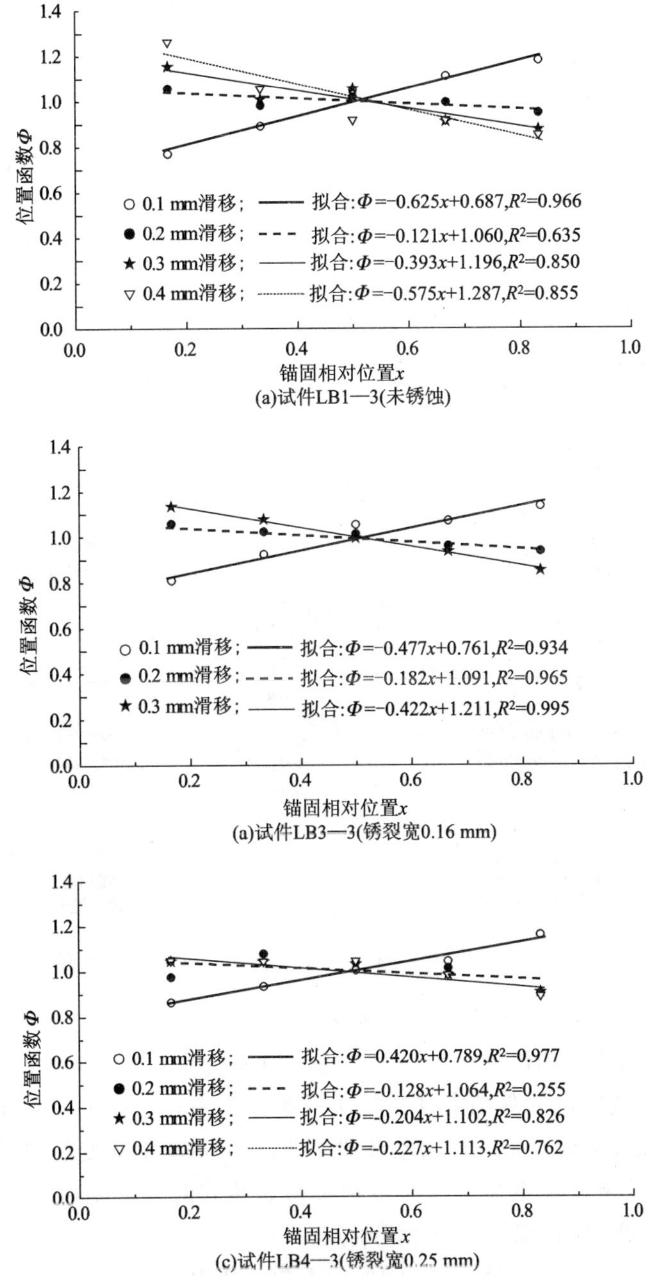

图 4—29　黏结滑移本构关系位置函数一直线模型拟合

进一步观察发现,所有试件不同固定滑移下位置函数曲线都近似通过点(0.5,

1.0)，据此可以用下式表达任一条件(包括固定滑移、锈蚀程度)下的位置函数：

$$\Phi(x/l_a,S,w)=k(S,w)\cdot(x/l_a-0.5)+1 \tag{4—31}$$

显然，滑移 S 和锈蚀程度 w 对位置函数的影响体现在它们对函数曲线斜率 k 的影响上。根据图 4—29 中三个试件各滑移下位置函数曲线斜率的变化情况，经过拟合和简化处理，建议 k 按下式计算：

$$k=3.5\cdot e^{-(10+27w)S}-0.64\cdot e^{-2.6w} \tag{4—32}$$

将式(4—32)代入式(4—31)即可得到随相对位置 x/l_a、黏结滑移 S 以及锈胀裂缝宽度 w 变化的位置函数表达式。图 4—30 为该位置函数的有关算例，其所反映的位置函数随黏结滑移及锈胀裂缝宽度变化的趋势与前述试验结果吻合较好。

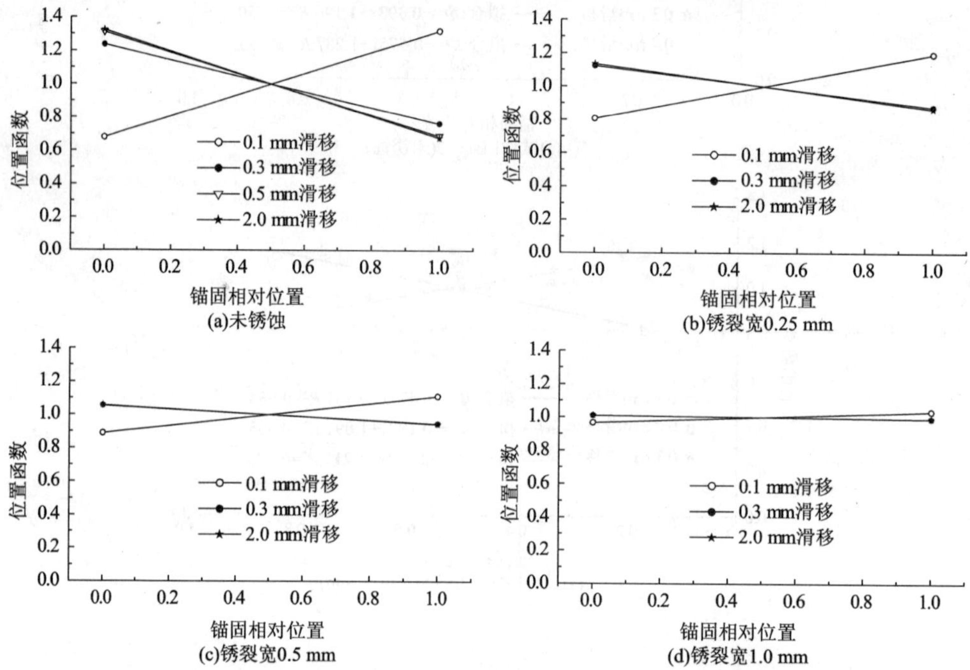

图 4—30　黏结滑移本构关系位置函数一直线模型算例

4.2.5.3　基于位置变化的黏结滑移本构关系模型

用式(4—31)表达的位置函数乘以式(4—3)表达的基本黏结滑移本构关系模型即可得到基于位置变化的黏结滑移本构关系模型。不过，式(4—31)表达的位置函数是以长黏结试件非端点平均值为基准建立的，而且对端部陡变段作了近似处理，因此，在用该表达式乘以基本黏结滑移本构关系表达式时还应乘以一个修正系数 α。经与有关试验结果对照，建议 α 按下式确定：

$$\alpha=(0.35e^{-4.4w}+1)\cdot(1.25-0.25F/F_{aud,c}) \tag{4—33}$$

于是，基于位置变化的黏结滑移本构关系模型为

$$\tau_b=\alpha\cdot\Phi\cdot\tau_{b0} \tag{4—34}$$

其中 $$\alpha=(0.35e^{-4.4w}+1)\cdot(1.25-0.25F/F_{\mathrm{aud,c}}) \tag{4—33}$$

$$\Phi=(3.5\cdot e^{-(10+27w)S}-0.64\cdot e^{-2.6w})\cdot[(x/l_a-0.5)+1] \tag{4—31}$$

$$\tau_{b0}=c(e^{-0.5S}-e^{-aS})$$

$$a=0.634+15.579\cdot e^{-2.632S_u}$$

$$c=(-3.378+2.902\cdot e^{0.210f_{bu}})\cdot(0.411+14.316\cdot e^{-0.306f_{bu}/S_u})$$

式中 w——裂缝宽度(mm)；

$F_{\mathrm{aud,c}}$——锈蚀主筋与混凝土之间的极限黏结承载力,受构造条件和材料性能以及锈胀裂缝宽度等因素影响,式(4—30)给出了基于本文试验条件的计算公式；

F——拉拔荷载,属于自变量；

S——黏结滑移(mm),属于自变量；

x——计算绝对位置,属于自变量；

l_a——锚固长度；

S_u——极限黏结滑移,受构造条件和材料性能以及锈胀裂缝宽度等因素影响,图4—9为基于本文试验条件的计算公式；

f_{bu}——极限黏结强度,受构造条件和材料性能以及锈胀裂缝宽度等因素影响,图4—8给出了基于本文试验条件的计算公式。

4.2.5.4 基于位置变化的黏结滑移本构关系模型算例

下面对前述长黏结试件LB—1—3(有侧向约束、未锈蚀)及LB—4—3(有侧向约束、锈胀裂缝宽度0.25 mm)分别在30 kN拉拔力及各自极限拉拔荷载(49 kN、43 kN)时不同位置处的黏结应力进行计算,并绘制其分布图。计算中,由于没有关于该类构件构造条件的基本黏结滑移本构关系模型参数 F_u 及 S_u,因此近似用各长黏结试件自身的极限平均黏结应力和极限平均黏结滑移代替 F_u 及 S_u;另外,各试件在上述拉拔荷载下每一位置处的黏结滑移取自试验结果,如图4—20所示。计算过程中各中间参数及由分布应力计算出的拉拔荷载见表4—8,黏结应力分布如图4—31所示。

表4—8 黏结滑移本构关系模型算例有关参数

试件编号	施加荷载(kN)	f_{bu}(MPa)	S_u(mm)	a	c	α	计算荷载(kN)
LB1—3	30	9.29	0.778	2.644	13.32	1.48	31.1
	49(极限)	9.29	0.778	2.644	13.32	1.35	46.6
LB4—3	30	8.15	0.720	2.976	10.91	1.20	26.2
	43(极限)	8.15	0.720	2.976	10.91	1.12	35.4

该算例结果较好的反映了不同荷载水平下黏结应力分布趋势,能在一定程度上拟合实际分布情况。这表明,采用上述简化的黏结滑移本构关系模型能够基本满足黏结应力分布的预计需求,而其最大优势在于采用了全程一段式的表达公式,显著方便了应用。

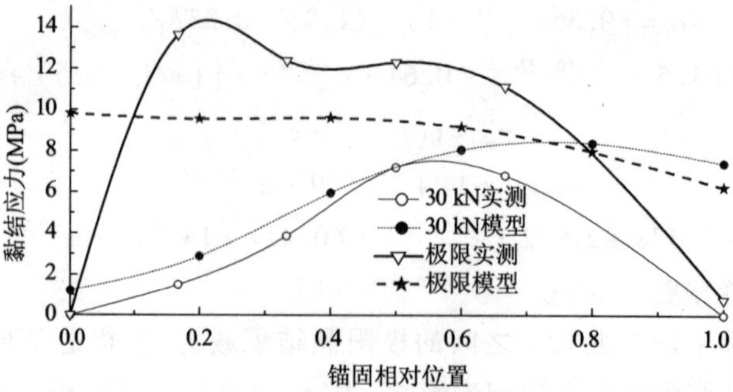

（a）LB1—3（锈而未裂）

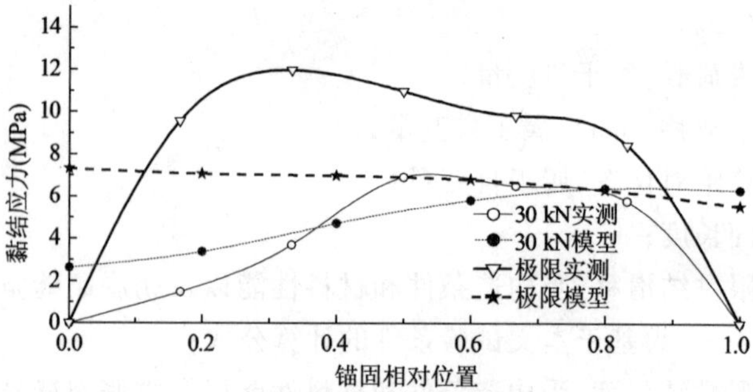

（b）LB4—3（锈裂宽0.25 mm）

图 4—31　基于位置变化的黏结滑移本构关系模型算例

4.3 锈蚀普通钢筋裂缝区段黏结性能退化特征及预计模型

前已述及，裂缝区段的黏结作用用以保证钢筋混凝土构件截面的基本几何不变性，从而保证钢筋与混凝土之间的局部共同工作属性。当锈蚀引起裂缝区段黏结性能退化以后，钢筋与混凝土之间的局部共同工作性能就可能无法得到保证，从而引起构件（尤其受弯构件）截面承载能力下降。因此，有必要研究锈蚀后裂缝区段黏结性能退化特征问题。

4.3.1 裂缝区段黏结应力分布与退化特征

在钢筋混凝土构件中，荷载及支座反力均直接作用在混凝土体上，于是，混凝土体发生变形反应，刚度属性又促使其产生应力反应。在混凝土体变形的过程中，黏结作用带动其中的钢筋与其同趋势变形，于是钢筋也产生了变形，继而产生应力反应。由于黏结刚度有限，混凝土在带动钢筋变形时会发生相对黏结滑移，因此，钢筋与混凝土在同趋势变形时互相并不完全协调。不过，由于黏结滑移往往非常小，因此，在钢筋混凝土构件计算中一般都会假定钢筋与混凝土的变形是协调的（在受拉开裂区也假定平均变形是协调的），这一假定典型体现在正截面承载力计算中所采用的平截面假定上。然而，当钢筋锈蚀以后（达到一定的锈蚀程度），钢筋与混凝土之间的黏结性能会遭到退化，此时，当荷载较大时，需要混凝土传递给钢筋的拉力较大，钢筋与混凝土之间将发生较为显著的滑移变形，这意味着钢筋与混凝土变形的不协调性增大，正截面承载力计算中平截面假定的适用性也变差。

下面以钢筋混凝土受弯构件为例，讨论裂缝区段黏结应力的分布及锈蚀对其的影响，讨论中假定端部锚固黏结承载力及刚度充分。

(1)开裂前

在受拉区混凝土开裂之前，对于整根构件承受恒弯矩的情况，由于端部锚固可靠，钢筋与混凝土就必然处于良好的共同变形状态，非锚固区的钢筋与混凝土之间不存在黏结作用。

反之，当整根构件承受变弯矩时，非锚固区钢筋的应力也要求不均匀，因此钢筋与混凝土之间必然处处存在黏结作用。但是，由于尚未开裂，因此即使高弯矩区钢筋的应力也不高，因而用以保证钢筋应力变化所需要的黏结应力也很小，所以除非钢筋锈蚀到处于极弱的黏结状态，一般情况下钢筋与混凝土之间都能处于相对较好的共同变形状态。

(2)开裂后

在受拉区混凝土开裂之后，对于整根构件承受恒弯矩的情况(裂缝截面上不存在剪力)，由于端部锚固可靠，钢筋与混凝土仍处于良好的共同变形状态，所有裂缝处钢筋的应力均相同，裂缝区段钢筋与混凝土的黏结应力是由混凝土回缩滑移产生，因此，区段内黏结应力对称分布，合力等于零，如图4—32(a)所示。当黏结性能退化严重时，黏结应力分布形态不变，只是应力值降低，混凝土回缩位移增大，裂缝宽度增大，而受弯承载力不会减小。

当整根构件承受变弯矩时(裂缝截面上还存在剪力，包括以箍筋为主形成的剪力V_s和剪压区混凝土形成的剪力V_c)，钢筋与混凝土之间所需要的黏结应力增大，且区段内黏结应力不对称分布，合力不等于零如图4—32(b)所示；当黏结性能退化严重时，正向黏结应力τ_1的分布范围扩大而合力减小，反向黏结应力τ_2的分布范围缩小且合力也减小，其结果是裂缝宽度增大，T_2趋近于T_1，从而可能使最不利截面上部边缘混凝土达到极限压应变时下部钢筋应变仍达不到屈服应变，从而降低承载力。需要注意的是，高弯矩区钢筋的拉力是通过黏结作用从低弯矩区逐渐增长而来，由于该过程中总的黏结长度往往较大，因而当黏结性能降低不严重时，T_2总能长大到满足高弯矩区截面抗弯的要求，直到达到钢筋屈服，因此截面承载力并不降低，不利影响主要体现在挠度增大上。

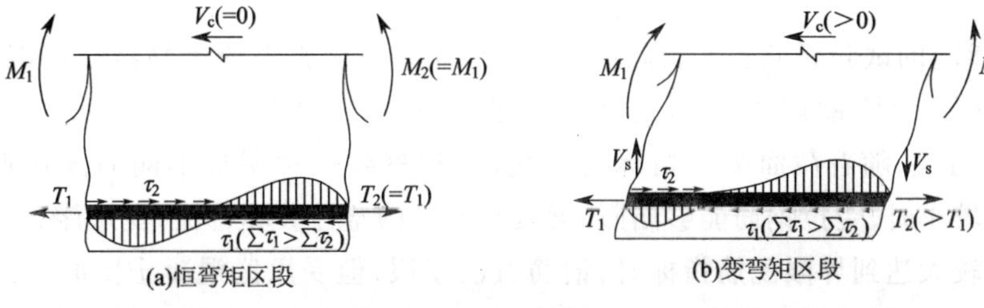

图4—32　裂缝间黏结应力分布

4.3.2 锈蚀受拉钢筋与受压混凝土的协同工作性能退化特征及预计模型

根据上节的论述，对于整根构件承受恒弯矩（或轴力）的情况，当端部锚固可靠时，裂缝区段受拉钢筋不需要周围混凝土通过黏结作用改变其受拉状态，受拉钢筋与周围混凝土自动处于良好的共同变形状态，因而构件截面承载力不会减小；而对于整根构件承受变弯矩（或轴力）的情况，当端部锚固可靠时，裂缝区段受拉钢筋需要周围混凝土通过黏结作用改变其受拉状态，锈蚀引起的黏结性能退化导致受拉钢筋与周围混凝土不能处于良好的共同变形状态，这将影响到受弯构件截面上受拉钢筋与受压混凝土的线性变形关系（即导致截面不再服从平截面假定），从而可能降低截面承载力。下面以变弯矩单筋受弯构件为例，讨论锈蚀引起的上述变形不协调对构件截面承载力的影响问题，即锈蚀受拉钢筋与受压混凝土的协同工作性能（简称截面协同工作性能）退化问题。

定性分析表明，截面配筋的多少直接影响着锈蚀截面的协同工作性能。当截面配筋较少时，如图 4—33(a)所示，在受压区边缘混凝土达到极限压应变时，根据截面平动平衡要求，混凝土受压区高度 x_c 也较小，受拉钢筋处混凝土的平均应变将较大，对应的平均黏结滑移和钢筋应变 ε_s 也将较大，钢筋容易达到屈服；相反，当截面配筋较多时，如图 4—33(b)所示，在受压区边缘混凝土达到极限压应变时，根据截面平动平衡要求，混凝土受压区高度 x_c 也较大，受拉钢筋处混凝土的平均应变将较小，对应的平均黏结滑移和钢筋应变 ε_s 也将较小，钢筋不容易达到屈服。

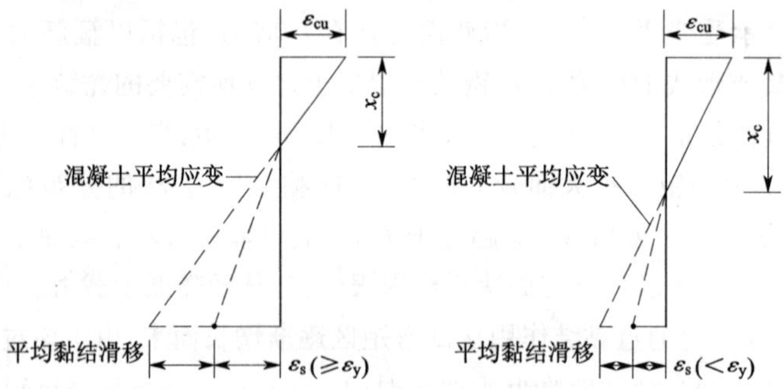

(a) 配筋较少时　　(b) 配筋较多时

图 4—33　锈蚀混凝土构件极限状态截面应变关系

文献[181]的试验研究表明，即使对于黏结性能完全丧失的无黏结钢筋混凝土梁，极限状态下受拉钢筋也并不是完全不能屈服，其屈服与否与截面配筋指标 $A_sf_y/(f_cbh_0)$ 有关，随着截面配筋指标的变化，可观察到三种明显不同的破坏形态。当配筋指标较小时，受拉钢筋能够屈服，梁具有明显的塑性破坏特征，变形能力良好；当配筋指标较大达到界限配筋指标时，钢筋虽已屈服，但受压区混凝土同时被压坏，延性已经很差；当配筋指标很高时，钢筋已不能屈服，此时梁具有明显的脆性破坏特征，塑性变形能力极差。根据实验结果，结合有限元模拟，该文献给出了无黏结受弯构件钢筋强度利用系数计算公式。

《混凝土结构耐久性评定标准》（CECS 220：2007）参考文献[181]的结果，给出了锈蚀受拉钢筋强度利用系数 α_c 的计算方法。

（1）无锈胀裂缝或配筋指标 $q_0 \leqslant 0.25$ 时，$\alpha_c = 1.0$；

（2）钢筋平均锈蚀深度 $\delta \geqslant 0.3$ mm（对应的平均失重率为 9%），且配筋指标 $q_0 > 0.25$ 时，按下式计算：

$$\alpha_c = \begin{cases} 1.45 - 1.82q_0 & (0.25 < q_0 \leqslant 0.44) \\ 0.92 - 0.63q_0 & (q_0 > 0.44) \end{cases} \tag{4—35}$$

（3）钢筋平均锈蚀深度 $\delta < 0.3$ mm，且配筋指标 $q_0 > 0.25$ 时，按下式计算：

$$\alpha_c = \begin{cases} 1.0 + (0.45 - 1.82q_0)\dfrac{\delta}{0.3} & (0.25 < q_0 \leqslant 0.44) \\ 1.0 + (-0.08 - 0.63q_0)\dfrac{\delta}{0.3} & (q_0 > 0.44) \end{cases} \tag{4—36}$$

（4）构件受拉区损伤长度小于梁跨 1/3 时，$\alpha_c = 1.0$。

配筋指标 q_0 按下式计算：

$$q_0 = \frac{A_s f_y + \sum A_{sci} f_{sci}}{f_c b h_0} \tag{4—37}$$

式中 A_s，f_y——受拉钢筋中未锈蚀钢筋截面面积、抗拉强度设计值；

A_{sci}，f_{sci}——第 i 根锈蚀受拉钢筋截面面积、抗拉强度设计值；

f_c——混凝土轴心抗压强度设计值；

bh_0——截面有效面积。

4.4 锈蚀高强钢绞线基本黏结性能退化规律

在有黏结预应力混凝土结构中，存在着力筋体系的黏结性能问题，主要包括：

（1）先张法结构中力筋与混凝土之间的黏结性能；

（2）后张法结构中中置力筋（即力筋横截面处在孔道横截面中部）与灌浆体之间的黏结性能；

（3）后张法结构中偏置力筋（即力筋横截面处在孔道横截面一侧）与部分灌浆体及部分孔道壁之间的黏结性能；

（4）后张法结构中力筋挟持灌浆体整体与孔道壁之间的黏结性能。

上述黏结性能的退化会对整个结构性能产生重要影响，主要包括：

（1）引起裂缝间距和宽度增大，从而引起结构正常使用性能的下降；

（2）引起先张法结构的锚固黏结破坏，从而引起承载性能的下降乃至破坏。

作者对最为典型的先张法结构中锈蚀钢绞线与混凝土的基本黏结性能进行试验

研究，探讨锈蚀对高强钢绞线与混凝土基本黏结性能的影响。

4.4.1 试验方案简介

试件设计如图 4—34 所示，设计思想与前述普通钢筋黏结试件相同。本试验试件的黏结段长度为 50 mm，等于钢绞线公称直径的 3.94 倍。考虑到预应力混凝土结构中预应力筋的外侧还要配置非预应力纵筋，因此其保护层厚度较厚，结合先张梁的结构背景，本试验黏结钢绞线的保护层厚度取为 43.7 mm（迎合其轴线到混凝土边缘距离为 50 mm 的整数）。

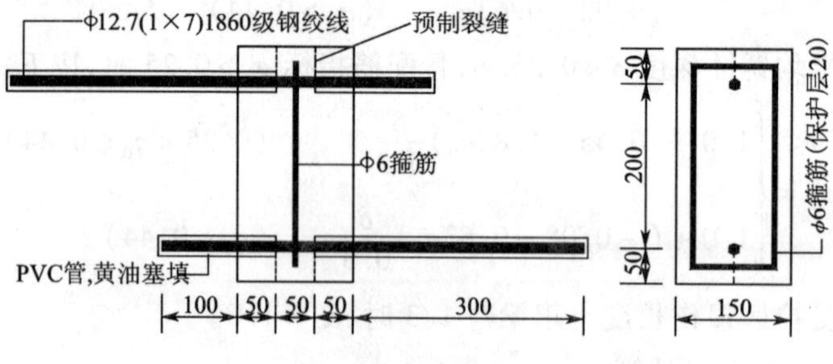

图 4—34 高强钢绞线短黏结试件设计

所有试件用混凝土强度等级均按 C30 设计，配比为：水∶水泥∶砂子∶石子 = 0.44∶1∶1.35∶2.36，另外，掺盐试件中还掺加水泥质量 5% 的 NaCl。水泥采用徐州产"清山泉"牌 R325 普通硅酸盐水泥，砂子取徐州本地产细河砂，石子取徐州本地产碎石，粒径 10 ~ 15 mm，水取徐州自来水厂供应的普通自来水。试件制作好以后，由立方体试块测得的混凝土立方体抗压强度为 33.7 MPa。

本试验共制作 6 个试件（包含 12 个黏结试样）。将制作好的试件置于不同锈蚀强度的条件下进行锈蚀，17 个月后锈蚀完成并量测锈胀裂缝宽度。试件分组与锈蚀统计见表 4—9。

表 4—9 高强钢绞线短黏结试件分组、编号及锈蚀

试件编号	钢绞线编号	锈蚀条件	锈胀裂缝宽度（mm）
BSS1	BSS1—1	掺盐 5%，室内放置 17 个月	0.05
	BSS1—2		0.10
BSS2	BSS2—1	掺盐 5%，室内放置 17 个月	0.20
	BSS2—2		0.10
BSS3	BSS3—1	掺盐 5%，室外露天放置 17 个月	0
	BSS3—2		0.25
BSS4	BSS4—1	掺盐 5%，室外露天放置 17 个月	0.60
	BSS4—2		0.70

续上表

试件编号	钢绞线编号	锈蚀条件	锈胀裂缝宽度(mm)
BSS5	BSS5—1	无锈蚀	—
	BSS5—2		
BSS6	BSS6—1	无锈蚀	—
	BSS6—2		

拉拔试验在电液伺服机上进行，采用位移控制连续单调加载方式，加载速度在拉拔力单调增加到最大值之前为 0.5 mm/min，之后改为 1 mm/min。

4.4.2 拔出过程中的旋转现象

当拔出力从 0 单调发展到大约最大值左右时，所有试件钢绞线与混凝土块体之间出现了相对旋转，旋转方向与钢绞线的捻制方向相同，形成了“螺栓效应”(即类似于螺杆在螺母中的旋转现象)，这里称作正旋转。当旋转过一定角度后，正旋转的速度逐渐减慢，直到最后又出现了与正旋转方向相反的旋转(此时的拔出位移已非常大)，这里称作反旋转。各试件正旋转的角度以及旋转过程中完成的自由端滑移见表 4—10。

表 4—10 高强钢绞线短黏结试件拉拔过程中的正旋转

试样编号	锈胀裂缝宽度(mm)	正旋转角(°)	正旋转过程中的理想旋出位移(mm)	正旋转过程中的实测端部滑移(mm)	理想旋出位移与实测端部滑移的比值
BSS1—1	0.05	25	13.19	36.36	0.36
BSS1—2	0.10	30	15.83	45.10	0.35
BSS2—1	0.20	12	6.33	19.93	0.32
BSS2—2	0.10	28	14.78	40.49	0.36
BSS3—1	0	18	9.50	24.93	0.38
BSS3—2	0.25	10	5.28	20.30	0.26
BSS4—1	0.60	18	9.50	33.10	0.29
BSS4—2	0.70	15	7.92	30.99	0.26
BSS5—1	0	50	26.39	60.28	0.44
BSS5—2	0	32	16.89	40.05	0.42
BSS6—1	0	35	18.47	46.67	0.40
BSS6—2	0	18	9.50	27.15	0.35

注：正旋转过程中的理想旋出位移是指仅仅按螺栓旋转方式完成的纵向位移，计算公式为 $S_e = l_t \cdot (\varphi/360)$，其中，$l_t$ 为钢绞线捻距，根据实测取 190 mm；φ 为正旋转角(°)。

出现正旋转现象的原因是，拉拔时，当钢绞线外围钢丝与混凝土接触面上的胶着力破坏后，钢绞线与混凝土的关系就类似于螺纹间距很大的螺杆与螺母的关系，此时，当拉拔力对二者产生相对位移要求时，旋转位移方式用力较省（前提是螺纹间距很大），于是就出现了顺捻制方向的正旋转现象。

不过，旋转又只是形成拔出位移的一部分方式，原因包括："螺纹"间距很大；"螺纹"深度较浅；旋转摩擦；拉拔过程中夹持系统对旋转约束。表 4—10 的理想旋出位移小于实测端部滑移就说明了这一点。

因此，在钢绞线外围钢丝与混凝土接触面上的胶着力破坏以后，拔出位移 S 由两部分组成，一是旋转产生的位移 S_c，二是直接纵向拔出位移 S_d。从表 4—10 可以看出，S_c/S 的值在 0.31～0.44 之间，其中未锈蚀胀裂试样的该值较大，而锈蚀胀裂越是严重，该值就越小。显然，S_c/S 的值越小，就意味着 S_d/S 的值越大，这表明直接纵向拔出位移所占的比重也就越大。同时，随着总拔出位移的逐渐增大，正旋转速度越来越慢，S_c 所占的比重越来越小，而 S_d 所占的比重则越来越大，直到最后正旋转停止，所有的拔出位移只由 S_d 一部分组成。此时的状况是，劈裂裂缝很大，混凝土咬合齿在 S_d 的作用下被磨短，"螺栓效应"消失，钢绞线只在混凝土舱内纵向拔出。

"螺栓效应"存在时，正旋转要受到拉拔过程中夹持系统的约束；"螺栓效应"消失以后，夹持系统的约束刚度尚存在，在舱壁很宽松的条件下，钢绞线与混凝土之间又出现了反旋转以释放夹持系统蓄积的约束势能。

4.4.3 黏结滑移曲线特征

图 4—35 和图 4—36 分别为无锈蚀试样和锈胀开裂试样的平均黏结应力—自由端滑移曲线，包括全程曲线和 1 mm 内滑移曲线两部分。

从总体曲线可以看出，未锈蚀试样的总体曲线大致由上升段、近似水平段以及下降段共三段组成，其中近似水平段占整个拔出位移的绝大部分（BSS2 - 2 例外，应归于试验离散性所致）；而锈蚀试样的总体曲线则大致由上升段和下降段共两段组成，其中下降梯度总体随锈蚀程度的加剧而增大。

两类试样曲线差别的原因是，前者的"螺栓效应"更为明显，从而对混凝土咬合齿的破坏作用相对轻缓，因而得以在较大拔出变形过程中提供更加充分的反转动摩擦力并保持更加有效的咬合力。

对所有试样，1 mm 内滑移曲线均可视为由两线段折线构成，第一段线段具有很大的斜率，体现了很大的拔出刚度，对应于化学胶着力工作的阶段；当化学胶着力遭到破坏后，曲线转入第二段线段，进入摩擦和咬合共同工作的阶段。

比较各曲线，发现极限化学胶着力（第一段曲线末点纵坐标）与锈蚀程度没有明显对应关系，这主要是因为锈蚀钢绞线的锈蚀程度还不够很高，从而对胶着力的破坏并不明显；如果锈蚀程度很高，则极限胶着力的下降是必然的。

锈胀开裂高强钢绞线短黏结试件黏结滑移曲线可以简化为图 4—37 所示的三折线模型。

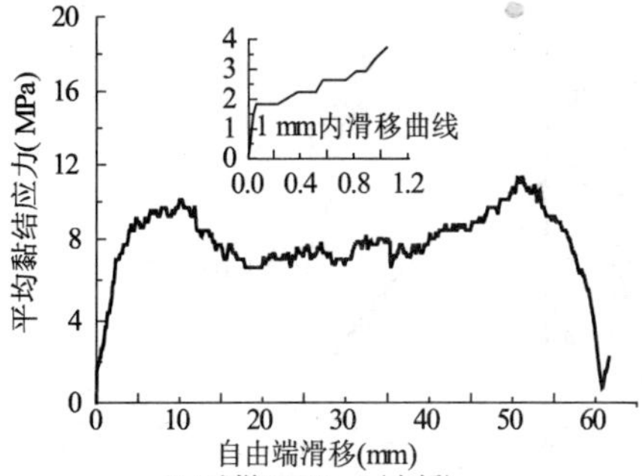

(a)试样BSS5—1(未锈)

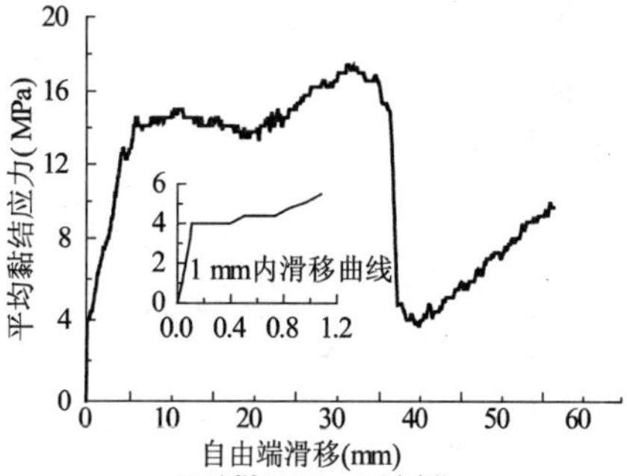

(b)试样BSS5—2(未锈)

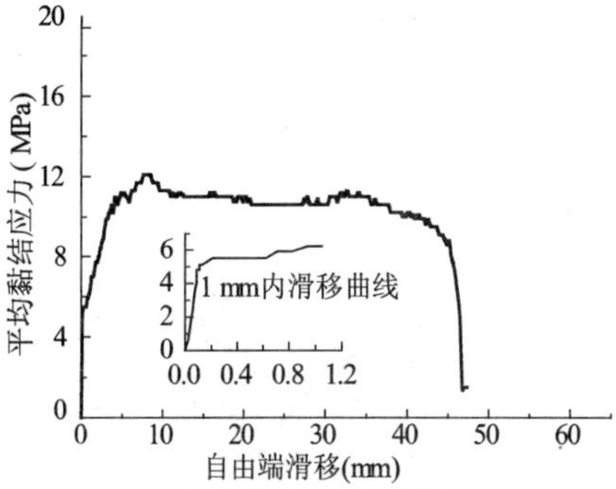

(c)试样BSS6—1(未锈)

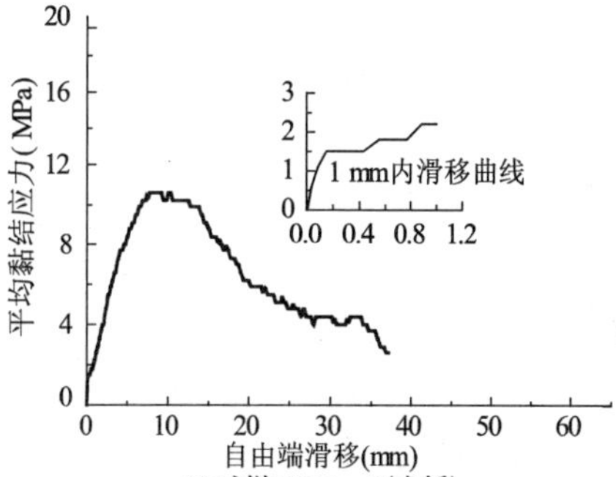

(d)试样BSS6—2(未锈)

图 4—35　无锈高强钢绞线短黏结试件黏结滑移曲线

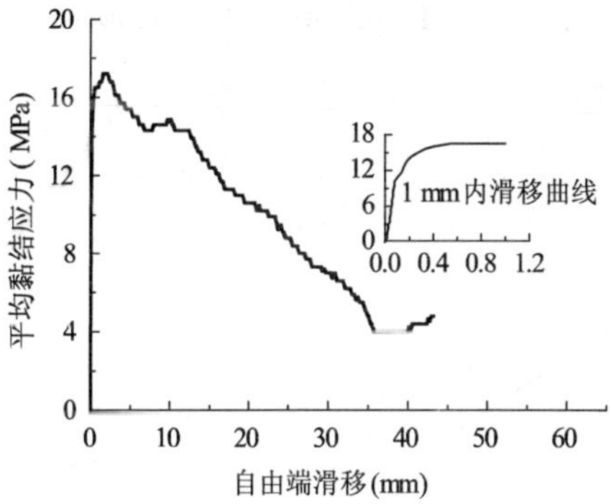

(a) 试样BSS1—1 (w=0.05mm)

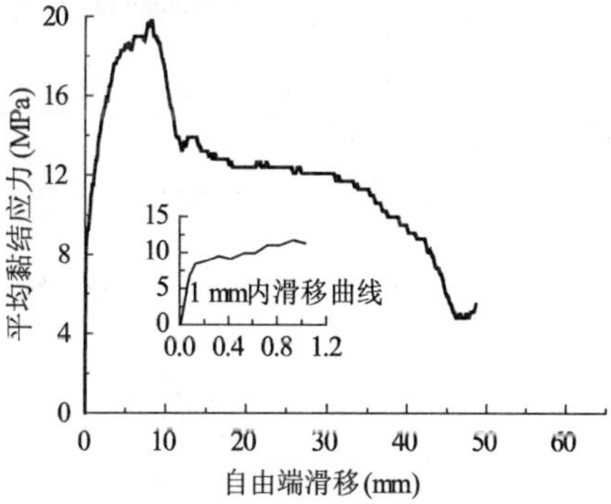

(b) 试样BSS1—2 (w=0.10mm)

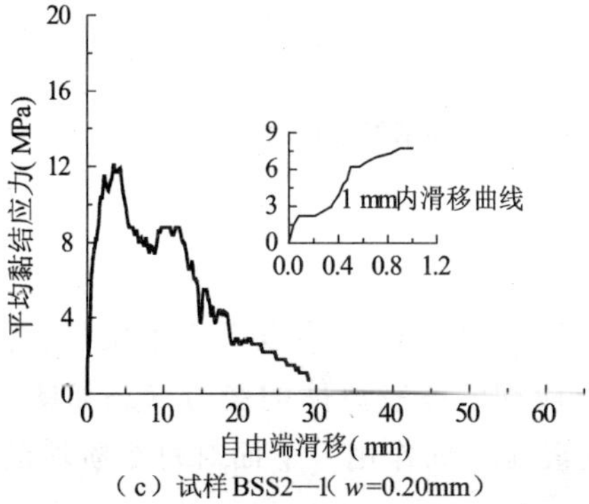

(c) 试样BSS2—1(w=0.20mm)

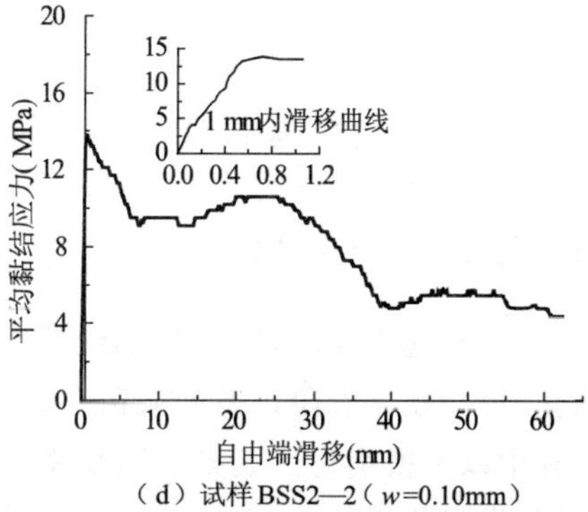

(d) 试样BSS2—2(w=0.10mm)

图　4—36

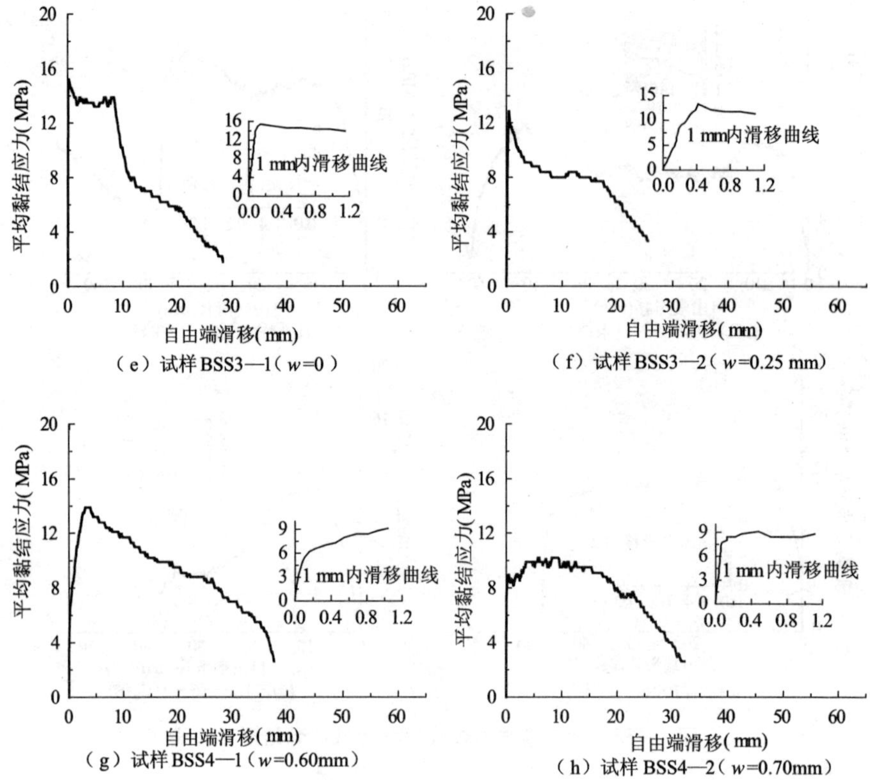

（e）试样BSS3—1（w=0）

（f）试样BSS3—2（w=0.25 mm）

（g）试样BSS4—1（w=0.60mm）

（h）试样BSS4—2（w=0.70mm）

图 4—36　锈胀开裂高强钢绞线短黏结试件黏结滑移曲线

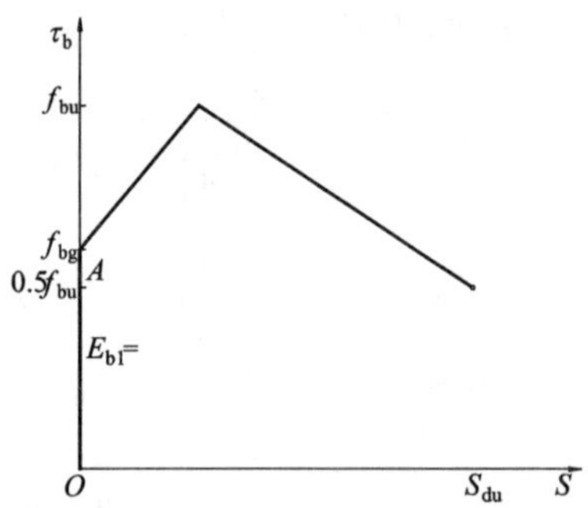

图 4—37　锈胀开裂高强钢绞线短黏结试件黏结滑移曲线简化模型

4.4.4　黏结滑移机理分析

结合试验现象和结果，可将钢绞线的全程黏结过程分为以下 4 个阶段：弹性阶段、强化阶段、软化阶段以及残余阶段，各阶段钢绞线脱离体的受力状态如图 4—38 所示，其中以 1 根钢丝代表整个钢绞线承受混凝土的作用。下面对每个阶段的黏结受力机理进行分析。

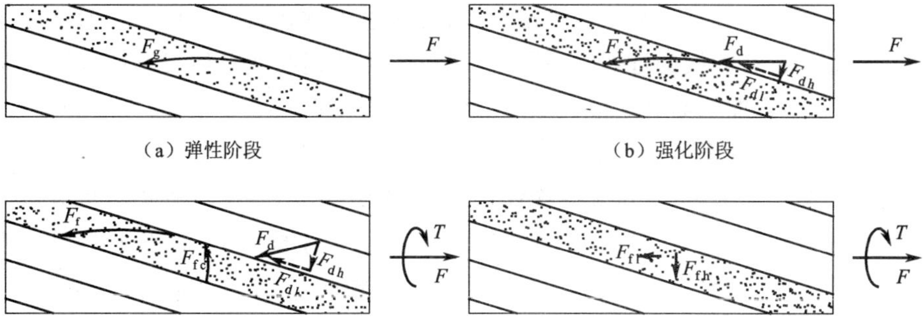

（a）弹性阶段　（b）强化阶段

（c）软化阶段　（d）残余阶段

图 4—38　短黏结钢绞线拉拔时的全程受力状态

(1)弹性阶段

该阶段是在拉拔初期，拔出位移极小的条件下，仅仅由化学胶着力工作的阶段，对应于 1 mm 内滑移曲线中的第一段线段，该线段具有明显的线性特征和很大的斜率，体现了很大的拔出刚度，因此，这里还可以称弹性阶段为刚性阶段，其末点应力可称为胶着强度或刚性强度。

图 4—38(a)为该阶段的黏结受力状态，在拔出力 F 的作用下，混凝土给钢绞线的黏结力即为化学胶着力 F_g，二者形成静力平衡关系。

显然，从理论上讲，钢绞线锈蚀越严重，化学胶着力就退化得越多。

(2)强化阶段

当化学胶着力遭到破坏后，进入摩擦和咬合共同工作的阶段，对应于总体滑移曲线上升段的后半段，该段曲线具有非线性的变形强化特征，其两端点割线斜率明显小于弹性阶段的斜率。

图 4—38(b)为该阶段的黏结受力状态，在拔出力 F 的作用下，混凝土给钢绞线的黏结力由纵向摩擦力 F_f 和纵向咬合力 F_d 两部分构成，其中后者又可分解为垂直于钢丝纵轴线的 F_{dh} 和平行于钢丝纵轴线的 F_{dl}。F_{dh} 沿钢绞线横向的分力(记作 $F_{dh\perp}$)促使钢绞线产生了顺螺旋方向转动的趋势，但 F_{dl} 沿钢绞线横向的分力(记作 $F_{dl\perp}$)又阻止了这种转动趋势。在整个强化阶段，$F_{dh\perp}$ 和 $F_{dl\perp}$ 共同增长，且始终保持静力平衡关系，直到该阶段结束。

显然，要使强化阶段的受力过程维持得更长(即极限黏结强度更高)，必须要求 F_{dl} 维持更高的水平；而 F_{dl} 是由摩擦力提供的，因而，需要摩擦力能够维持更高的水平。因此，对于锈蚀并不严重的钢绞线，其摩擦力一般都有所增大，因而极限黏结强度也有所增大。

但是，极限黏结强度增大的代价是摩擦力和咬合力均被“透支”，从而为后期的受力产生了不利影响。

(3)软化阶段

当 F_{dl} 无法再增大到适应 F_{dh} 的增大时，或前者相对于后者有衰退时，F_{dh} 引起的正向转动开始了，同时，劈裂裂缝也出现了，拉拔进入软化阶段。该阶段对应于无锈蚀钢绞线总体滑移曲线的近似水平段，而对应于锈蚀钢绞线总体滑移曲线的下降段的前半段，该半段曲线具有近似负线性的变形软化特征。

图 4—38(c)为该阶段的黏结受力状态，在拔出力 F 的作用下，混凝土给钢绞线的黏结力由纵向摩擦力 F_f 和偏斜咬合力 F_d 两部分构成，其中后者仍然可分解为垂直于钢丝纵轴线的 F_{dh} 和平行于钢丝纵轴线的 F_{dl}。由于此时 F_{dh} 和 F_{dl} 的对比关系已经发生变化，因而其合力 F_d 不再平行于钢绞线纵轴向，而是向 F_{dh} 方向偏转。于是，在 F_{dh} 的分力 $F_{dh\perp}$ 的作用下，钢绞线发生了顺螺旋方向的转动。

当钢绞线顺螺旋方向转动时，又出现了两个阻力，一是混凝土提供的横向摩擦阻力 F_{fc}，二是夹持系统提供的转动阻力扭矩 T。

对无锈蚀钢绞线而言，在整个软化阶段，由于良好的“螺栓效应”和保存较好的摩擦力及咬合力，使得劈裂裂缝发展较为缓慢，因而能够在较高黏结应力水平上维持很长的一段过程；但锈蚀钢绞线则不然，在整个软化阶段，由于“螺栓效应”并不充分，而且摩擦力和咬合力已在强化阶段遭到“透支”，这使得劈裂裂缝发展较为迅速，因而其黏结应力近似呈直线下降。显然，锈蚀越是严重，黏结应力下降的梯度就越大。

(4)残余阶段

当劈裂裂缝足够大时，咬合作用消耗殆尽，此时进入残余阶段。由于没有了咬合作用，拉拔抗力就仅仅由钢绞线的纵向摩擦力 F_{fl} 承担，如图 4—38(d)所示。同时，由于夹持系统蓄积的扭矩 T 尚存在，这使钢绞线又发生反向旋转，而反向旋转又引起了沿钢绞线周圈切线方向的摩擦阻力 F_{fh}。由于劈裂裂缝很大，因而纵向摩擦力 F_{fl} 很小，所以残余阶段黏结应力也很低。

4.4.5 黏结特性参数

根据高强钢绞线短黏结试件的黏结滑移曲线特征，这里定义极限黏结强度、黏结刚度以及黏结延性三个参数表达其黏结性能。极限黏结强度为曲线上升段纵坐标最大值所对应的平均黏结应力；黏结刚度为极限黏结强度与其所对应的自由端滑移的比值，属于割线刚度范畴；黏结延性反映的是黏结变形能力，是结构抗震性能中一个重要参数，这里定义为当平均黏结应力退化到极限黏结强度的一半时所完成的总自由端滑移。各试样的黏结特性参数见表 4—11。下面对这三个特征值分别予以讨论。

(1)极限黏结强度

从表 4—11 可以看出，各试样的极限黏结强度比较离散，但总体上有两个趋势：

表 4—11　短黏结钢绞线的短期黏结特性参数

试样编号	锈胀裂缝宽度(mm)	极限黏结强度(N/mm^2)	黏结刚度(N/mm^3)	黏结延性(mm)
BSS1—1	0.05	17.2	11.0	25.3
BSS1—2	0.10	19.8	2.5	37.5

续上表

试样编号	锈胀裂缝宽度(mm)	极限黏结强度(N/mm²)	黏结刚度(N/mm³)	黏结延性(mm)
BSS2—1	0.20	12.1	3.6	13.9
BSS2—2	0.10	13.9	19.3	34.9
BSS3—1	0	15.4	110.0	11.5
BSS3—2	0.25	13.2	31.4	18.8
BSS4—1	0.60	13.9	4.6	29.2
BSS4—2	0.70	10.2	1.8	27.1
BSS5—1	0	9.9	1.0	59.2
BSS5—2	0	14.3	1.4	36.6
BSS6—1	0	12.1	1.6	46.1
BSS6—2	0	10.6	1.4	23.1

①在本试验的锈蚀程度范围内,锈蚀试样的极限黏结强度总体上不仅未出现退化,反而还有较为明显的增加。比如,4 个未锈蚀试样的极限黏结强度平均值为 11.7 MPa,而 8 个锈蚀试样的极限黏结强度平均值为 14.5 MPa,后者明显大于前者;另外,8 个锈蚀试样中,只有 1 个试样(BSS4—2)的极限黏结强度(10.2 MPa)略小于未锈蚀试样的极限黏结强度平均值。出现这种现象的原因是,当锈蚀程度不大时,在化学胶着力被克服以后,锈蚀导致了摩擦作用增强,从而不易发生“螺栓效应”,继而使咬合作用得以快速而充分的发挥,因而使锈蚀试样的极限黏结强度反而有所提高。

②就锈蚀试样而言,随锈蚀程度的加重,极限黏结强度总体呈现下降的趋势。出现这种现象的原因是,随锈蚀程度的加重,锈胀裂缝也变宽,混凝土对钢绞线的握裹作用就会变弱,极限黏结强度的相对下降便是自然的事了。

(2)黏结刚度

从表 4—11 可以看出,各试样的黏结刚度更加离散,这其中应有试验系统误差(尤其刚度计算所用位移很小,对量测误差更是敏感)的原因。不过,从总体而言,有 1 个趋势还是较为明显,即锈蚀试样的黏结刚度大于未锈蚀试样,这主要是由于前者的极限黏结强度大于后者所致。另外,通过定性分析可以推测,黏结刚度应该随锈蚀程度的加剧而减小,其原因也主要是由于极限黏结强度随锈蚀程度的加剧而减小。

(3)黏结延性

从表 4—11 可以看出,各试样的黏结延性也比较离散,但有 1 个趋势还是比较明显,即未锈蚀试样的黏结延性明显大于锈蚀试样,这主要是由于未锈蚀试样更明显的“螺栓效应”对混凝土咬合齿的保护作用更为有效。

4.4.6 与普通钢筋黏结滑移曲线的对比

预应力钢绞线典型的外形几何特征与普通光圆钢筋及变形钢筋均有明显区别,

主要表现在：就每根外围钢丝而言，未锈蚀时其表面非常光滑，从而在局部上形成了与光圆钢筋类似的几何特征；就钢绞线总体而言，其表面又是带肋的，因此又类似于变形钢筋，但是，此肋非彼肋，钢绞线的肋具有共同的肋向，总体形成了完整的螺旋线，而变形钢筋的肋向则较为杂乱。

既然钢筋表面几何特征有差别，那么黏结性能也应有差别。对照普通钢筋黏结滑移曲线（图 4—2）与预应力钢绞线黏结滑移曲线（图 4—35、图 4—36），可从以下几个方面分析有关区别。

（1）总体曲线特征

普通钢筋的黏结滑移曲线总体上均由上升段和下降段两段组成，这类似于锈蚀钢绞线的黏结滑移曲线。但是，就下降段而言，前者的下降段又由前期的快速下降段和后期的接近水平段两部分组成，二者共同形成了近乎指数关系的下降趋势，而后者的下降段则基本上由 1 条近乎线性关系的直线段构成。分析这种差别的原因，主要是因为：普通钢筋黏结滑移曲线的前期下降段对应于摩擦作用或咬合作用在纵向拔出滑移中遭到迅速破坏的工作过程，而之后的近似水平段则对应于依靠剩余摩擦作用工作的过程；但是，钢绞线黏结滑移曲线的整个下降段对应于螺旋转动和直接纵向拔出两个共同工作的过程，因而在较大的总体拔出位移过程中，咬合作用不会被迅速破坏，从而形成了黏结应力徐缓下降的趋势。

（2）黏结特性参数

黏结特性参数与混凝土强度等级、保护层厚度以及黏结段长度等结构参数关系很大，因此这里不便直接进行比较，但是，以上述试验结果为基础，结合定性分析，还是可以得出一些基本结论：

①锈蚀程度较轻的各类钢筋，其极限黏结强度相对无锈蚀钢筋有所提高，反之，则要降低。

②由于变形钢筋的咬合作用破坏非常迅速，因而其黏结延性相对最差；光圆钢筋的摩擦作用虽然破坏也很迅速，但由于形成极限强度的摩擦作用与形成剩余强度的摩擦作用二者相差较小，因而又具有较好的黏结延性，其延性水平应该介于无锈蚀钢绞线和锈蚀钢绞线二者之间。

4.4.7 锈蚀高强钢绞线黏结性能设计建议

混凝土结构设计中关于基本结构性能的设计包括钢筋和混凝土两种基材的力学性能设计以及它们二者之间的黏结性能设计。其中黏结性能设计主要体现在锚固长度（包括先张预应力混凝土结构中的预应力传递长度）设计和裂缝宽度计算两个方面。

根据前述试验研究结果知道，有箍筋存在的条件下，锈胀裂缝宽度小于 0.7 mm 的条件下，锈蚀钢绞线基于黏结性能（包括黏结强度、黏结刚度及黏结延性）相对于无锈蚀钢绞线并没有降低；而同时，根据第 3 章的研究结果，在与本章锈蚀程度相近的情况下，钢绞线基材本身的抗拉性能却有严重降低。因此可以得出关于锈蚀钢绞线基本黏结性能的设计建议：钢绞线锈蚀后，在一定范围内，由于黏结性能没有退化，而钢绞线的抗拉性能却遭到严重退化，因而后者成为基本结构性能退化的控制因素，所以，其黏结性能完全可以按照无锈蚀钢绞线进行设计。

4.5 小结

本章系统论述了锈蚀钢筋的黏结性能退化规律及预计模型，包括锈蚀普通钢筋的基本黏结性能退化规律及预计模型、锈蚀普通钢筋锚固区黏结性能退化规律及预计模型、锈蚀普通钢筋裂缝区段黏结性能退化特征及预计模型以及锈蚀高强钢绞线的基本黏结性能退化规律。下面分别进行总结。

(1)锈蚀普通钢筋的基本黏结性能退化规律及预计模型

通过短黏结试件拔出试验，获得了黏结滑移曲线。黏结滑移曲线总体上均由上升阶段和下降阶段组成，其中上升阶段又可分为刚性阶段和强化阶段，而下降阶段又可分为软化阶段和残余阶段。当钢筋锈蚀量不大时，锈胀作用增加了钢筋与混凝土之间的摩擦力，从而导致极限黏结强度增大，同时也在一定程度上使刚性强度有所提高；当钢筋锈蚀严重时，化学胶着力和摩擦作用退化严重，刚性强度和极限黏结强度也退化严重，下降段黏结应力下降的梯度也增大，残余强度变小。

试验结果表明，箍筋可以约束混凝土的横向变形，从而明显提高锈蚀主筋与混凝土的黏结性能；随着保护层厚度增大，外围混凝土的抗劈裂能力也会增大，从而引起极限黏结强度提高，但与箍筋的影响相比，保护层厚度的影响相对较小；随着钢筋直径增大，极限荷载也增大，但是，极限黏结强度的变化并不大。

试验结果表明，当锈胀裂缝宽度大于0.2 mm以后，锈蚀引起自由端初滑移黏结强度、极限黏结强度、极限黏结滑移、残余黏结强度、初残余黏结滑移等黏结特征参数均发生了退化，退化规律基本上符合线性趋势；通过线性拟合，得到了各参数的随锈胀裂缝宽度退化模型。

从黏结特征参数线性退化模型可以发现，有箍筋变形钢筋试件各参数退化速率明显小于无箍筋变形钢筋试件，这说明箍筋对保持锈胀开裂试件的黏结性能具有重要作用；另外，有箍筋变形钢筋试件初滑移黏结强度退化速率和极限黏结强度退化速率明显小于有箍筋光圆钢筋试件，而其余参数退化速率差别不大，这说明锈胀裂缝对有箍筋光圆钢筋试件极限黏结前的黏结性能影响大于有箍筋变形钢筋试件，这主要是因为在极限黏结前变形钢筋的变形肋发挥了重要作用。

为了简化现有的分段式黏结滑移本构关系模型，本章提出采用一条统一的Box-Lucas2曲线拟合黏结滑移曲线。该曲线数学模型简单，且在拟合顶点参数时具有较好的吻合性，只是在拟合残余段时吻合性较差，但考虑到一般结构分析时很少能用到残余段，因此建议该模型曲线下降到黏结应力等于极限黏结强度一半时即停止。

(2)锈蚀普通钢筋锚固区黏结性能退化规律及预计模型

通过长黏结试件拔出试验并结合插值运算，获得了长黏结区段上的黏结滑移及黏结应力分布。

黏结滑移在加载初期只出现在加载端附近，之后随着荷载的增大逐渐向自由端延伸；侧向约束有助于提高黏结刚度，较宽的锈胀裂缝则会导致黏结刚度降低，这些因素决定了同级荷载下黏结滑移的分布范围、自由端初滑移荷载大小以及黏结滑移分布梯度不同；根据有关试验结果，建立了极限荷载时的黏结滑移分布模型。

黏结应力的分布范围与黏结滑移类似；另外，黏结应力的分布存在峰值移动特性：在黏结应力尚未满布于整个黏结区段之前，黏结应力峰值靠近加载端，并随着荷载的增大向自由端略微移动；当黏结应力满布于整个黏结区段之后，随着荷载的增大，黏结应力峰值向自由端显著移动。

极限荷载时，黏结应力分布曲线呈现一端大一端小、中部比较平缓的形状，本章采用变形的椭圆曲线对其进行了拟合，从而得到基于锈蚀程度变化的较为简便实用的拟合曲线模型。

由于长黏结区段内各处的约束条件不同，因而各处的黏结滑移本构关系也不同，这一问题可通过给基本本构关系乘以一个位置函数来解决；通过对位置函数测试结果的分析，本章采用一直线模型简化拟合位置函数，并建立了基于裂缝宽度、黏结滑移和位置变化的位置函数模型；模型算例显示了一直线模型的适用性和简化性。

(3)锈蚀普通钢筋裂缝区段黏结性能退化特征及预计模型

变弯矩受弯构件裂缝区段内黏结应力分布不对称，当锈蚀引起黏结性能退化严重时，正向黏结应力的分布范围扩大而合力减小，反向黏结应力的分布范围缩小且合力也减小，其结果是裂缝宽度增大，裂缝区段两端受拉钢筋拉力趋于相等，不利截面上的受拉钢筋应力难以随着弯矩的增大而增大，从而降低不利截面承载力。

锈蚀引起的黏结性能退化会影响到受弯构件截面上受拉钢筋与受压混凝土的线性变形关系(即导致截面不再服从平截面假定)，继而影响到二者的协同工作性能，最终导致截面承载力降低。定性分析表明，随截面配筋的增多，锈蚀截面的协同工作性能退化渐趋严重。锈蚀截面的协同工作性能可用受拉钢筋强度利用系数来反映，本章介绍了《混凝土结构耐久性评定标准》(CECS 220:2007)给出的锈蚀受拉钢筋强度利用系数的计算方法。

(4)锈蚀高强钢绞线的基本黏结性能退化规律

通过短黏结试件拔出试验，获得了黏结滑移曲线。未锈蚀试样的黏结滑移曲线总体上由上升段、近似水平段以及下降段共三段组成，其中近似水平段占整个拔出位移的绝大部分，而锈蚀试样的黏结滑移曲线总体上由上升段和下降段共两段组成，其中下降梯度总体随锈蚀程度的加剧而增大。两类试样曲线差别的原因是主要在于前者的“螺栓效应”更为明显，从而对混凝土咬合齿的破坏作用相对轻缓。

试验结果表明，有箍筋存在的条件下，在锈胀裂缝宽度小于0.7 mm的锈蚀范围内，锈蚀钢绞线的黏结性能参数相对于未锈蚀钢绞线而言没有出现明显退化；但在锈蚀钢绞线范围内，随锈蚀程度的加重，黏结性能参数总体呈现下降的趋势。

相对于锈蚀钢绞线本身受拉性能的严重退化，黏结性能的退化显得微不足道，因此，本章给出了关于锈蚀钢绞线基本黏结性能的设计建议：钢绞线锈蚀后，在一定范围内，由于黏结性能没有退化，而钢绞线的抗拉性能却遭到严重退化，因而后者成为基本结构性能退化的控制因素，所以，其黏结性能完全可以按照无锈蚀钢绞线进行设计。

第5章 锈蚀混凝土构件的结构性能退化规律

常见的混凝土构件包括梁、板、柱、墙等,梁和板主要承受弯矩及剪力作用,因而其力学性能主要包括正截面受弯性能和斜截面受剪性能;柱和墙主要承受轴力、弯矩及剪力作用,因而其力学性能主要包括正截面压弯(或受压)性能和斜截面压剪性能。

在混凝土构件的工作机制中,截面受压区混凝土及纵筋的受压行为与受拉区纵筋的受拉行为形成了其正截面的抗弯承载力或压弯承载力;剪压区混凝土的受剪行为、受压行为以及横向钢筋(如箍筋)的受拉行为形成了其斜截面的抗剪承载力或压剪承载力;纵向钢筋与横向钢筋必须依靠混凝土给其产生的良好黏结作用方能正常发挥受拉行为。

钢筋锈蚀会给混凝土构件带来如下影响:

(1)钢筋截面减损及坑蚀应力集中,从而导致钢筋的抗拉、抗压承载力及变形能力下降,进而导致构件的承载力及变形能力下降。

(2)钢筋与混凝土的黏结性能退化,从而导致锚固承载力下降、钢筋强度不能充分发挥,进而导致构件的承载力下降,破坏方式脆化;或导致裂缝间黏结能力下降,受拉钢筋变形滞后,与受压混凝土不再保持线性变形关系,受压边缘混凝土压碎(截面破坏)时受拉钢筋应力达不到设计强度,导致构件的承载力下降,破坏方式脆化。

(3)受压区保护层锈胀开裂引起截面损伤,进而导致构件的承载力及变形能力下降;截面损伤甚至还可能导致梁、板出现超筋破坏或柱、墙由大偏压破坏转向小偏压破坏。当然,上述影响都需要一定的锈蚀程度才能显现。

近些年来,关于锈蚀普通混凝土梁的受弯性能研究工作十分广泛,而其受剪性能的研究工作则相对较少。关于锈蚀普通混凝土板、锈蚀预应力混凝土板、锈蚀预应力混凝土梁以及锈蚀普通混凝土柱力学性能退化问题的研究工作也相对较少。

中国矿业大学近年来基于加速氯盐侵蚀方式和人工气候环境或自然气候环境条件的试验方法,就锈蚀普通混凝土梁的受弯和受剪性能退化、锈蚀预应力混凝土梁的受弯性能退化以及锈蚀普通混凝土柱的压弯性能退化等问题,展开了较为系统的研究,探讨了有关性能退化规律,本章将对有关研究结果予以介绍。

5.1 锈蚀普通混凝土梁受弯性能退化规律

已有的关于锈蚀普通混凝土梁受弯性能研究工作主要从两个途径展开:

(1)通过试验研究揭示锈蚀对其破坏方式、受弯承载力以及变形能力的影响,并基于试验结果(包括基本结构性能试验结果)和钢筋混凝土结构基本原理建立受弯承载力及变形能力的预计模型。试验试件的来源包括实际工程拆卸锈蚀构件、自然暴露锈蚀试件、通电快速锈蚀试件、人工气候加速锈蚀试件等;

(2)基于基本结构性能(材料性能及黏结性能)的试验研究结果,结合有限元方法建立受弯承载力及变形能力的预计模型。

文献[162]采用人工气候加速试验方法,研究了锈蚀程度对普通混凝土受弯构件破坏形态、刚度、延性及承载能力的影响,下面对其有关研究结果进行介绍,并对有关问题作进一步的分析。

5.1.1 试验方案简介

试件设计如图 5—1 所示。所有试件长度均为 1 500 mm;混凝土强度等级都按 C25 设计,采用徐州淮海水泥厂生产的 R32.5 普通硅酸盐水泥、天然中砂(细度模数为2.7)及普通碎石(粒径 5 ~ 20 mm);受拉纵筋有两种,即 HPB235 级ϕ 12 光圆钢筋和 HRB335 级ϕ 12 变形钢筋;箍筋为 HPB235 级ϕ 6 光圆钢筋;架立筋为 HPB235 级ϕ 8光圆钢筋。

氯离子加速侵蚀方法包括两种,一种是在试件混凝土内掺加水泥质量 5% 的氯化钠,另一种是将浇筑好的试件用浓度 5% 的氯化钠溶液浸泡 2 个月;两种试件的氯离子加速侵蚀完成以后,置于人工气候室内(T = 40℃,RH = 90%)进行加速锈蚀,达到预定锈胀裂缝宽度后移出进行加载试验。

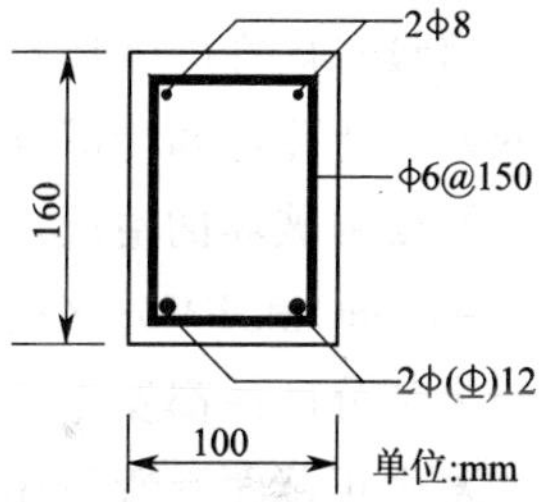

图 5—1 锈蚀普通混凝土梁受弯性能试验试件断面[162]

加载试验在电液伺服机上进行,两支座间的跨度为 1 200 mm,采用三分点对称集中加载、位移控制,加载速度为 0.02 mm/min。

试件分为三组,主要考虑钢筋种类(光圆及变形)和氯离子加速侵蚀方式(内掺和外浸)等因素。试件分组情况见表 5—1。

表 5—1 锈蚀普通混凝土梁受弯性能试验试件分组[162]

试件编号	钢筋种类	氯离子加速侵蚀方式	设计锈胀裂缝宽度(mm)	实际锈胀裂缝宽度(mm)	数量
BM1—0	光圆	未锈	0	0	2
BM1—1	光圆	外侵	0.2	0.18	2
BM1—2	光圆	外侵	0.5	0.53	2
BM1—3	光圆	外侵	0.8	0.79	2
BM2—0	变形	未锈	0	0	2
BM2—1	变形	外侵	0.2	0.21	2
BM2—2	变形	外侵	0.5	0.48	2

续上表

试件编号	钢筋种类	氯离子加速侵蚀方式	设计锈胀裂缝宽度(mm)	实际锈胀裂缝宽度(mm)	数量
BM2—3	变形	外侵	0.8	0.79	2
BM2—4	变形	外侵	1.0	1.0	2
BM2—5	变形	外侵	1.2	1.22	2
BM2—6	变形	外侵	1.5	1.47	2
BM3—0	变形	未锈	0	0	2
BM3—1	变形	内掺	0.5	0.52	2
BM3—2	变形	内掺	0.8	0.83	2
BM3—3	变形	内掺	1.2	1.18	2
BM3—4	变形	内掺	1.5	1.49	2

5.1.2 受弯破坏形态演化

通过对试件的破坏特征观察发现,试验梁总体上发生了两种典型的破坏形态,即正截面受弯破坏和端部锚固黏结破坏;由于所有试件的抗剪能力设计较强,没有发现斜截面受剪破坏的情况。其中,发生端部锚固黏结破坏的只有 BM2—6(锈胀裂缝宽度 1.47 mm)和 BM3—4(锈胀裂缝宽度 1.49 mm)这两根锈胀裂缝宽度最大的试件,其他大部分试件都发生了正截面受弯破坏。

发生正截面受弯破坏的试件,随着锈蚀程度的增加,横向裂缝分布呈现越来越稀疏的趋势,这是黏结强度降低的结果。

发生端部锚固黏结破坏的试件,在荷载并不大时就发出“砰”的响声,试验力突然从极限荷载急剧下降至很小值,并在试件端部约 $l/5 \sim l/6$ 的位置处发现原顺筋裂缝突然变宽,这表明此处钢筋与混凝土之间突然发生了显著的相对滑移,这是典型的锚固黏结破坏特征。

因此,对于锈蚀混凝土受弯构件,随着锈蚀程度加重,当抗剪能力设计较强时,构件的破坏形态会由正截面受弯破坏向端部锚固黏结破坏演化。根据本试验的结果,上述两种破坏形态演化的临界锈胀裂缝宽度可按 1.2 mm 考虑。

5.1.3 荷载—挠度曲线特征

图 5—2 为各类试件不同锈胀裂缝宽度下的荷载—挠度曲线,从中可以看出:

(1)所有发生正截面受弯破坏的试件其荷载—挠度曲线总体上由上升段和近似水平段两段组成,而发生端部锚固黏结破坏的 BM2—6 和 BM3—4 两个试件其荷载—挠度曲线则总体上由上升段、近似水平段以及后期的突降段三段组成。

(2)随锈蚀程度的增大,曲线上升段斜率减小、近似水平段高度降低、长度变短,这表明梁的抗弯刚度降低、极限承载力下降、极限变形能力降低。上述两点规律不受钢筋类型及氯离子加速侵蚀方式的影响。

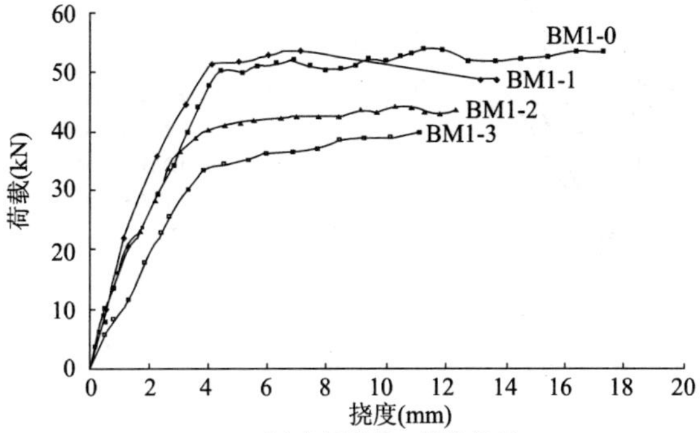

(a)光圆钢筋，氯盐外侵

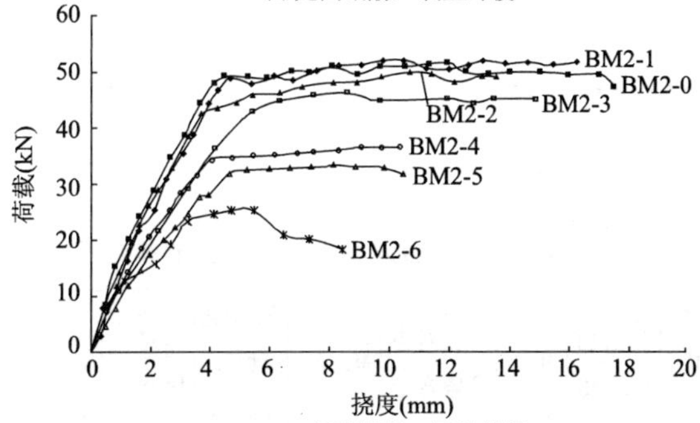

(b)变形钢筋，氯盐外侵

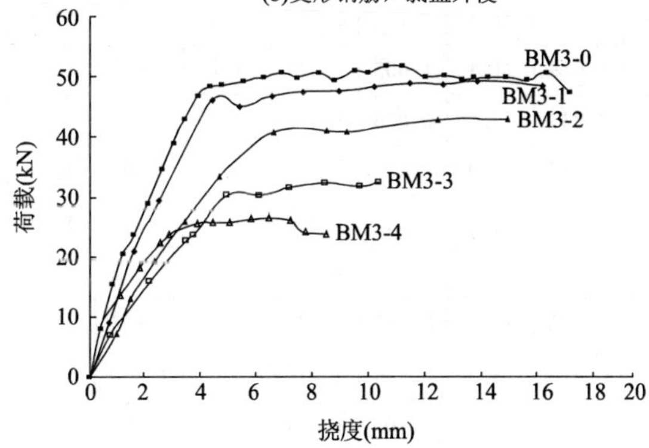

(c)变形钢筋，氯盐内掺

图 5—2　锈蚀普通混凝土梁荷载—挠度曲线[162]

为了进一步比较不同氯离子加速侵蚀方式对锈蚀普通混凝土梁荷载—挠度曲线的影响情况，将两类加速侵蚀方式变形钢筋试件在若干个相同锈胀裂缝宽度下的曲线进行横向对比，如图 5—3 所示。由此可以看出，两种加速侵蚀方式对锈蚀普通混凝土梁荷载—挠度曲线的影响很小，说明内掺氯盐这种更加方便的加速方式可以用于试验研究。

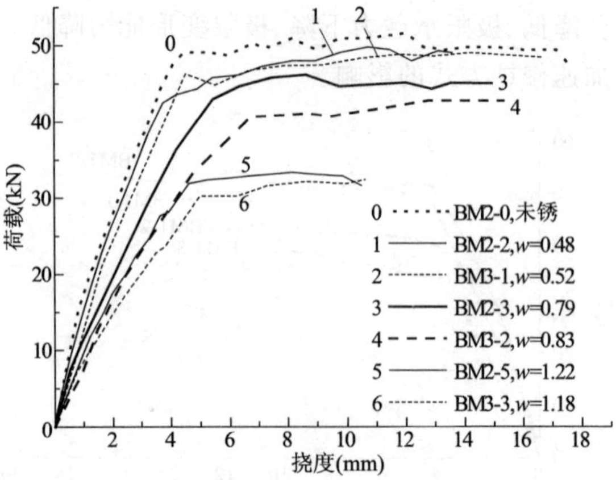

图 5—3　氯离子加速侵蚀方式对锈蚀普通混凝土梁荷载—挠度曲线的影响

5.1.4　受弯性能参数退化规律

各试件的受弯性能参数见表 5—2。

表 5—2　锈蚀普通混凝土梁受弯性能参数[162]

试件编号	锈胀裂缝宽度(mm)	屈服弯矩 M_y (kN·m)	相对屈服弯矩	极限弯矩 M_u (kN·m)	相对极限弯矩	M_u/M_y	屈服挠度 f_{dy} (mm)	相对屈服挠度	极限挠度 f_{du} (mm)	相对极限挠度	延性系数 (f_{du}/f_{dy})	相对延性系数
BM1—0	0	19.4	1	21.3	1	1.057	4.4	1	17.3	1.000	3.916	1
BM1—1	0.18	20.5	1.018	21.4	1.005	1.043	4.1	0.932	13.7	0.792	3.340	0.853
BM1—2	0.53	16.4	0.833	17.6	0.826	1.072	3.9	0.886	12.3	0.711	3.110	0.794
BM1—3	0.79	13.4	0.553	15.9	0.588	1.129	3.8	0.864	11.1	0.642	2.921	0.746
BM2—0	0	19.6	1	21.5	1	1.052	4.5	1	17.1	1	3.842	1
BM2—1	0.21	20.1	1.022	21.6	1.004	1.063	4.6	1.022	16.3	0.953	3.513	0.914
BM2—2	0.48	17.0	0.866	19.9	0.965	1.172	4.2	0.933	13.6	0.795	3.226	0.840
BM2—3	0.79	17.2	0.876	18.5	0.894	1.074	5.4	1.200	14.9	0.871	2.748	0.715
BM2—4	1.0	13.7	0.670	14.6	0.707	1.064	4.0	0.889	10.4	0.608	2.587	0.673
BM2—5	1.22	12.8	0.650	13.4	0.646	1.047	4.6	1.022	9.8	0.573	2.132	0.555
BM2—6	1.47	—	—	10.23	0.496	—	—	—	8.4	0.491	—	—
BM3—0	0	19.4	1	20.7	1	1.068	4.4	1	17.6	1	4.009	1
BM3—1	0.52	18.5	1.019	19.6	0.950	1.061	4.5	1.023	16.6	0.943	3.687	0.920
BM3—2	0.83	16.3	0.840	17.1	0.829	1.053	6.7	1.523	15.3	0.869	2.278	0.570
BM3—3	1.18	12.1	0.625	13.0	0.628	1.047	5.0	1.136	10.6	0.602	2.127	0.553
BM3—4	1.49	—	—	10.7	0.518	—	—	—	8.7	0.494	—	—

注:由于试件 BM2—6 和 BM3—4 发生了端部锚固黏结破坏,所以没有屈服参数。

各类试件的相对屈服荷载、相对极限承载力、相对屈服挠度、相对极限挠度以及相对延性系数等受弯性能参数随锈胀裂缝宽度的退化规律见图 5—4 和图 5—5。下面据此讨论有关规律。

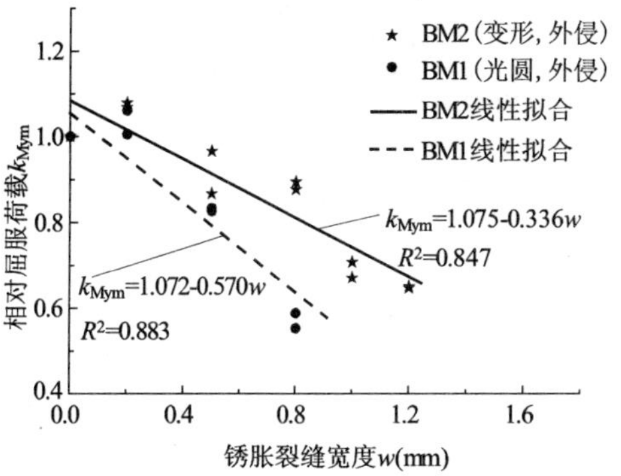

(a)相对屈服荷载对比

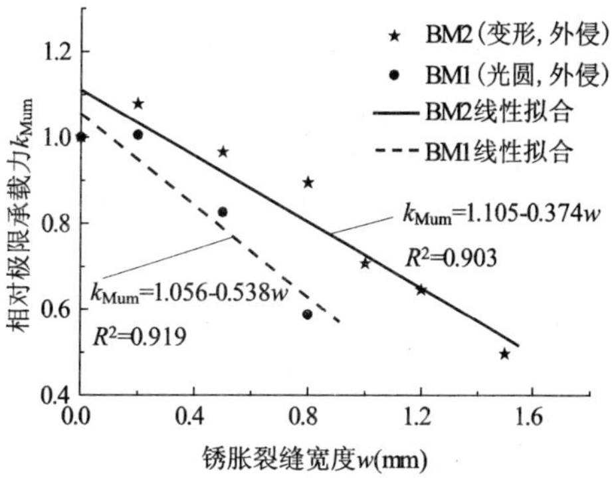

(b)相对极限承载力对比

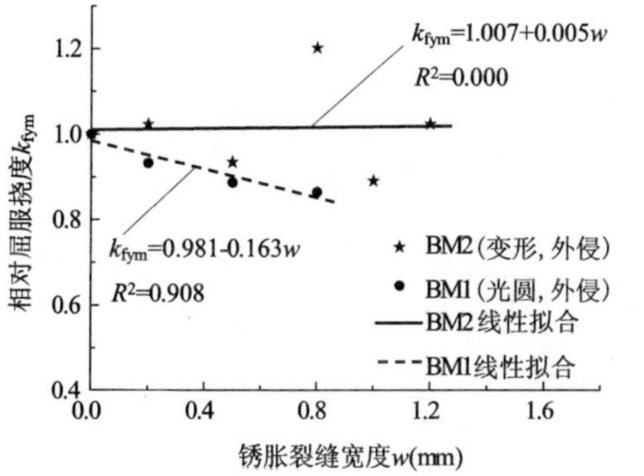

(c)相对屈服挠度对比

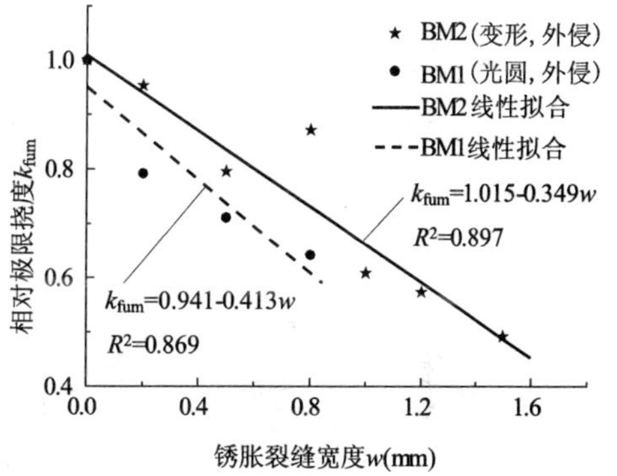

(d)相对极限挠度对比

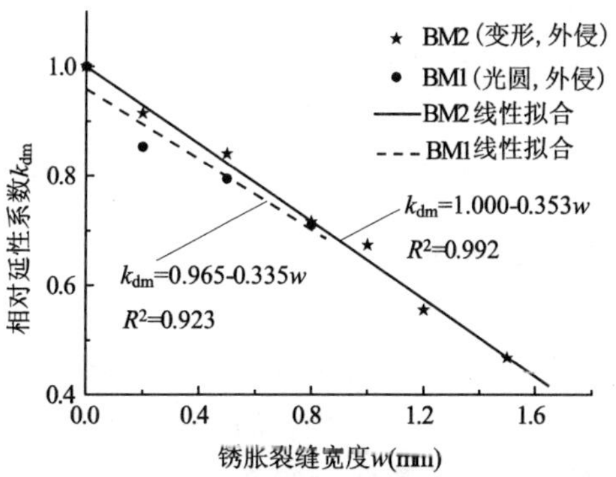

(e)相对延性系数对比

图 5—4　变形钢筋与光圆钢筋锈蚀普通混凝土梁性能参数对比

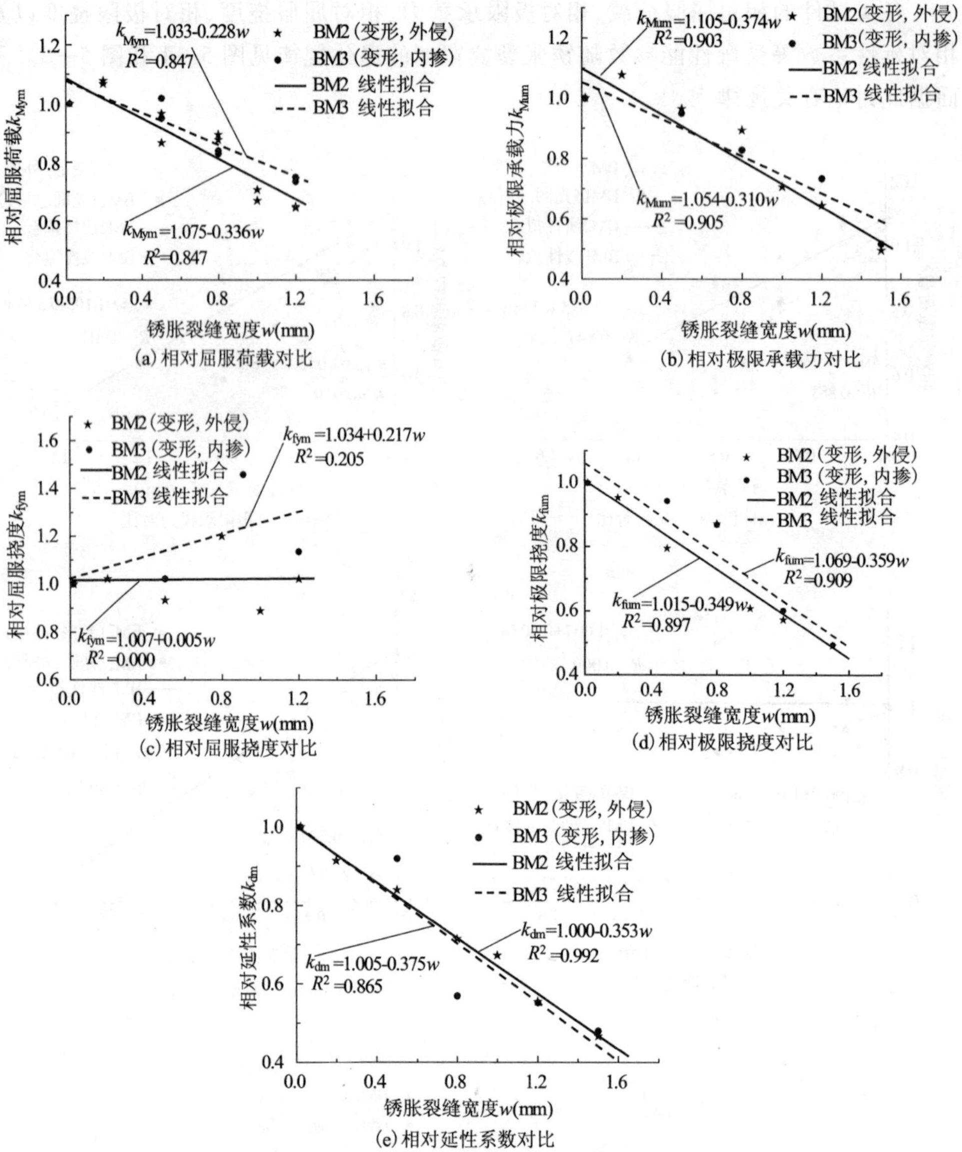

图 5—5　氯离子外侵与内掺锈蚀普通混凝土梁性能参数对比

(1)性能参数的总体退化规律

相对屈服挠度随锈胀裂缝宽度变化的离散性较大,但总体上未显示出明显的随锈胀裂缝宽度增大而退化的趋势。除此之外,其余各参数随锈胀裂缝宽度的增大均显示了较明显的线性退化趋势。究其原因,锈蚀导致黏结性能下降,裂缝数量减少,裂缝宽度增大,但并没有减小梁的整体抗弯刚度,因此不会引起屈服挠度减小。相反,锈蚀引起钢筋抗拉性能退化和黏结性能退化,从而导致相对屈服荷载、相对极限承载力以及相对极限挠度降低。

(2)性能参数的退化速率

各线性拟合公式中锈胀裂缝宽度 w 前的系数大小反映的是该参数随 w 的退化速率大小，下面讨论各有关性能参数(除去屈服挠度及其与之相关的相对延性系数)的退化速率大小问题。

氯离子外侵变形钢筋试件各参数的退化速率为0.336～0.374，非常接近。氯离子外侵光圆钢筋试件各参数的退化速率为0.413～0.570，比较接近。氯离子内掺变形钢筋试件各参数的退化速率为0.228～0.359，比较接近。

(3)氯离子外侵变形钢筋试件与光圆钢筋试件性能参数退化速率对比

前已述及，氯离子外侵变形钢筋试件与光圆钢筋试件性能参数退化速率分别为0.336～0.374和0.413～0.570，后者总体大于前者。具体来看，氯离子外侵变形钢筋试件的相对屈服荷载与相对极限承载力的退化速率分别为0.336和0.374，而氯离子外侵光圆钢筋试件的对应值分别为0.570和0.538，后者远大于前者。这个对比说明，锈蚀对光圆钢筋的影响明显大于对变形钢筋的影响，究其原因主要是锈蚀引起的光圆钢筋黏结性能退化程度大于变形钢筋所致。

(4)氯离子外侵与内掺变形钢筋试件性能参数退化速率对比

从图5—5可以看出，对同一个性能参数退化速率而言，氯离子外侵与内掺的差别不大，这再一次证明了氯离子内掺这种简便试验方法的可行性。

5.2 锈蚀预应力混凝土梁受弯性能退化规律

梁是预应力混凝土结构中最基本也是使用最广泛的构件，预应力技术的优势也典型的体现在对其受弯性能(主要是抗弯承载力及刚度)的改善上。

从本书第2、3章的研究结果来看，预应力钢筋(简称力筋)具有严重的坑蚀特征，尤其预应力钢绞线中1根钢丝的破断即决定了整根钢绞线的断裂失效，因而在锈蚀率不大的情况下，力筋的受拉性能即可受到严重削弱。因此，预应力混凝土受弯构件其受弯性能退化应当比普通钢筋混凝土构件更加严重；同时，结合本书第4章的研究结果可以预计，力筋锈蚀后预应力混凝土受弯构件的受弯性能退化将主要体现在力筋抗拉性能退化的基础上，这与普通钢筋混凝土构件不尽相同。

然而，目前国内外对锈蚀预应力混凝土构件的力学性能退化问题研究还较少。文献[120]通过弹性静载试验对某铁路大桥预应力钢丝锈断后的梁体进行了实桥试验，观察了钢丝断裂处混凝土应变的变化，同时对受锈蚀预应力混凝土桥梁进行了有限元分析，但由于只是弹性静载试验，因而没有得到梁体的全程受力性能特征；文献[121]采用通电锈蚀试验研究了预应力钢丝蚀坑深度的分布模型，在此基础上，采用断裂力学方法计算了预应力钢丝及钢绞线断裂时间的概率模型，并结合有限元方法分析了某锈蚀预应力混凝土桥梁结构的时空可靠性问题，但通电锈蚀特征与实际锈蚀特征有较大差距，且文中还将实际的三维蚀坑按平面裂纹模型处理，其分析结果与实际情况也有较大出入。因此,有必要对力筋锈蚀后预应力混凝土构件(尤其最为广泛使用的受弯构件)的力学性能退化问题进行系统而深入地研究。

作者对最基本的有黏结钢绞线预应力混凝土梁(包括先张梁和后张梁)在力筋锈蚀后的受弯性能进行了试验研究,探讨了力筋锈蚀对预应力混凝土梁的受弯破坏特征、承载力、刚度以及延性的影响,下面对其有关研究结果进行介绍[122]。

5.2.1 试验方案简介

试验共制作了5根先张预应力混凝土梁(梁长2600 mm)试件和5根钢管抽芯成孔后张预应力混凝土梁(梁长2000 mm)试件,二者中各有1根为无锈蚀梁,其余均为掺盐加速锈蚀梁。两类梁的编号分别为PRB0 ~ PRB4和POB0 ~ POB4,其中PRB0和POB0分别代表无锈蚀先张梁和无锈蚀后张梁,PRB1 ~ PRB4和POB1 ~ POB4分别代表锈蚀先张梁和锈蚀后张梁。两类梁的试件设计如图5—6所示。

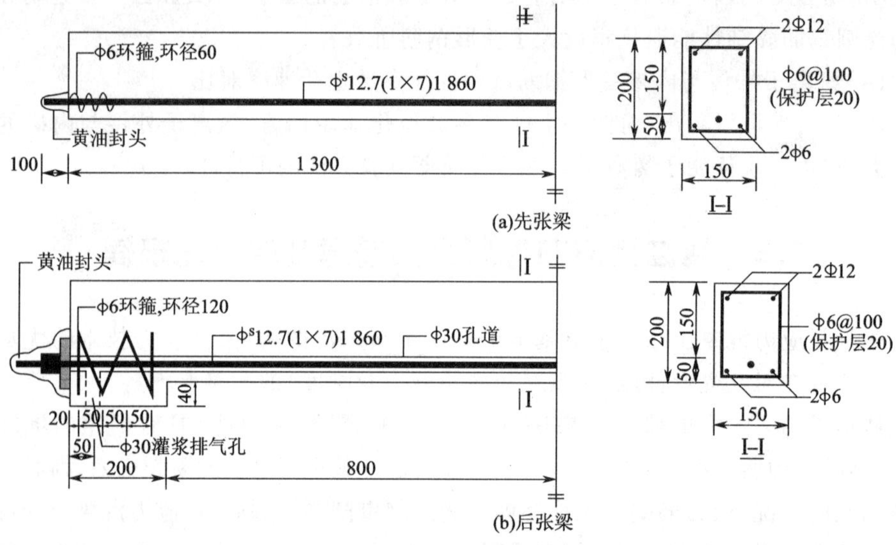

图5—6 锈蚀预应力混凝土梁受弯性能试验试件设计(单位:mm)

先张梁在特制的型钢模板上张拉和浇筑,后张梁直接在混凝土试件上张拉。两类梁的张拉控制应力均为 $\sigma_{con} = 0.75 f_{ptk} = 0.75 \times 1860 = 1395$ MPa,按《混凝土结构设计规范》(GB 50010—2002)中方法计算的先张梁和后张梁内钢绞线的有效预应力 $\sigma_{pe\text{II}}$ 在加载时分别为1 158 MPa和1 185 MPa。

所有试件混凝土强度等级按C30设计,质量配比为:水∶水泥∶砂子∶石子 = 0.44∶1∶1.35∶2.36,掺盐加速锈蚀试件掺加水泥质量8%的盐;后张梁灌浆用素水泥浆的质量配比为:水∶水泥 = 0.40∶1,另外掺加0.25%的FDN减水剂,其中掺盐加速锈蚀试件还掺加水泥质量3%的盐。

对试验所用材料的有关强度进行了测试,测试结果见表5—3。

两类试件制作好以后均分别置于室内环境、室外环境以及室外 10% 盐水半泡环境中进行锈蚀，以此模拟由弱到强变化的环境加速锈蚀强度；所有环境下的锈蚀均进行了 13 个月。锈蚀完成后观察量测了两类锈蚀试件的锈胀裂缝分布及最大宽度，结果发现：所有锈蚀梁均出现了明显的锈胀裂缝，但锈胀裂缝均来自非预应力钢筋（包括受压纵筋和箍筋），见表 5—4。加载结束后破形取出锈蚀钢绞线，通过除锈称重并同锈蚀前的重量对照得到其锈蚀失重率（表 5—4）；同时，还观察了钢绞线的锈蚀形态，发现其具有典型的坑蚀形态，如图 5—7 所示。

表 5—3　预应力混凝土梁中材料的有关强度平均值

混凝土立方体抗压强度		普通钢筋抗拉屈服强度		钢绞线极限抗拉强度
先张梁	后张梁	ϕ6 钢筋	ϕ12 钢筋	
33.0 MPa	35.2 MPa	284 MPa	375 MPa	1 913 MPa

表 5—4　锈蚀预应力混凝土梁锈蚀结果

试件类型	试件编号	最大锈胀裂缝宽度（来源）(mm)	钢绞线锈蚀率(%)
先张梁	PRB1	1.0（箍筋）	1.73
	PRB2	0.6（受压纵筋）	2.19
	PRB3	0.5（受压纵筋）	2.24
	PRB4	0.8（受压纵筋）	2.87
后张梁	POB1	0.4（受压纵筋）	0.94
	POB2	0.7（受压纵筋）	1.51
	POB3	0.5（箍筋）	1.98
	POB4	0.3（箍筋）	1.12

图 5—7　锈蚀预应力混凝土梁内钢绞线的典型坑蚀形态

加载试验在电液伺服机上进行，采用三分点加载，加载装置如图 5—8 所示。为获得荷载—位移全曲线，全部加载过程采用位移控制方式，加载制度为：开裂前为 0.25 mm/min，开裂至受压边缘混凝土压碎期间为 0.5 mm/min，其后为 1 mm/min。所有梁加载至出现两批钢丝拉断（简称断丝，由响声判断）或过大挠度时停止试验。

5.2.2　裂缝分布特征

在加载过程中，无锈蚀先张梁 PRB0 的破坏过程与其他梁不同，仅出现一条垂直

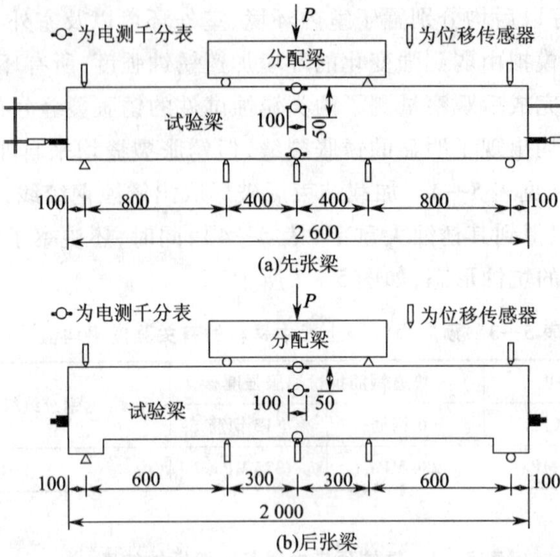

图 5—8　预应力混凝土梁试验加载装置示意图

裂缝并迅速扩展，如图 5—9(a)所示；黏结滑移测试结果表明，该梁一端的钢绞线出现了明显的向内滑移现象，如图 5—10 所示(横坐标 S 为钢绞线端部滑移量，纵坐标 M 为梁跨中弯矩)。除 PRB0 之外，其余所有梁均出现了分布较为均匀的垂直裂缝，几乎没有出现明显的斜裂缝，挠曲后的梁呈平滑曲线形状，如图 5—9(b)～(j)所示。这些梁在加载后期还出现了断丝爆响或混凝土压碎，黏结滑移测试的结果表明，这些梁均没有出现黏结滑移现象。

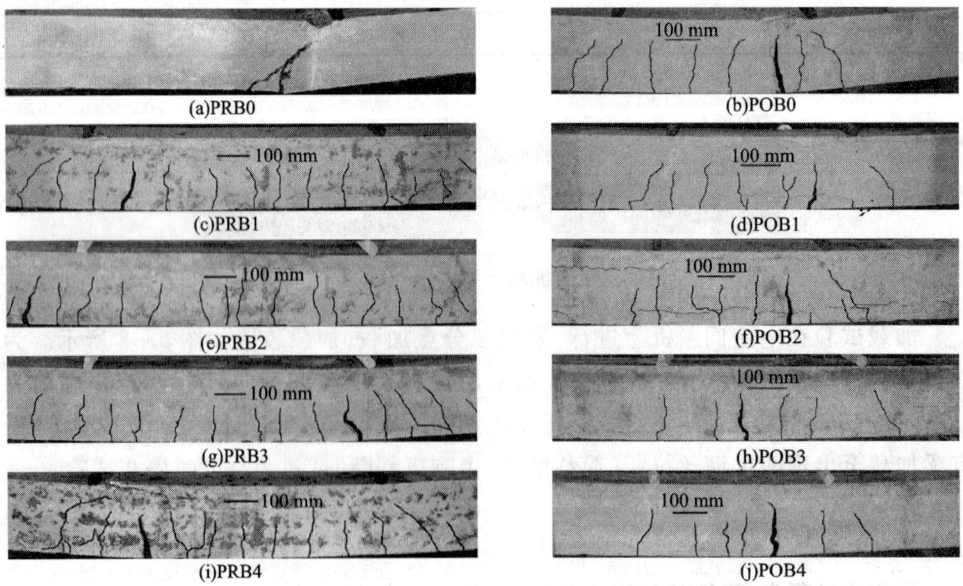

图 5—9　预应力混凝土梁极限荷载时的裂缝分布

表 5—5 为各受弯破坏试件在极限荷载时的最大裂缝宽度和平均裂缝间距，由此可以看出，所有弯曲破坏梁的平均裂缝间距大致在 100 mm 左右，其中后张梁总体上比先张梁略大一些，其原因在于后张梁中素水泥浆的黏结作用比混凝土稍差一些。上述裂缝的形态与分布情况在锈蚀梁与无锈蚀梁(POB0)之间没有明显区别，由此可见，在锈蚀率不大(本试验中小于 2.87%)的情况下，锈蚀基本不会引起钢绞线与混凝土之间黏结性能的退化。

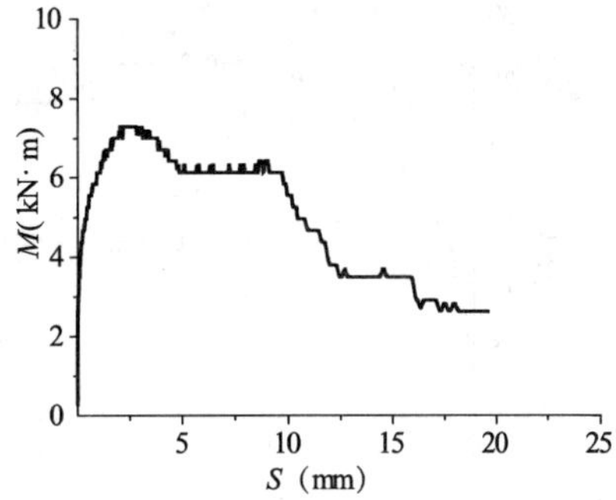

图 5—10　无锈蚀先张梁 PRB0 的黏结滑移曲线

表 5—5　预应力混凝土梁极限荷载时的最大裂缝宽度及平均裂缝间距

试　　件	先张梁				后张梁				
	PRB1	PRB2	PRB3	PRB4	POB0	POB1	POB2	POB3	POB4
最大裂缝宽度(mm)	1.7	1.0	1.6	1.4	2.0	1.4	1.1	0.9	1.2
平均裂缝间距(mm)	105	89	89	80	100	120	100	120	120

5.2.3　弯矩—挠度曲线特征与受弯破坏形态

上述试验现象表明，除无锈蚀先张梁 PRB0 外，其余所有梁(包括所有后张梁和锈蚀先张梁)均发生了正截面受弯破坏。无锈蚀先张梁 PRB0 发生锚固黏结破坏，此现象一方面说明先张梁的锚固长度设计有所不足，另一方面则说明在锈蚀率小于 2.87% 的情况下，锈蚀导致钢绞线与混凝土之间的黏结强度有较大幅度的提高。下面主要讨论正截面受弯破坏问题。

根据本试验梁截面设计，由材料强度标准值计算的正截面等效相对受压区高度 ξ 为 0.226(先张梁)或 0.215(后张梁)，因而所有梁都不可能出现超筋破坏。

图 5—11 为全部 10 根梁弯矩—挠度曲线，图中开裂点 A 是通过开裂观察和对应

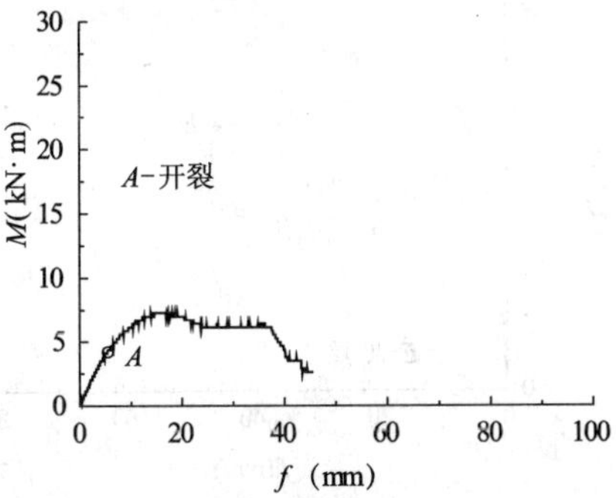

(a) PRB0

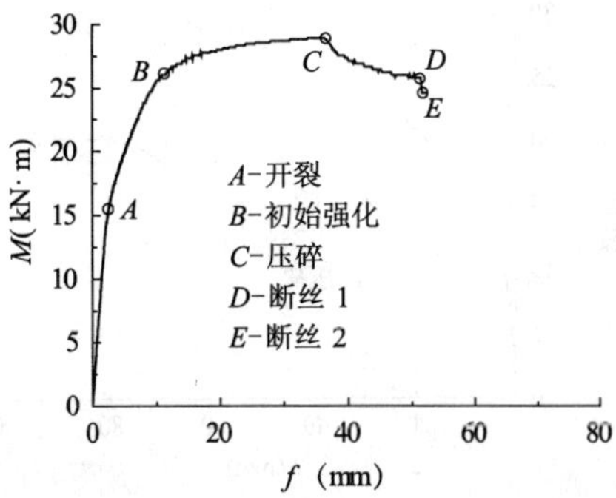

(b) POB0

图　5—11

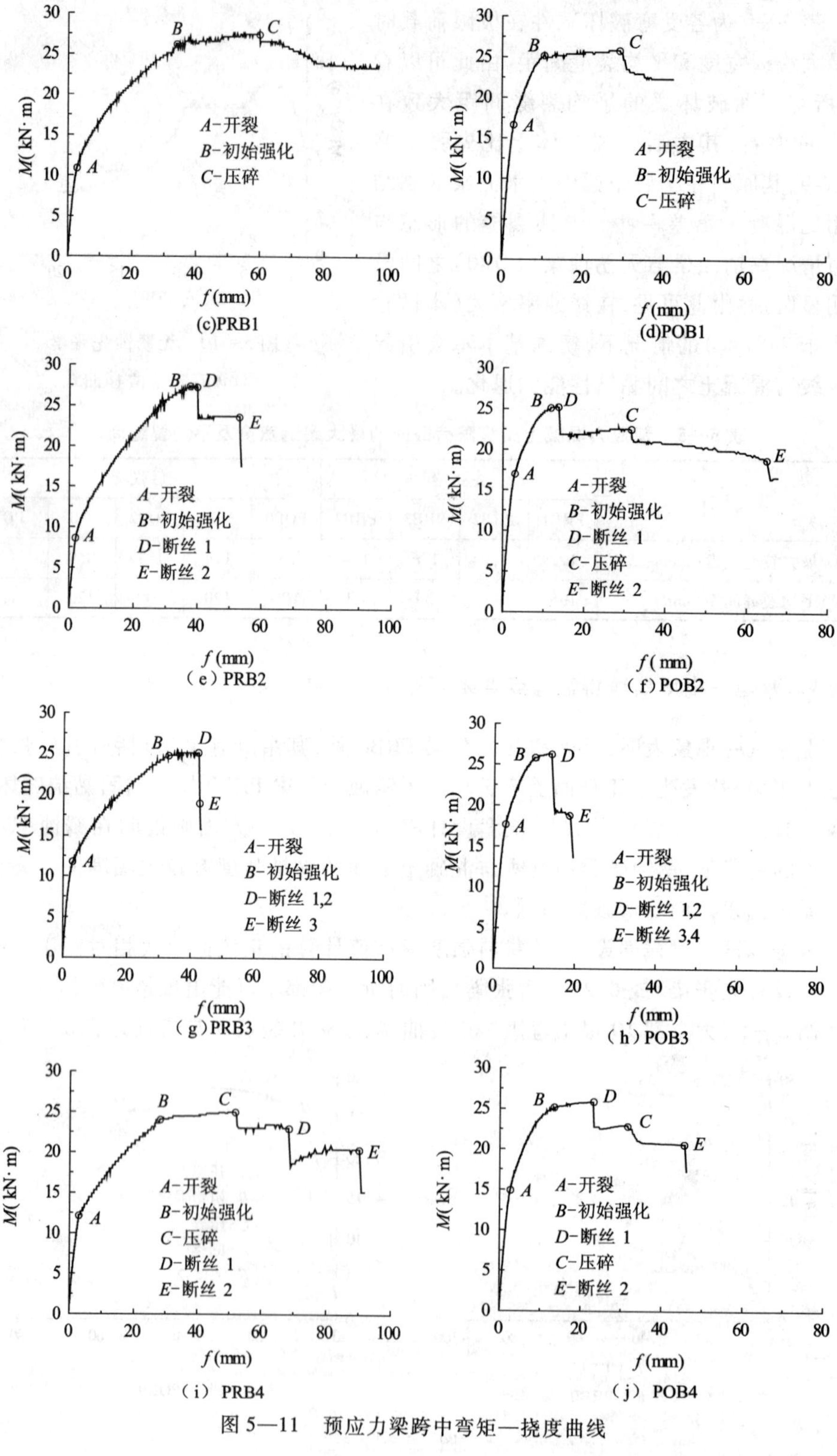

(c)PRB1　(d)POB1　(e)PRB2　(f)POB2　(g)PRB3　(h)POB3　(i)PRB4　(j)POB4

图 5—11　预应力梁跨中弯矩—挠度曲线

的数据记录获得；初始强化点 B 是从数据采集记录中荷载上升阶段计数连续重复最多的值计算得到；压碎点 C 是根据荷载突降记录获得；断丝点 D、E 是结合断丝爆响记录和荷载突降记录获得。

从弯矩—挠度曲线（图 5—11）可知，所有发生正截面受弯破坏的梁都不同程度出现了力筋强化现象（包括锈蚀梁和无锈蚀梁）。力筋强化以后的破坏过程有三种：

（1）出现混凝土压碎，然后加载至 2 根（批）断丝而停止试验（PRB4 和 POB0），或直到挠度很大时仍未出现断丝而停止试验（PRB1 和 POB1）。

（2）出现 2 根（批）断丝而停止试验，未出现混凝土压碎（PRB2、PRB3、POB3）。

（3）出现 1 根（批）断丝，然后出现混凝土压碎，最后再出现 1 根（批）断丝而停止试验（POB2、POB4）。

上述第（1）种破坏方式是典型的适筋破坏。第（2）、（3）种破坏方式比较特殊，从首先发生断丝的角度来说类似于少筋破坏，但其破坏过程又明显不同于典型的少筋破坏，因为典型少筋破坏的极限荷载几乎等于开裂荷载，而本试验中断丝破坏时的荷载远大于开裂荷载。从断丝前已经发生了力筋强化的角度来说又类似于适筋破坏，但混凝土压碎前的断丝实际上又缩短了力筋强化过程，因而可将其视为钢绞线预应力混凝土结构一种新的破坏方式，称其为“断丝破坏”。

从试验结果来看，所有断丝破坏梁均首先出现了力筋强化，但这并不代表任何情况下的断丝破坏都是如此。可以预见，当钢绞线锈蚀比较严重时，断丝必将出现在力筋初始强化之前。

对于设计为适筋的预应力混凝土梁来说，预应力钢绞线锈蚀以后可以发生两种破坏方式，一种是传统的适筋破坏（力筋强化→混凝土压碎），这种破坏因锈蚀尚未影响到力筋的强化和混凝土的压碎过程，因而几乎不会导致梁极限承载力和变形能力的降低；另一种是断丝破坏（压碎前锈蚀钢绞线钢丝率先被拉断），这种破坏会导致梁的极限承载力和变形能力发生不同程度的降低，降低程度与锈蚀程度有关。总体而言，随着预应力钢绞线锈蚀率的增大，预应力梁的破坏方式从适筋破坏向断丝破坏转化。

5.2.4 受弯性能参数退化特征

根据试验记录及曲线特征得到了各受弯破坏梁的受弯性能特征参数，结果见表 5—6，下面就有关参数退化特征予以分析。

（1）开裂弯矩

开裂弯矩主要取决于混凝土的有效预应力及抗拉强度。从试验结果可以看出，先张梁的开裂弯矩总体低于后张梁的开裂弯矩，这主要是因为先张梁两端的锚固区段占整个梁跨的比例较大，该区段内的有效预应力水平比较低，因而开裂首先在该区段内出现，从而导致梁的提前开裂。试验结果没有显示出锈蚀对开裂弯矩的影响。

表 5—6　预应力混凝土梁受弯破坏方式与力学性能特征参数

试件		破坏方式	开裂弯矩 M_{cr} (kN·m)	初始强化弯矩 M_y (kN·m)	极限弯矩 M_u (kN·m)	初始强化挠度 f_{dy}(mm)	极限挠度 f_{du} (mm)	降至 0.8 M_u 时挠度 f_{dr}(mm)	f_{du}/f_{dy}	f_{dr}/f_{du}
先张梁	PRB1	适筋	10.8	26.3	27.7	33.7	59.8	>96.5	1.77	>1.61
	PRB2	断丝	8.8	27.5	27.5	37.3	39.9	53.1	1.07	1.33
	PRB3	断丝	12.3	24.8	25.1	32.5	42.4	42.4	1.00	1.00
	PRB4	适筋	12.3	23.7	25.0	26.4	51.6	68.3	1.95	1.32
后张梁	POB0	适筋	16.0	26.7	28.9	12.4	36.4	>52.4	2.94	>1.44
	POB1	适筋	17.7	25.2	25.8	10.1	28.9	>42.0	2.86	>1.45
	POB2	断丝	17.1	25.2	25.3	11.6	13.1	48.7	1.13	3.72
	POB3	断丝	17.7	25.8	26.3	9.8	14.1	14.1	1.44	1.00
	POB4	断丝	14.9	24.3	25.8	10.5	23.0	43.0	2.19	1.87

(2)初始强化弯矩

初始强化弯矩主要取决于钢绞线的整体初始强化应力,而对于坑蚀钢绞线,若在断丝前整体尚能强化,则蚀坑对整体初始强化应力影响较小。因此,试验中所有发生正截面受弯破坏的先张梁和后张梁其初始强化弯矩比较接近。

(3)极限弯矩

由于本试验中所有的断丝破坏均发生在力筋强化之后,因而这些梁的极限弯矩与适筋破坏梁的极限弯矩相差并不明显。从试验结果(表 5—6)来看,所有正截面受弯破坏的先张梁和后张梁中,极限弯矩的最大差距约为 13%(PRB4 与 POB0)。因此,只要锈蚀不影响力筋强化,则对极限弯矩的影响也不大。

(4)初始强化挠度

从试验结果(表 5—6)来看,两类梁各自的初始强化挠度基本相近,锈蚀对其几乎没有影响。

(5)极限挠度

极限挠度f_{du}代表了梁的绝对极限变形能力。对于适筋破坏的梁,锈蚀并未影响预应力钢筋强化到受压边缘混凝土压碎的完整过程,其极限挠度不会降低;对于断丝破坏的梁,锈蚀导致受压边缘混凝土尚未压碎前钢丝已被拉断而到达极限状态,其极限挠度必定会降低。

从试验结果(表 5—6)来看,先张梁中,断丝破坏的锈蚀梁 PRB2 和 PRB3 其极限挠度明显低于适筋破坏的锈蚀梁 PRB1 和 PRB4(平均低出 26%);后张梁中,断丝破坏的锈蚀梁 POB2、POB3 和 PRB4 其极限挠度也明显低于适筋破坏的锈蚀梁 POB1(平均低出 42%)。适筋破坏的锈蚀梁 POB1 其极限挠度也低于适筋破坏的无锈蚀梁 PRB0(低出 21%),这是由于试验离散所致。

(6)延性系数

延性系数(f_{du}/f_{dy})代表了梁的相对极限变形能力,它与破坏形态关系密切。先张梁中,适筋破坏梁的延性系数在1.77~1.95之间,而断丝破坏梁的延性系数则在1.00~1.07之间,前者明显大于后者;后张梁中,适筋破坏梁的延性系数在2.86~2.94之间,而断丝破坏梁的延性系数则在1.13~2.19之间,前者也明显大于后者。根据结果可知,断丝破坏使变形极限提早发生。

此外,本试验中先张梁的延性系数普遍小于后张梁,这是由于先张梁的总体有效预应力水平低于后张梁而导致其初始强化挠度发展过大所造成。

(7)残余挠度与残余变形系数

为反映梁在极端条件下的抗垮塌能力,定义两个反映这种能力的参数,即残余挠度(绝对量)和残余变形系数(相对量),前者定义为荷载降至80%极限荷载时的挠度,后者则定义为残余挠度与极限挠度的比值(f_{dr}/f_{du})。

从试验结果(表5—6)来看,PRB3和POB3几乎没有发展残余挠度,其残余变形系数均为1.00。从图5—11(g)、(h)的弯矩—挠度曲线可以看出,PRB3和POB3的第1批断丝就断掉2根,从而引起承载能力骤然降低,此过程中挠度是无法增大的。

除上述两根梁之外,其余正截面破坏梁都有较为可观的残余变形系数,其值从1.32到3.72不等。这说明不管是适筋破坏还是断丝破坏,在超过极限荷载以后都还具有一定的继续承载能力,这里称作极限后承载力。

5.2.5 极限后承载机理

传统正截面破坏理论认为,混凝土压碎是正截面破坏的标志。从本试验可知,试件混凝土压碎后产生荷载突降,显示出一定的脆性特性,但并未显示出崩溃性破坏,其后还可在残余变形过程中维持较高的荷载水平而继续承载。

PRB1、PRB4、POB0、POB1、POB2和POB4梁的加载过程中出现了混凝土压碎现象,从其跨中截面应变量测结果(表5—7)发现,在受压边缘混凝土压碎以前,离上边缘50 mm处的测点由于处于中和轴附近而其应变值始终较小,当受压边缘混凝土压碎以后,该测点的应变有了较大幅度的增加。这说明,当受压边缘混凝土压碎而退出工作以后,其下的混凝土又作为新的受压边缘而参加工作,只是受压区截面高度逐渐变小;随着加载的进行,压碎处的截面高度不断减小,因而承载能力和刚度也在不断降低,但变形的增加却导致钢绞线的应力继续增大,直到钢绞线破断为止(图5—12)。

表5—7 压碎预应力梁跨中截面距离梁顶50 mm测点处的应变 ε 随挠度 f 的发展

PRB1		PRB4		POB0		POB1		POB2		POB4		备注
f(mm)	ε	f(mm)	ε	f(mm)	ε	f(mm)	ε	f(mm)	ε	f(mm)	ε	
20.3	0.000 3	20.1	0.000 3	10.0	0.000 2	10.1	0.000 3	10.1	0.000 4	10.0	0.000 5	压碎前
59.8	0.000 7	51.6	0.000 5	36.6	0.000 7	28.9	0.000 4	31.0	0.000 6	31.4	0.000 7	压碎时
80.2	0.002 0	60.1	0.001 2	40.1	0.001 5	40.2	0.001 2	40.2	0.001 7	40.0	0.001 8	压碎后

对于断丝破坏试件,断掉1根钢丝大约可使1根7股钢绞线的受拉能力降低1/7(14.3%),不会使梁的受弯能力降低超过1/7(受拉钢筋除了钢绞线之外还有非预应力钢筋);如果实际结构中配有多根钢绞线,且预应力度不太高时,断掉1根钢丝所引起的受弯能力会降低更少,则断丝后仍能保持较高承载力水平。

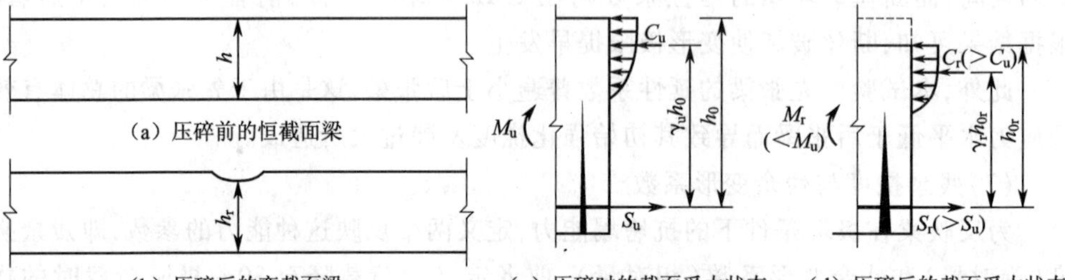

(a) 压碎前的恒截面梁

(b) 压碎后的变截面梁

(c) 压碎时的截面受力状态

(d) 压碎后的截面受力状态

图5—12 混凝土梁的压碎后承载机理

5.3 锈蚀普通混凝土梁受剪性能退化规律

受弯破坏和受剪破坏是钢筋混凝土梁失效的两种主要方式,但受剪破坏往往比受弯破坏的延性更差、后果更严重。在钢筋混凝土梁的抗剪机制中,箍筋发挥着重要作用,这主要体现在两个方面,一是箍筋通过在受剪斜裂缝处的受拉行为直接抵抗部分剪力,二是箍筋通过约束受剪斜裂缝的开展和剪压区混凝土的横向变形增大剪压区高度、提高剪压区抗剪强度、进而帮助混凝土间接抵抗部分剪力。

在锈蚀环境下,由于梁构件中箍筋位于纵筋外侧,其保护层厚度总比纵筋小,因此,箍筋往往首先锈蚀,且锈蚀程度往往比纵筋严重,再加上箍筋直径较小,因而锈蚀对箍筋造成的影响也比纵筋更为显著,从而对梁的抗剪性能造成严重不利影响。

近年来关于锈蚀混凝土构件力学性能退化的研究工作非常丰富,但其中关于锈蚀混凝土梁抗剪性能的研究却相对较少。

文献[182]通过试验研究了不同剪跨比下锈蚀箍筋(通电快速锈蚀,平均锈蚀失重率在10%~30%之间)混凝土梁的受剪性能退化特征,结果认为:箍筋锈蚀造成其对混凝土的约束能力降低,斜裂缝开展加快,斜裂缝两侧的咬合作用削弱,同时,箍筋锈胀开裂对剪压区混凝土造成了损伤,因此箍筋锈蚀降低了混凝土梁的抗剪承载力及延性。文献[125]基于试验研究结果,分析和讨论了锈蚀箍筋混凝土梁的抗剪性能和承载力变化规律,结果认为:在箍筋锈蚀较轻的情况下,混凝土梁的抗剪承载力有所提高,而在箍筋锈蚀率大于10%以后,混凝土梁的抗剪承载力随箍筋锈蚀率的增加而显著降低;由箍筋锈蚀引起的混凝土截面损伤对梁(尤其对小剪跨比梁)抗剪承载力的影响非常显著。文献[124]考虑锈蚀钢筋力学性能及黏结性能的退化以及混凝土保护层厚度的影响,基于"拉、剪临界破坏"的概念和"梁—拱"共同作用的混凝土抗剪抵抗机制,建立了锈蚀无腹筋(主要指箍筋)梁的抗剪承载力公式;考虑梁中纵筋和(或)箍筋锈蚀的影响,基于箍筋与混凝土抗剪作用相互影响的机制,建立了锈蚀有腹筋梁的抗剪强度公式。文献[183]考虑锈蚀程度和荷载历史影响,通过试验研究了锈蚀钢筋混凝土梁的受剪性能退化规律,下面对其有关研究结果进行介绍,并对有关问题作进一步的分析。

5.3.1 试验方案简介

试件设计如图5—13所示。所有试件长度均为1 300 mm;所有试件箍筋均为间距150 mm的HPB235级ϕ6光圆钢筋双肢箍,架立筋为2根HPB235级ϕ10光圆钢筋;另外,为保证正截面抗弯承载力充足,所有试件受拉纵筋均采用3根HRB335级Φ16变形钢筋。所有试件实测混凝土立方体抗压强度平均值都为40.3 MPa,采用徐州淮海水泥厂生产的R32.5普通硅酸盐水泥、天然中砂及普通碎石(粒径5~20 mm)配制而成;为实现氯盐加速侵蚀,所有锈蚀试件在制作时掺入水泥质量5%的NaCl。

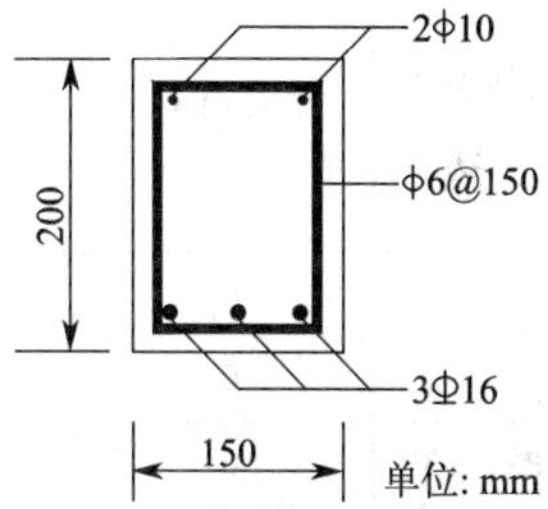

图5—13 锈蚀普通混凝土梁受剪性能试验试件设计[183]

所有锈蚀试件置于徐州地区室内自然环境进行长期锈蚀。锈蚀完成以后,在电液伺服机上进行加载试验,加载时两支座间的跨度为1 100 mm,采用两点对称集中加载,剪跨比均为2.0,即两加载点之间的距离为300 mm,两加载点距各自临近支座间的距离为400 mm;加载过程采用位移控制,加载速度为0.02 mm/min。

试件分组主要考虑锈蚀程度和荷载历史影响。其中锈蚀程度采用较为方便的主筋锈胀裂缝宽度控制,测量时沿梁长度方向每隔100 mm测得一个数据,并以测量值的平均值作为实测锈胀裂缝宽度值;荷载历史主要考虑长期锈蚀过程中是否持续施加荷载,持续施加荷载者采用特制的反力架加载,其加载点及支撑点与前述加载试验的情况相同,两点提供的持续荷载之和为55 kN(约为极限荷载的1/3)。试件分组情况见表5—8。

表5—8 锈蚀普通混凝土梁受剪性能试验试件分组[183]

试件编号	锈蚀中持续荷载(kN)	主筋锈胀裂缝宽度设计值(mm)	主筋锈胀裂缝宽度实测值(mm)
BS0	0	未锈蚀	未锈蚀
BS1—1	0	0.3	0.31
BS1—2	0	0.45	0.46
BS1—3	0	0.6	0.55
BS2—1	55	0.3	0.29
BS2—2	55	0.45	0.44
BS2—3	55	0.6	0.52

注:所有试件加载剪跨比均为2.0。

5.3.2 锈蚀程度对受剪性能的影响

在本试验锈蚀程度范围内,所有6根锈蚀梁及1根未锈蚀梁的破坏形态均为典型的剪压破坏。

随锈蚀程度增大,梁的斜裂缝间距明显增大,在部分剪压区甚至只出现一条主斜裂缝。这说明钢筋(包括箍筋和纵筋)锈胀开裂以后其黏结性能遭到退化,对混凝土的约束能力下降,从而导致裂缝集中发展。

试验梁剪跨段开裂荷载及极限荷载见表5—9,从中可以看出,锈蚀程度对开裂荷载没有明显影响,但对极限荷载有显著影响,随着锈胀开裂程度增大,极限荷载下降。从图5—14可见,锈胀开裂后,随锈胀裂缝宽度增大,极限荷载近似呈线性趋势下降。

表5—9 锈蚀普通混凝土梁受剪开裂荷载及极限荷载[183]

试件编号	锈蚀中持续荷载(kN)	主筋锈胀裂缝宽度(mm)	剪跨段开裂荷载(kN)	剪跨段开裂荷载相对值	极限荷载(kN)	极限荷载相对值
BS0	0	未锈蚀	82	1.000	173	1
BS1—1	0	0.31	82	1.000	167	0.962
BS1—2	0	0.46	75	0.915	156	0.899
BS1—3	0	0.55	85	1.037	152	0.877
BS2—1	55	0.29	90	1.098	173	1
BS2—2	55	0.44	92	1.122	165	0.954
BS2—3	55	0.52	85	1.037	163	0.942

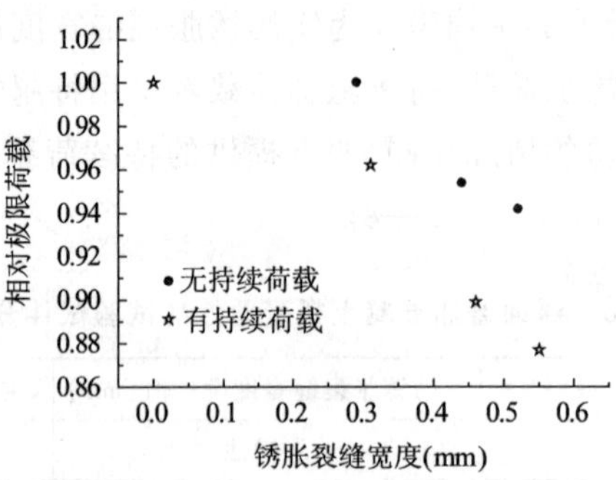

图5—14 锈蚀普通混凝土梁受剪极限荷载退化规律

试验结果还表明,随锈胀裂缝宽度增大,梁的挠曲变形刚度和极限挠度都呈现明显的下降趋势,这主要是由锈胀裂缝引起的梁截面损失所造成。

5.3.3 荷载历史对受剪性能的影响

迄今为止,大部分混凝土构件基于钢筋锈蚀的耐久性损伤试验研究都是首先在无应力状态下进行不同程度的加速锈蚀，达到一定锈蚀程度后再进行一次短期加载试验，并与无锈蚀试件的试验结果进行比较，从而获得锈蚀构件的力学性能退化规律及模型。然而，众所周知，实际工程构件的锈蚀是在使用荷载作用下长期进行的，也就是说，在锈蚀效应（例如锈胀、钢筋截面损失等）显现之前，长期的使用荷载效应已经存在。在长期使用荷载效应中，有些具有可逆性，卸载后能够恢复到原状，例如截面内力，而许多不具有可逆性，卸载后仍然存在于构件中，例如荷载裂缝、混凝土收缩及徐变引起的残余挠度等。这些不可逆的长期使用荷载效应不仅会对钢筋的锈蚀过程产生影响，还会对锈蚀后构件的二次加载反应产生影响。因此，在混凝土构件耐久性损伤试验研究中合理考虑长期使用荷载效应（亦即荷载历史）具有重要的实际意义。

本试验关于锈蚀梁的受剪性能研究中就可考虑了荷载历史的影响。

从试验结果可知，与未持续加载的锈蚀混凝土梁相比，持续加载梁的二次短期加载裂缝间距及裂缝宽度总体偏小，但与无锈蚀对比梁相比则总体略微偏大。显然，这主要是由于持续加载梁在钢筋锈蚀前已经出现了部分荷载裂缝，二次加载时这些裂缝继续扩展，同时又出现一些新的裂缝，这种两次开裂所产生的裂缝比未持续加载梁锈蚀后一次短期加载所产生的裂缝数量要多、宽度要小；但由于持续加载时的荷载水平不高（约为 30% 极限荷载），所以该过程中裂缝并未完全出齐，再加上二次加载时黏结性能的降低，因而总的裂缝间距与宽度要比无锈蚀对比梁略大。

试验结果还表明，持续加载梁的极限荷载总体上要大于同锈胀程度的未持续加载梁（图 5—14），究其原因，持续加载与锈胀同步作用过程中，受拉区混凝土处于双向受拉状态，而无持续荷载仅有锈胀作用的条件下，受拉区混凝土处于单向受拉状态，因此，前者比后者更容易产生并发展锈胀裂缝。于是，在相同锈胀裂缝宽度条件下，持续加载梁的钢筋锈蚀率低于未持续加载梁，其极限承载力也就大于未持续加载梁。

5.4 锈蚀普通混凝土柱压弯性能退化规律

柱作为竖向结构构件广泛应用于房屋、桥梁等土木工程结构中。房屋结构中的底层柱与土壤直接接触，潮湿的土壤环境往往容易使其钢筋发生锈蚀。桥梁结构中的柱有些与土壤直接接触，有些与河水直接接触，有些还与海水直接接触，潮湿甚至干湿循环的环境更容易使其钢筋发生锈蚀，因此，相对而言，柱往往处于比梁、板等构件更为恶劣的锈蚀环境。另一方面，柱还承担着比梁、板等构件更大范围的荷载。基于上述原因，钢筋锈蚀给柱带来的不利影响要比梁、板等构件更为显著，研究锈蚀混凝土柱的受力性能退化问题具有十分重要的意义。

文献[184]进行 9 根氯盐锈蚀（掺盐、露天自然环境下锈蚀 3 年）混凝土柱的轴心、小偏心和大偏心受压承载力试验研究，结果认为钢筋锈蚀对混凝土柱承载力的影响主要体现在混凝土截面损伤、钢筋截面损失以及黏结性能退化等方面，构件承载能力随锈蚀程度的不同而有不同程度的降低；该文献还给出了锈蚀混凝土受压构件承载力的计算方法。文献[185]进行18根通电加速锈蚀混凝土柱的小偏心和大偏心受压承载力试验研究，结果认为：锈蚀后钢筋的截面损失、强度降低、黏结力退化以及混凝土截面损伤是影响柱承载力的主要因素。随钢筋截面损失率的不同，构件的承载力和延性均有相应的降低。钢筋锈蚀还导致构件的刚度降低，脆性增大。文献[186]以钢筋锈蚀率和轴压比为变量，对锈蚀混凝土压弯构件进行了数值分析，结果表明，钢筋锈蚀率和轴压比同时影响着锈损构件的性能劣化。构件的承载能力和变形能力均随锈蚀率的增加而降低。黏结力退化加剧了构件性能劣化，且小轴压比构件对黏结力退化更为敏感。就锈蚀率而言，构件性能劣化较黏结性能退化有一定的滞后。性能降低幅度也与轴压比有关，小轴压比构件的退化幅度相对较大。对于高轴压比构件，变形能力退化较少，而承载力退化幅度大于变形退化幅度。文献[127]通过试验研究了通电加速低锈蚀率钢筋对偏心受压构件承载力的影响，结果表明，偏心距较小时，锈蚀柱截面应变仍符合平截面假定。锈蚀柱的承载力及刚度都比完好柱有明显降低。在锈蚀率较小的情况下，箍筋锈蚀引起钢筋截面损伤及混凝土保护层开裂是偏心受压柱承载力及刚度降低的最主要因素。文献[187]以锈蚀纵筋名义本构关系为基础，结合混凝土截面锈损模型和钢筋与混凝土的黏结强度退化模型，提出了适用于不同纵筋锈蚀率和箍筋锈蚀情况的轴心受压、小偏心受压以及大偏心受压混凝土柱的正截面承载力计算方法。文献[128]基于锈蚀钢筋与混凝土的黏结退化模型，分析了钢筋锈蚀对钢筋混凝土柱承载力计算模式和破坏模式的影响，建立了锈蚀钢筋混凝土柱抗压承载力的计算模型。文献[129]根据受压区纵向钢筋锈蚀导致混凝土胀裂的过程，将小偏心受压构件承载力退化分为混凝土未开裂阶段、开裂阶段和保护层剥落三个阶段；通过分析受压区混凝土锈胀开裂前的双向应力状态，开裂后的剪、拉应力状态以及保护层剥落后的失效对小偏心受压柱承载力的影响，建立了相应阶段的构件承载力评估模型；模型计算结果表明，混凝土锈胀开裂前小偏心受压柱的承载力退化可以忽略不计。文献[162]通过氯盐浸泡和人工气候环境加速锈蚀方法获得了一批锈蚀混凝土偏心受压试件，借此研究了锈蚀混凝土偏心受压构件压弯性能退化规律，下面对其有关研究结果予以介绍和分析。

5.4.1 试验方案简介

试件设计如图5—15所示。所有试件混凝土强度等级都按C25设计，采用徐州淮海水泥厂生产的R32.5普通硅酸盐水泥、天然中砂（细度模数为2.7）及普通碎石（粒径5～20 mm）；截面两侧各配有2根HRB335级Φ12变形钢筋（对称配筋），保护层厚度为15 mm；箍筋为HPB235级φ6光圆钢筋，间距为120 mm（中部）及50 mm（端部扩大区）。

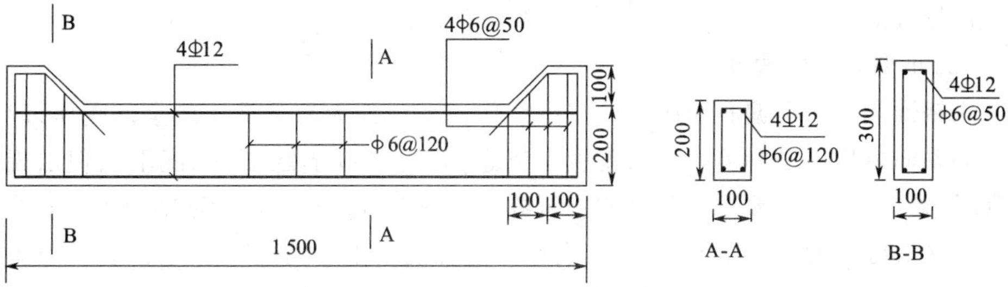

图 5—15　锈蚀普通混凝土柱压弯性能试验试件设计[162]（单位:mm）

浇筑好的试件首先用浓度为 5% 的氯化钠溶液浸泡 2 周,然后将其置于人工气候室内进行干湿循环以加速锈蚀,室内温度保持在 40℃,达到预定锈胀裂缝宽度后移出进行加载试验。

加载试验在电液伺服机上进行,采用两端对称集中加载、位移控制,加载速度为 0.02 mm/min;大、小偏心受压试件的设计初始偏心距 e_0 分别为 100 mm（$e_0/h_0=0.56$）和 40 mm（$e_0/h_0=0.22$）。

试件分组与编号情况见表 5—10。

表 5—10　锈蚀普通混凝土柱压弯性能试验试件分组与编号[162]

试件分组	大偏心受压						小偏心受压					
试件编号	C1—0	C1—1	C1—2	C1—3	C1—4	C1—5	C2—0	C2—1	C2—2	C2—3	C2—4	C2—5
锈胀裂缝宽度(mm)	0	0.3	0.5	0.8	1.0	1.2	0	0.3	0.5	0.8	1.0	1.2
数　量	2	2	2	2	2	2	2	2	2	2	2	2

5.4.2　压弯破坏特征

偏心受压构件的正截面破坏特征与轴向压力的相对偏心距、纵向钢筋数量、钢筋强度和混凝土强度等因素有关。由于本试验试件的材料和尺寸相同,因而这里只考虑偏心距和锈蚀率对破坏特征的影响。

(1)大偏心受压构件

未锈蚀混凝土大偏心受压构件在荷载作用下首先会在受拉区产生横向裂缝;随着荷载的增加,主裂缝(往往有 1 ~ 2 条)逐渐显现;临近破坏荷载时,受拉钢筋首先屈服,受拉区横向裂缝迅速开展并向受压区延伸,从而导致混凝土受压区面积迅速减小,混凝土压应力迅速增大,并在受压区边缘附近出现纵向裂缝;当受压边缘混凝土达到极限压应变时,混凝土被压碎,构件即告破坏。这种破坏过程具有明显的预兆,属于延性破坏。

锈蚀后,大偏心受压构件仍然保持与未锈蚀构件类似的破坏过程与特征,有所不同的是,随着锈蚀程度增加,锈蚀构件屈服前受拉区横向裂缝的数目少于未锈蚀构件,裂缝发展深度也明显小于未锈蚀构件,很显然,这是由钢筋与混凝土的黏结性能退化所导致的。

(2)小偏心受压构件

未锈蚀混凝土小偏心受压构件在荷载作用下截面大部分受压或全部受压,因此在远离轴向力作用一侧可能会出现横向裂缝(截面大部分受压的情况下),但出现得较晚,开展也不大,一般没有明显的主裂缝;临近破坏荷载时,在靠近轴向力一侧混凝土受压区边缘附近出现纵向裂缝;当受压区边缘混凝土达到极限压应变时,混凝土被压碎,构件即告破坏,此时,靠近轴向力一侧的受压钢筋达到了其抗压屈服强度,而另一侧钢筋不论受压还是受拉,但肯定不能受拉屈服。这种破坏过程无明显预兆,属于脆性破坏。

锈蚀后,小偏心受压构件仍然保持与未锈蚀构件类似的破坏过程与特征,有所不同的是,随着锈蚀程度增加,靠近轴向力一侧的混凝土更早的出现起皮剥落现象,锈蚀程度较大的构件甚至未出现受拉区裂缝而受压区保护层沿原有锈胀裂缝大片脱落,构件的破坏越来越呈现明显的脆性特征。显然,小偏心受压构件中,混凝土锈胀开裂对其破坏特征具有显著影响。

5.4.3 轴力—变形曲线特征

偏心受压构件有轴力和弯矩共同作用,因此其变形也包括轴向压缩变形和侧向弯曲变形,下面分别讨论这两种变形随荷载增大而变化的特征。

5.4.3.1 轴力—挠度曲线

图5—16为偏心受压试件不同锈胀裂缝宽度下的轴向压力—跨中侧向挠度曲线(简称轴力—挠度曲线),下面对曲线特征进行分析。

(1)曲线总体特征

不管是大偏心受压构件还是小偏心受压构件,其轴力—挠度曲线总体上由上升段和下降段两段组成。上升段表现为刚度逐渐退化,说明随荷载增大,构件出现了一定的塑性变形;下降段的下降速率总体较小,说明偏心受压构件在卸载过程中的弯曲变形软化问题不十分突出,极限后的承载性能较好。

(2)锈蚀程度对曲线特征的影响

随锈蚀程度的增大,曲线上升段平均斜率减小,顶点位置降低,这表明柱的压弯刚度和极限承载力随锈蚀程度的增大而逐渐降低。

相比之下,锈蚀率较小时两类构件曲线下降段的下降速率大于锈蚀率较大时的情况,其中大偏心受压构件显得尤为明显。究其原因,锈蚀程度较小时,截面损伤程度较轻,极限荷载前后截面状况差别很大,因而承载能力迅速下降,反之,锈蚀程度较大时,加载前截面损伤程度已经较重,加载时纵向弯曲的影响增大,侧向挠度发展较快,极限荷载前后截面状况差别相对较小,因而承载能力下降相对缓慢。这说明锈蚀严重的偏心受压构件极限后的承载性能较好,但不能忘记,此时构件的极限承载力已退化十分严重,因而没有余地发挥其较好的极限后承载性能。

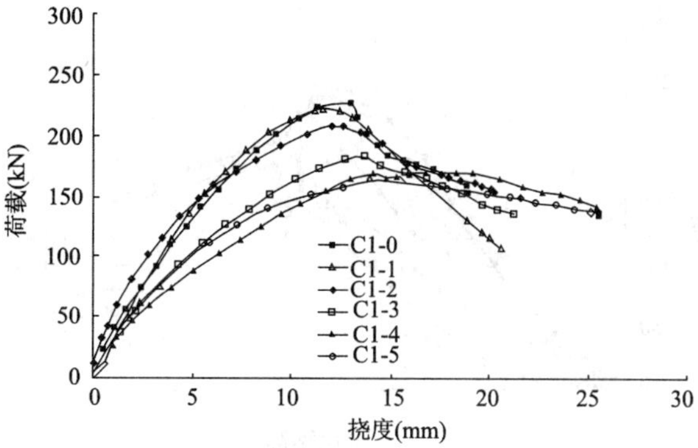

(a) 大偏心受压试件

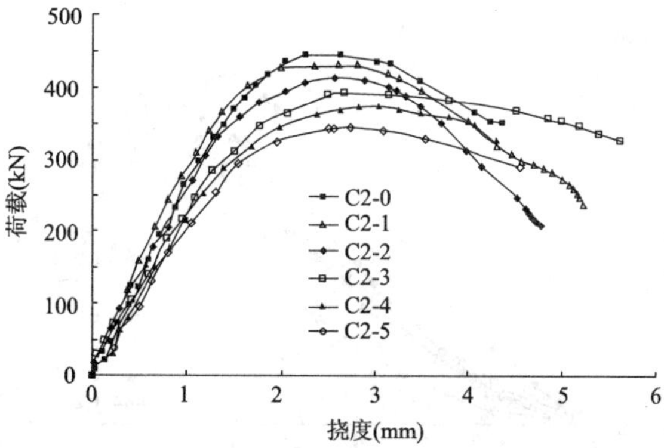

(b) 小偏心受压试件

图 5—16 锈蚀普通混凝土柱轴力—挠度曲线[162]

5.4.3.2 轴力—压缩曲线

图 5—17 为偏心受压试件不同锈胀裂缝宽度下的轴向压力—纵向压缩变形曲线(简称轴力—压缩曲线),下面对曲线特征进行分析。

(1)曲线总体特征

轴力—压缩曲线总体上也由上升段和下降段两段组成,上升段表现为刚度逐渐退化;下降段的下降速率总体较大,说明偏心受压构件在卸载过程中的压缩变形软化问题比较突出,结合轴力—挠度曲线下降段下降速率较小的特征可知,卸载过程中,构件主要发展纵向弯曲变形,而轴向变形发展很小。

(2)锈蚀程度对曲线特征的影响

随锈蚀程度增大,轴力—压缩曲线呈现逐渐"被压扁"的趋势,顶点向下、向右移动,表明锈蚀压弯构件的轴向变形刚度随锈蚀程度的增大而减小。究其原因主要有两个方面:一是锈胀开裂导致截面发生损伤,截面抗压刚度减小;二是锈蚀钢筋的黏结性能退化导致钢筋对混凝土的纵向约束和横向约束能力下降,截面抗压刚度减小。

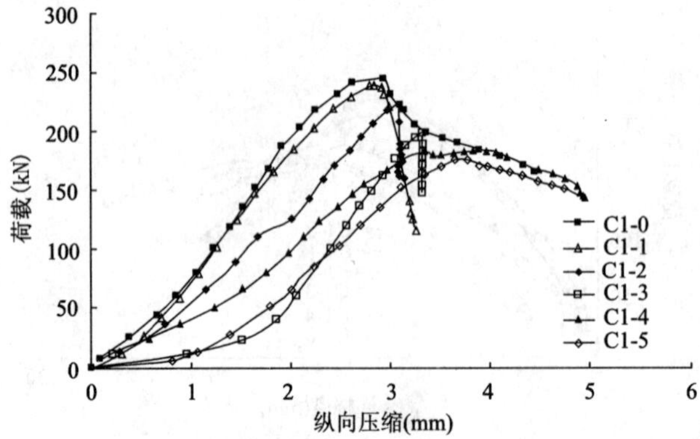

（a）大偏心受压试件

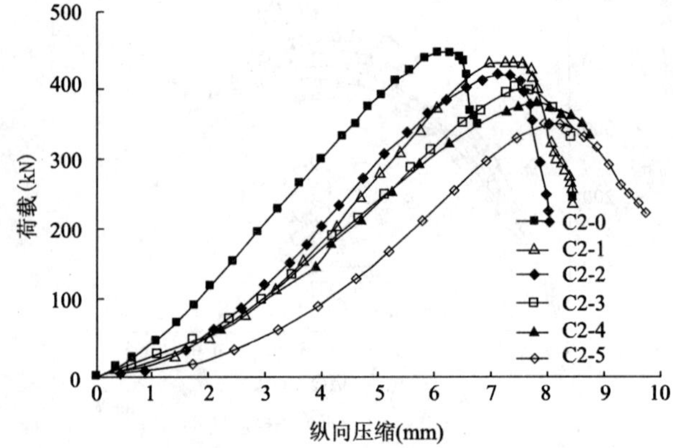

（b）小偏心受压试件

图 5—17　锈蚀普通混凝土柱轴力—压缩曲线[162]

5.4.4　压弯性能参数退化规律

各试件的压弯性能参数见表 5—11，表中极限挠度、极限压缩均为对应于极限荷载时的值。

表 5—11　锈蚀普通混凝土柱压弯性能参数[162]

试件类型	试件编号	锈胀裂缝宽度（mm）	极限荷载（kN）	相对极限荷载	极限挠度（mm）	相对极限挠度	极限压缩（mm）	相对极限压缩
大偏心受压	C1—0	0	248.1	1.000	12.72	1.000	2.88	1.000
	C1—1	0.3	240.1	0.968	12.10	0.951	2.91	1.010
	C1—2	0.5	223.6	0.901	12.24	0.962	3.08	1.069
	C1—3	0.8	194.6	0.784	13.95	1.097	3.32	1.153
	C1—4	1.0	175.6	0.708	15.56	1.223	3.84	1.333
	C1—5	1.2	175.9	0.709	14.50	1.140	3.76	1.306

续上表

试件类型	试件编号	锈胀裂缝宽度(mm)	极限荷载(kN)	相对极限荷载	极限挠度(mm)	相对极限挠度	极限压缩(mm)	相对极限压缩
小偏心受压	C2—0	0	447.8	1.000	2.42	1.000	6.28	1.000
	C2—1	0.3	429.9	0.960	2.51	1.037	7.13	1.135
	C2—2	0.5	412.0	0.920	2.58	1.066	7.20	1.146
	C2—3	0.8	393.9	0.880	2.88	1.190	7.62	1.213
	C2—4	1.0	363.0	0.811	2.93	1.211	7.94	1.264
	C2—5	1.2	344.0	0.768	3.01	1.244	8.25	1.314

各试件压弯性能参数相对值随锈胀裂缝宽度变化的规律详见图5—18。从图中可以发现，锈蚀偏压构件的极限承载力随锈蚀程度的增大而呈近似线性下降趋势，而极限挠度和极限压缩则随锈蚀程度的增大而呈近似线性增大趋势。极限荷载的减小和极限变形的增大其主要原因仍为如下两个方面：一是锈胀开裂导致截面发生损伤，截面承载力和刚度减小；二是锈蚀钢筋的黏结性能退化导致钢筋对混凝土的纵向约束和横向约束能力下降，导致截面承载力和刚度减小。

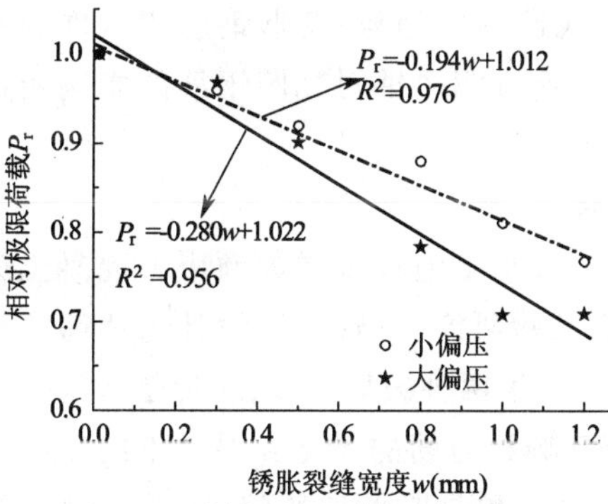

(a) 相对极限荷载退化规律

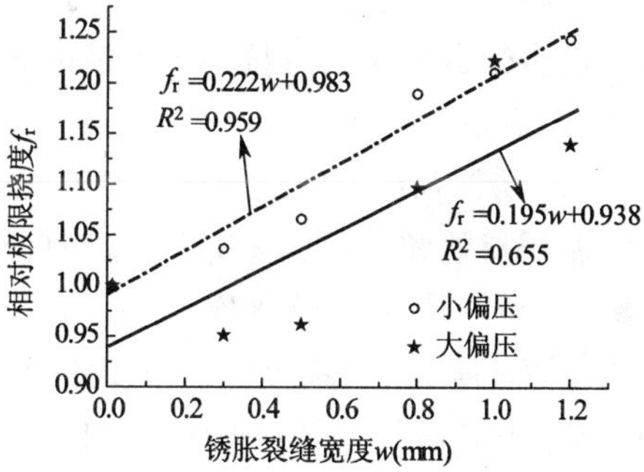

(b) 相对极限挠度退化规律

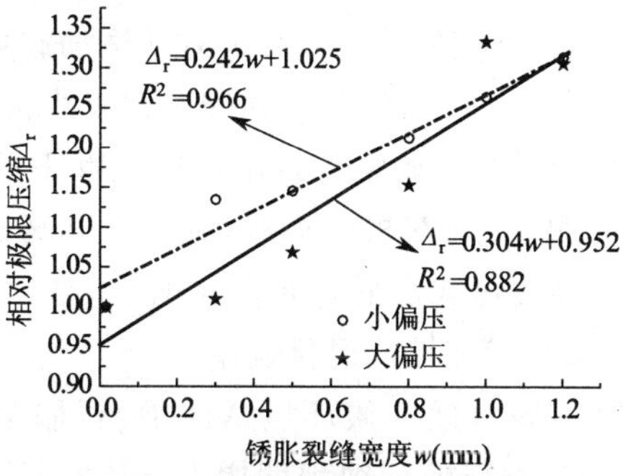

(c) 相对极限压缩退化规律

图5—18 锈蚀普通混凝土柱压弯性能参数退化规律

5.5 小　结

本章系统论述锈蚀普通混凝土梁的受弯和受剪性能退化规律、锈蚀预应力混凝土梁的受弯性能退化规律以及锈蚀普通混凝土柱的压弯性能退化规律。

(1)锈蚀普通混凝土梁的受弯性能退化规律

基于掺盐或盐水浸泡以及人工气候加速锈蚀梁(锈胀裂缝宽度在 0～1.49 mm 之间)的受弯性能试验研究,发现梁会发生正截面受弯破坏和端部锚固黏结破坏两种典型的破坏形态,根据本试验的结果,上述两种破坏形态演化的临界锈胀裂缝宽度可按 1.2 mm 考虑。

正截面受弯破坏的荷载—挠度曲线总体上由上升段和近似水平段两段组成,而端部锚固黏结破坏的荷载—挠度曲线则总体上由上升段、近似水平段以及后期的突降段三段组成;随锈蚀程度的增大,曲线上升段斜率减小、近似水平段高度降低、长度变短,这表明梁的抗弯刚度降低、极限承载力下降、极限变形能力降低。

受弯构件相对屈服挠度总体上未显示出随锈胀裂缝宽度增大而退化的趋势,除此之外,其余各参数(相对屈服荷载、相对极限承载力、相对极限挠度、相对延性系数)随锈胀裂缝宽度的增大均显示了较明显的线性退化趋势;变形钢筋梁试件的各种性能参数退化速率明显小于光圆钢筋梁试件,这说明锈蚀对光圆钢筋的影响明显大于对变形钢筋的影响。

(2)锈蚀预应力混凝土梁受弯性能退化规律

基于掺盐和徐州地区室内、室外自然气候及盐水半泡环境锈蚀预应力混凝土梁(钢绞线锈蚀率在 0～2.87% 之间)的受弯性能试验研究,发现对于设计为适筋的预应力混凝土梁来说,预应力钢绞线锈蚀以后可以发生两种破坏方式,一种是传统的适筋破坏(力筋强化→混凝土压碎),因锈蚀尚未影响到力筋的强化和混凝土的压碎过程,不会导致梁的极限承载力和变形能力降低;另一种是断丝破坏(压碎前锈蚀钢绞线钢丝率先被拉断),将导致梁的极限承载力和变形能力发生不同程度的降低;随着预应力钢绞线锈蚀率的增大,预应力梁的破坏方式从适筋破坏向断丝破坏转化。

在锈蚀率不大(小于 2.87%)的情况下,锈蚀对钢绞线预应力混凝土梁的开裂弯矩、初始强化弯矩、极限弯矩以及初始强化挠度的影响都不显著,但会导致断丝破坏梁的极限挠度(断丝时)明显减小;在极限荷载(混凝土压碎或断丝)之后,梁还可以在残余变形过程中保持较高的荷载水平而继续承载。

(3)锈蚀普通混凝土梁的受剪性能退化规律

基于掺盐和徐州地区室内自然气候环境锈蚀梁(锈胀裂缝宽度在 0～0.55 mm 之间)的受剪性能试验研究,发现随锈蚀程度增大,梁的斜裂缝间距明显增大;锈蚀程度对开裂荷载没有明显影响,但对极限荷载有显著影响:随着锈胀开裂程度增大,极限荷载近似呈线性趋势下降;随锈胀裂缝宽度增大,梁的挠曲变形刚度和极限挠度都呈现明显的下降趋势。

持续加载梁的二次短期加载裂缝间距及裂缝宽度总体小于未持续加载锈蚀梁，但与无锈蚀对比梁相比则总体略微偏大；持续加载梁的极限荷载总体上要大于同锈胀程度的未持续加载梁。

(4)锈蚀普通混凝土柱压弯性能退化规律及预计模型

基于盐水浸泡和人工气候加速锈蚀柱(锈胀裂缝宽度在0～1.2 mm之间)的压弯性能试验研究,发现锈蚀偏心受压构件仍然保持与未锈蚀构件类似的破坏过程与特征,有所不同的是,随着锈蚀程度增加,大偏心受压构件屈服前受拉区横向裂缝的数目和深度变少,小偏心受压构件靠近轴向力一侧的混凝土起皮剥落现象出现提早。

锈蚀偏心受压构件的轴力—挠度曲线及轴力—压缩曲线总体上均由上升段和下降段两段组成,上升段表现为刚度逐渐退化,下降段的下降速率总体较小;随锈蚀程度的增大,曲线上升段平均斜率减小,顶点位置降低,这表明柱的压弯刚度和极限承载力随锈蚀程度的增大而逐渐降低。

锈蚀偏压构件的极限承载力随锈蚀程度的增大而呈近似线性下降趋势,而极限挠度和极限压缩则随锈蚀程度的增大而呈近似线性增大趋势。

第6章　锈蚀混凝土构件承载力评估与设计方法

锈蚀环境下，侵蚀物质首先在保护层厚度范围内进行传输，这一过程不会引起构件性能退化。当侵蚀物质到达钢筋表面并达到临界锈蚀条件以后，钢筋开始锈蚀直至出现锈胀裂缝，这一过程对普通混凝土构件的承载性能影响很小，但对预应力混凝土构件（尤其钢丝预应力混凝土构件）其影响已不容忽视。锈胀开裂以后，有害物质的侵蚀速率加快、钢筋的锈蚀发展加剧，钢筋的力学性能将遭到显著退化，黏结性能也可能遭到明显退化，受压区保护层的锈胀开裂也将引起截面损伤，混凝土构件的承载力也将有不同程度的下降。正确计算锈蚀混凝土构件的承载力是锈蚀环境下混凝土结构承载力评估、设计及使用寿命预计的重要基础。

国内外已对锈蚀混凝土构件的承载力计算问题进行了大量研究[112-119,124-129]，但大部分工作都是基于确定性理论，概率的思想没有突出出来。实际上，不管钢筋锈蚀与否，混凝土构件的承载力均应属于概率问题，因此，应该以概率思想为基础建立锈蚀混凝土构件的承载力计算模型。

本章将以实用概率极限状态方法为依据，建立几种常见锈蚀混凝土构件的承载力实用概率极限状态计算模型，在此基础上，并结合有关混凝土结构耐久性检测技术和预计模型以及相关规范资料，给出锈蚀混凝土构件承载力评估方法及锈蚀环境混凝土构件承载力设计方法。

6.1　结构承载力计算的概率极限状态方法

包括我国在内，世界上已有许多国家和地区采用基于概率极限状态的结构计算方法（本来用于设计，但实际上也可以用于结构评估），该方法的基本思想是，根据结构的极限状态建立基本方程，而方程中所包含的各个结构参数（比如各种结构作用、结构强度、刚度、几何尺寸等）则按随机变量对待，于是结构的可靠与否就属于概率问题，其度量参数即为可靠度或可靠指标。

6.1.1　结构的极限状态

《工程结构可靠度设计统一标准》（GB 50153—92）[188]中定义：整个结构或结构的一部分超过某一特定状态就不能满足设计规定的某一功能要求，此特定状态称为该功能的极限状态。同时，该标准还将结构的极限状态分为两大类，即承载能力极限状态和正常使用极限状态。

承载能力极限状态对应于结构或结构构件达到最大承载能力或不适于继续承载的变形，其超越表现主要包含以下几种情况：

(1)整个结构或结构的一部分作为刚体失去平衡(如倾覆、滑移等)；

(2)结构构件或连接因材料强度被超过而破坏(包括疲劳破坏)，或因过度变形而不适于继续承载；

(3)结构转变为机动体系；

(4)结构或结构构件丧失稳定(如压屈等)。

正常使用极限状态对应于结构或结构构件达到正常使用或耐久性能的某项规定限值，其超越表现主要包含以下几种情况：

(1)影响正常使用或外观的变形；

(2)影响正常使用或耐久性能的局部损坏(包括裂缝)；

(3)影响正常使用的振动；

(4)影响正常使用的其他特定状态。

与《工程结构可靠度设计统一标准》(GB 50153—92)相适应，《混凝土结构耐久性设计规范》(GB/T 50476—2008)中规定：结构构件耐久性极限状态应按正常使用下的适用性极限状态考虑，且不应损害到结构的承载能力和可修复性要求。具体极限状态包括以下三种：

(1)钢筋开始发生锈蚀的极限状态；

(2)钢筋发生适量锈蚀的极限状态；

(3)混凝土表面发生轻微损伤的极限状态。

6.1.2 结构的可靠性及其概率度量

《工程结构可靠度设计统一标准》(GB 50153—92)中关于结构可靠性的定义是：结构在规定的时间内，在规定的条件下，完成预定功能的能力。《结构可靠性总原则》(ISO 2394—92)[189]中关于结构可靠性的定义是：结构或结构构件满足预定功能的能力，其中包括满足设计使用年限要求的能力。

根据上述定义，时间、条件和功能是判定结构可靠性的三大要素，而且是以时间和条件作为限定要素，通过对功能的判断来判定结构的可靠与否，因此可称为功能可靠性；实际上，该命题还可以从另外一个角度进行判定，即限定条件和功能，根据结构使用时间和预定时间之间的关系判定结构的可靠与否，对应的，结构的可靠性可定义为：结构在规定的条件下，在完成预定功能的前提下，满足预定时间要求的能力，显然，这种定义给出的是时域可靠性[190]。结构耐久性使用寿命预计实际上就是时域可靠性的问题。

判断结构的可靠性如何需要采取一定的方式进行度量。由于影响结构可靠性的因素大多具有随机性，因此，国内外均采用概率方式对结构的可靠性进行度量。对应于功能可靠性和时域可靠性，称结构在规定的时间内，在规定的条件下，完成预定功能的概率为结构的功能可靠度;称结构在规定的条件下,在完成预定功能的前提下,满足预定时间要求的概率为结构的时域可靠度。

关于结构功能可靠度的计算方法,《工程结构可靠度设计统一标准》(GB 50153—92)推荐采用国际结构安全度联合委员会(JCSS)方法,即验算点法(JC 法),其精度水准为一次二阶矩。对于功能函数由多个相互独立的正态随机变量组成的结构,其极限状态方程表达为

$$g(X_1, X_2, \cdots, X_n) = 0 \tag{6—1}$$

该极限状态方程可视作坐标系 $OX_1X_2\cdots X_n$ 中的一个曲面,称为极限状态曲面。

引入标准化正态随机变量:

$$\overline{X}_i = \frac{X_i - \mu_{X_i}}{\sigma_{X_i}} \quad (i = 1, 2, \cdots, n) \tag{6—2}$$

于是,可靠指标 β 就是标准正态坐标系 $\overline{O}\,\overline{X}_1\,\overline{X}_2\cdots\overline{X}_n$ 中原点 $\overline{O}$ 到极限状态曲面的最短距离,而极限状态曲面上离原点 $\overline{O}$ 的最短距离点 P^* 就是"设计验算点"。

根据式(6—2),P^* 点在原坐标系 $OX_1X_2\cdots X_n$ 中的坐标为

$$x_i^* = \mu_{x_i} + \beta\sigma_{x_i}\cos\theta_{x_i} \quad (i = 1, 2, \cdots, n) \tag{6—3}$$

式中,$\cos\theta_{x_i}$ 为 P^* 点的法线对坐标向量的方向余弦,根据解析几何得其表达式为

$$\cos\theta_{x_i} = \frac{-\left.\dfrac{\partial g}{\partial X_i}\right|_{P^*} \cdot \sigma_{x_i}}{\left[\displaystyle\sum_{i=1}^{n}\left(\left.\dfrac{\partial g}{\partial X_i}\right|_{P^*} \cdot \sigma_{x_i}\right)^2\right]^{1/2}} \tag{6—4}$$

同时,P^* 点自动满足极限状态方程式(6—1),即

$$g(x_1^*, x_2^*, \cdots, x_n^*) = 0 \tag{6—5}$$

联解式(6—3)、式(6—4)和式(6—5)便可得到可靠指标 β 及验算点各个坐标 x_i^*(亦即各个随机变量的设计取值)。

当基本变量 X_i 为非正态随机变量时,应转化为当量正态随机变量 X_i',其平均值 μ'_{x_i} 和标准差 σ'_{x_i} 可按下列公式计算:

$$\mu'_{x_i} = x_i^* - \Phi^{-1}[F_{X_i}(x_i^*)] \cdot \sigma'_{x_i} \tag{6—6}$$

$$\sigma'_{x_i} = \frac{\varphi\{\Phi^{-1}[F_{X_i}(x_i^*)]\}}{f_{X_i}(x_i^*)} \tag{6—7}$$

式中 $\Phi^{-1}(\cdot)$ ——标准正态分布函数的反函数;

$\varphi(\cdot)$ ——标准正态分布的概率密度函数;

$F_{X_i}(x_i^*)$ ——原随机变量 X_i 在验算点 P^* 处的分布函数值;

$f_{X_i}(x_i^*)$ ——原随机变量 X_i 在验算点 P^* 处的概率密度函数值。

用当量正态随机变量 X_i' 的平均值 μ'_{x_i} 和标准差 σ'_{x_i} 代替原随机变量 X_i 的平均值 μ_{x_i} 和标准差 σ_{x_i},代入式(6—3)、式(6—4)和式(6—5)便可得到可靠指标 β 及验算

点各个坐标 x_i^* 。

由上述各独立随机变量构成的坐标系属于正交坐标系(或笛卡儿坐标系),该坐标系用来度量正交随机空间(或笛卡儿随机空间);如果功能函数中存在相关随机变量,则由这些随机变量构成的坐标系属于斜交坐标系,该坐标系用来度量广义随机空间。相关随机变量的可靠度可直接通过在广义随机空间中建立求解可靠指标表的迭代公式而获得[169],其公式为

$$x_i^* = \mu'_{x_i} + \beta\alpha'_i\sigma'_{x_i} \qquad (i = 1,2,\cdots,n) \tag{6—8}$$

$$\alpha'_i = -\frac{\sum\limits_{j=1}^{n}\rho_{X'_iX'_j}\cdot\left.\dfrac{\partial g}{\partial X_j}\right|_{P*}\cdot\sigma'_{x_j}}{\left(\sum\limits_{j=1}^{n}\sum\limits_{k=1}^{n}\rho_{X'_jX'_k}\cdot\left.\dfrac{\partial g}{\partial X_j}\dfrac{\partial g}{\partial X_k}\right|_{P*}\cdot\sigma'_{x_j}\cdot\sigma'_{x_k}\right)^{1/2}} \tag{6—9}$$

$$g(x_1^*,x_2^*,\cdots,x_n^*) = 0 \tag{6—10}$$

式中 α'_i —— σ'_{x_i} 的灵敏系数;

$\rho_{X'_iX'_j}$ ——广义随机空间中随机变量 X_i 与 X_j(或当量正态随机变量 X'_i 与 X'_j)之间的相关系数(原变量与当量变量间的相关系数相等);

其余同前。

文献[190]对结构的时域可靠度进行了定义。记结构的极限状态为 Λ,结构在其状态不劣于极限状态 Λ 的前提下能够使用的最长年限为 $t_{\max}(\Lambda)$,即

$$t_{\max}(\Lambda) = \max_{Z(t)\geqslant 0}\{t\} \tag{6—11}$$

$t_{\max}(\Lambda)$可称为结构相对极限状态 Λ 的使用寿命,而极限状态 Λ 称为结构的寿命准则。这时结构相对极限状态 Λ 的使用寿命不小于设计使用年限 T 的概率为

$$P_r(\Lambda) = P\{t_{\max}(\Lambda)\geqslant T\} \tag{6—12}$$

$P_r(\Lambda)$与结构的极限状态 Λ 有关,是从时间的角度对结构可靠性的概率度量,可称为结构的时域可靠度。

文献[190]还认为,结构的功能可靠度 $P_r(T)$ 与时域可靠度 $P_r(\Lambda)$之间存在如下关系:

$$P_r(\Lambda) = P_r(T) \tag{6—13}$$

因此,对于同一结构,只要保证设计使用年限 T、极限状态或寿命准则 Λ 一致,则从结构状态角度和从结构使用时间角度都可以采用概率方法度量结构的可靠性,而且两者所对应的可靠度相等。

6.1.3 结构承载力计算的实用概率极限状态方法

6.1.3.1 承载力设计的实用概率极限状态方法

前述结构可靠性的概率度量方法非常复杂,几乎无法获得解析解,因而需要针对每一个具体问题采用迭代的方法求解。为了便于应用,GB 50153—92 给出以分项系数为基础的概率极限状态实用设计方法,其中承载力设计的基本思想是,首先通过统

计获得各种荷载的代表值及结构材料性能与尺寸的标准值，在此基础上，选取一组分项系数，使按基于分项系数表达式设计的各种结构的可靠指标与规定的设计可靠指标之间在总体上误差最小。该方法的基本表达式可以表示如下：

$$\gamma_0 \cdot \gamma_{Sd} \cdot S(F_d, a_d, \psi_c) \leqslant R(f_d, a_d)/\gamma_{Rd} \tag{6—14}$$

式中 γ_0——结构重要性系数；

γ_{Sd}——反映作用效应计算模型不定性的系数；

$S(\cdot)$——作用效应设计值函数；

$R(\cdot)$——承载力设计值函数；

γ_{Rd}——反映承载力计算模型不定性的系数；

ψ_c——作用的组合系数；

F_d——作用的设计值；

f_d——材料强度（或计算应力）的设计值；

a_d——几何参数设计值。

F_d、f_d 和 a_d 的表达式如下：

$$F_d = \gamma_f \cdot F_r \tag{6—15}$$

$$f_d = f_k/\gamma_m \tag{6—16}$$

$$a_d = a_k \pm \Delta_a \tag{6—17}$$

式中 F_r——作用的代表值；

γ_f——作用的分项系数；

f_k——材料强度（或计算应力）的标准值；

γ_m——材料强度的分项系数；

a_k——几何参数标准值；

Δ_a——几何参数附加量，一般情况不予考虑，只有当几何参数的变异性对结构性能有明显影响时考虑。

上述概率极限状态实用设计方法是针对新建结构承载力设计提出来的，其可靠度的保证来自两个方面，一是选取具有一定保证率的荷载代表值及结构材料性能与尺寸标准值，二是给荷载代表值及结构材料性能标准值分别乘以或除以大于 1 的分项系数使其变为设计值以进一步提高可靠度。综合而言，结构设计的可靠度是依靠荷载及抗力的设计值来保证的。

6.1.3.2 *承载力评估的实用概率极限状态方法*

对于既有结构的承载力评定，有些情况下不必像新建结构设计那样设定很高的可靠度，例如国际标准 ISO 2394—92 针对既有结构可靠性评定提出如下建议：

(1) 可考虑较短的（目标）使用期和降低的目标可靠度水平；

(2) 可对现行规范规定的安全分项系数进行调整，以考虑调查的结果，如施工质量、维护条件、材料强度变异性等；

(3) 可采用可靠度的方法评定；

(4)进行精确的分析或试验,考虑结构的实际性能[190]。

因此,对于既有结构的承载力评定,结构承载力可分别按照材料强度(或计算应力)平均值、标准值及设计值等三级保证率水平进行计算,并分别简称为承载力平均值 R_m、承载力标准值 R_k 和承载力设计值 R,其基本表达式如下:

$$R_m = R_m(f_m, a_k) \tag{6—18}$$

$$R_k = R_k(f_k, a_k) \tag{6—19}$$

$$R = R(f_d, a_k) \tag{6—20}$$

式中 $R_m(\cdot)$,$R_k(\cdot)$,$R(\cdot)$——承载力平均值函数、承载力标准值函数、承载力设计值函数。

需要说明的是,在式(6—18)~式(6—20)给出的承载力计算表达式中,为使问题简化而没有考虑承载力计算模型不定性系数 γ_{Rd} 的影响(一般情况下该影响很小,例如各类混凝土构件中该系数的平均值均为 1.00,变异系数在 0.04~0.15 之间[166]);另外,关于几何参数,GB 50153—92 中规定:当几何参数的变异性对结构抗力及其他性能的影响很小时,几何参数可作为确定性变量考虑,或几何参数的标准值可采用设计规定的公称值,因此,这里在三个表达式中均采用相同的取值。

于是,根据式(6—18)~式(6—20)进行不同保证率水平的承载力计算时,其关键问题就是确定材料强度的平均值、标准值及设计值。

6.1.3.3 *材料的概率强度*

考虑耐久损伤,材料强度属于随机过程问题;为使问题简化,可以考察一定损伤程度下的材料强度,此时它可简化为随机变量问题。可定义随机变量概率分布的某一分位值作为其代表值,该代表值在工程结构领域往往有两种选择,即平均值 f_m 和标准值 f_k;另外,为了进一步提高结构承载力计算的可靠度,还将材料强度标准值除以大于 1 的材料分项系数以获得材料强度设计值 f_d。不管是材料强度的平均值、标准值还是设计值,它们都是具有一定保证率的概率强度,只是平均值和标准值的保证率往往比较明确,而设计值的保证率则比较模糊。

(1)平均值

材料强度平均值 f_m 大约是其概率分布的 0.5 分位值,即保证率大约为 50%。该值是最容易得到的一个代表值,它可以通过简单的实测统计得到。

(2)标准值

关于材料强度标准值,GB 50153—92 建议可取其概率分布的 0.05 分位值,即材料强度实测值总体中,强度的标准值应具有不小于 95% 的保证率;考虑到材料强度大多都能较好地服从正态分布,因此其标准值的计算公式如下:

$$f_k = f_m(1 - 1.645\delta_f) \tag{6—21}$$

式中 δ_f——材料强度变异系数。

混凝土的立方体抗压强度是其基本强度,《混凝土结构设计规范》(GB 50010—

2002)、《公路钢筋混凝土及预应力混凝土桥涵设计规范》(JTG D62—2004)[191]以及《铁路桥涵钢筋混凝土和预应力混凝土结构设计规范》(TB 10002.3—2005)[192]中就是以其概率分布的0.05分位值作为其标准值,即

$$f_{cuk}=f_{cum}(1-1.645\delta_{cu}) \tag{6—22}$$

式中 f_{cuk}——混凝土立方体抗压强度标准值;

f_{cum}——混凝土立方体抗压强度平均值;

δ_{cu}——混凝土立方体抗压强度变异系数。

GB 50010—2002和JTG D62—2004给出了混凝土立方体抗压强度的变异系数,见表6—1;TB 10002.3—2005则直接将混凝土立方体抗压强度的变异系数取为定值0.12。

表6—1 混凝土立方体抗压强度变异系数

强度等级	C15	C20	C25	C30	C35	C40	C45	C50	C55	C60～C80
变异系数	0.21	0.18	0.16	0.14	0.13	0.12	0.12	0.11	0.11	0.10

GB 50010—2002和JTG D62—2004以混凝土立方体抗压强度标准值为基础,假定混凝土的其他各种强度(如轴心抗压强度、轴心抗拉强度)与立方体抗压强度具有相同的变异系数,最终给出了由立方体抗压强度标准值推算轴心抗压强度标准值和轴心抗拉强度标准值的计算公式:

$$f_{ck}=0.88\alpha_{c1}\cdot\alpha_{c2}\cdot f_{cuk} \tag{6—23}$$

$$f_{tk}=0.88\times0.395f_{cuk}^{0.55}(1-1.645\delta_{cu})^{0.45}\cdot\alpha_{c2} \tag{6—24}$$

式中 f_{ck},f_{tk}——混凝土轴心抗压强度和轴心抗拉强度标准值;

α_{c1}——混凝土棱柱体抗压强度与立方体抗压强度的比值,对C50及以下混凝土取为0.76,对C80混凝土取为0.82,中间按线性插值取用;

α_{c2}——混凝土脆性折减系数,对C40及以下混凝土取为1.0,对C80混凝土取为0.87,中间按线性插值取用。

TB 10002.3—2005对混凝土轴心抗压强度标准值的计算仍然采用式(6—23)的方法,只是在列表给值中作了微小调整,与另两本规范的取值略有不同。关于混凝土轴心抗拉强度标准值的计算,该规范认为其变异系数与混凝土立方体抗压强度变异系数相同,并直接取为定值0.12,在此基础上,给出的计算公式为

$$f_{tk}=0.30f_{ck}^{2/3} \tag{6—25}$$

对于钢筋,GB 50010—2002、JTG D62—2004以及TB 10002.3—2005中为了与冶金部规定的钢筋出厂检验强度相一致,采用的保证率系数为2,对应的保证率为97.72%(2.28%分位值),于是钢筋的强度标准值按下式计算[193]:

$$f_{sk}=f_{sm}(1-2\delta_s) \tag{6—26}$$

式中 f_{sk}——钢筋强度标准值;

f_{sm}——钢筋强度平均值;

δ_s——钢筋强度变异系数。

对于普通钢筋，抗拉屈服强度是其基本强度，所以式(6—26)中的f_{sk}、f_{sm}及δ_s分别为该类钢筋的抗拉屈服强度标准值、平均值及变异系数；对于混凝土构件内的受压普通钢筋，极限状态下的应力与对应位置处混凝土的压应变有关，一般超过0.002的应变水平不能得到保证，因此以$0.002E_s$作为压应力上限，而普通钢筋的抗压屈服强度标准值均不高于$0.002E_s$，所以这里建议各级普通钢筋的抗压强度标准值仍取等于各自的抗拉屈服强度标准值。

对于高强预应力钢筋，极限抗拉强度是其基本强度，所以式(6—26)中的f_{sk}、f_{sm}及δ_s分别为该类钢筋的极限抗拉强度标准值、平均值及变异系数；另外，预应力钢筋还被人为设定一个条件屈服抗拉强度作为计算用抗拉强度，该值在GB 50010—2002和JTG D62—2004中取为极限抗拉强度的0.85倍，而在TB 10002.3—2005中则取为极限抗拉强度的0.90倍；对于预应力混凝土构件内受压区高强预应力钢筋，极限状态下的应力与其自身预应力、构件截面预应力以及对应位置处混凝土的压应变有关，这里建议参照GB 50010—2002的计算方法，即

$$\sigma'_{pk}=\sigma'_{p0}-0.002E_p \tag{6—27}$$

式中 σ'_{pk}——混凝土构件内受压区高强预应力钢筋的计算应力标准值；

σ'_{p0}——受压区预应力钢筋合力点处混凝土法向应力等于零时的预应力钢筋应力，可根据规范给出的有关公式计算。

(3)设计值

材料强度设计值f_d是由材料强度标准值f_k除以材料分项系数γ_m得到的，如式(6—16)所示。需要说明的是，由于TB 10002.3—2005中仍采用容许应力法计算混凝土构件，因此基于该规范的计算中不存在材料分项系数及强度设计值。

在GB 50010—2002和JTG D62—2004中，混凝土的材料分项系数γ_c分别取为1.4和1.45，因此，混凝土构件承载力计算时，混凝土的轴心抗压强度设计值和轴心抗拉强度设计值分别可由式(6—23)和式(6—24)计算所得的对应标准值除以1.4或1.45获得。

对于普通钢筋，其材料分项系数γ_s在GB 50010—2002和JTG D62—2004中分别取为1.1和1.2；对于预应力钢筋，其γ_s在GB 50010—2002和JTG D62—2004中分别取为1.2和1.25。

6.2 锈蚀混凝土构件承载力计算的实用概率极限状态模型

钢筋锈蚀以后，钢筋的力学性能必然遭到退化；当锈蚀比较严重时，钢筋与混凝土(或后张预应力混凝土构件中的水泥浆体)之间的黏结性能也将遭到退化，受压区保护层的锈胀开裂也将引起截面损伤。因此，钢筋锈蚀以后，混凝土构件的承载力也将有不同程度的下降。

基于实用概率极限状态方法计算锈蚀混凝土构件的承载力,需要解决三方面的问题:

(1)锈蚀混凝土构件的承载力破坏形态及相应的极限状态(尤其材料的应力状态);

(2)极限状态时的静力平衡方程(该平衡方程即可给出承载力计算模型);

(3)静力平衡方程中材料强度的概率取值。

6.2.1 锈蚀普通混凝土构件抗弯承载力计算的实用概率极限状态模型

6.2.1.1 破坏形态

前已述及,当钢筋锈蚀达到一定程度以后,混凝土梁承载力退化主要体现在三个方面:

(1)钢筋抗拉、抗压承载力退化;

(2)受拉钢筋与受压混凝土的协同工作能力退化或端部锚固承载力退化;

(3)受压区保护层锈胀开裂引起截面损伤。

另外,对于受压钢筋,由于在整个受力过程中都不会出现横向裂缝,因而黏结长度始终较大,因此除非黏结性能退化非常严重,一般情况下都能达到其受压强度设计取值,不必要考虑其强度利用水平。因此,下面讨论锈蚀混凝土梁受弯承载力计算模型时将主要考虑上述三方面的影响。

大量研究成果表明[108-112,174],钢筋锈蚀对混凝土梁承载能力的上述影响其程度随着钢筋锈蚀程度的不同而不同,最终的破坏形态也有所不同。

(1)在混凝土保护层锈胀开裂之前,钢筋截面损失率很小(一般小于2%),锈蚀前后梁的受弯承载力和破坏形态没有明显变化。

(2)锈胀开裂之后,当钢筋锈蚀率$<10\%$时,破坏形态与锈蚀前基本相同,一般仍为弯曲破坏;但在该锈蚀程度范围内,随着锈蚀程度增大,受弯承载力和延性明显减小。

(3)锈胀开裂之后,当钢筋锈蚀率$>10\%$时,钢筋强度及黏结性能严重退化,截面损伤也逐渐显现;由于构件混凝土材料强度、截面尺寸、配筋率、锚固构造措施以及锈蚀程度的不同,构件破坏形态既有可能是受弯适筋破坏,也有可能是受弯少筋破坏或超筋破坏,还有可能是锚固黏结破坏。

综上所述,在抗剪能力充分的前提下,锈蚀混凝土梁的破坏形态包括正截面受弯破坏和端部锚固黏结破坏两种形式,下面分别建立这两种破坏形态下的抗弯承载力计算模型,然后选取两种模型计算结果中的较小者作为最终的预计结果。

6.2.1.2 正截面受弯破坏抗弯承载力计算模型

(1)静力平衡方程

众所周知,未锈蚀混凝土构件正截面受弯承载力极限状态时截面应变服从平截面假定,截面应力服从静力平衡条件。根据平截面假定可以求出材料的应力状态,根据静力平衡条件可以求出截面的极限承载力。然而,当钢筋锈蚀且达到一定程度以后，受拉钢筋与混凝土之间便会产生相对滑移，受拉钢筋与受压混凝土之间的应变不再服从平截面假定，极限状态时受拉钢筋的应力难以确定，这成为锈蚀混凝土构件抗弯承载力计算中的棘手问题。《混凝土结构耐久性评定标准》(CECS 220:2007)根据西安建筑科技大学的研究结果采用锈蚀钢筋强度利用系数对其极限状态时的应力进行修正，使锈蚀受拉钢筋的应力得到了经验性的解答。

对于锈蚀混凝土构件，极限状态时的静力平衡条件依然自动得以满足，因此，在锈蚀受拉钢筋的应力问题解决以后，截面的极限承载力问题即可根据静力平衡条件得到解答。下面给出锈蚀混凝土构件正截面受弯承载力极限状态时的静力平衡方程，其中不考虑受压区保护层锈胀开裂引起截面损伤的影响(与 CECS 220:2007 相同)。

对于矩形截面或翼缘位于受拉边的倒 T 形截面普通混凝土受弯构件，其正截面受弯承载力极限状态时的静力平衡方程为

$$A_s\alpha_c f_{yp,c} = \alpha_1 f_{cp} b x_p + A'_s f'_{yp,c} \tag{6—28}$$

$$M_{up,c} = \alpha_1 f_{cp} b x_p\left(h_0 - \frac{x_p}{2}\right) + A'_s f'_{yp,c}(h_0 - a'_s) \tag{6—29}$$

对于翼缘位于受压区的 T 形、I 形截面普通混凝土受弯构件，其正截面受弯承载力极限状态时的静力平衡方程为

当

$$A_s\alpha_c f_{yp,c} \leqslant \alpha_1 f_{cp} b'_f h'_f + A'_s f'_{yp,c} \tag{6—30}$$

为第一类 T 形截面，应按宽度为 b'_f 的矩形截面计算；

当不满足式(6—30)的条件时，为第二类 T 形截面，应按下式计算：

$$A_s\alpha_c f_{yp,c} = \alpha_1 f_{cp}[b x_p + (b'_f - b)h'_f] + A'_s f'_{yp,c} \tag{6—31}$$

$$M_{up,c} = \alpha_1 f_{cp} b x_p\left(h_0 - \frac{x_p}{2}\right) + \alpha_1 f_{cp}(b'_f - b)h'_f\left(h_0 - \frac{h'_f}{2}\right) + A'_s f'_{yp,c}(h_0 - a'_s) \tag{6—32}$$

式中 $M_{up,c}$，x_p——锈蚀混凝土构件正截面受弯承载力概率取值、等效矩形应力图形的混凝土受压区高度，二者属于静力平衡方程中的未知量；

A_s、A'_s——锈蚀普通受拉钢筋、锈蚀普通受压钢筋的名义截面面积，等于各自未锈蚀时的公称截面面积；

b——矩形截面的宽度或倒 T 形截面的腹板宽度；

h——截面的高度；

h_0——截面的有效高度；

b'_f——T 形或 I 形截面受压区的翼缘计算宽度；

h_f——T 形或 I 形截面受压区的翼缘高度；

a'_s——受压区纵向普通钢筋合力点至截面受压边缘的距离；

α_1——受压区混凝土矩形应力图的应力值与混凝土轴心抗压强度的比值；

α_c——考虑锈蚀引起受拉钢筋与受压混凝土协同工作能力退化的锈蚀钢筋强度利用系数；

$f_{yp,c}$, $f'_{yp,c}$——锈蚀普通受拉钢筋、锈蚀普通受压钢筋的名义屈服强度概率取值；

f_{cp}——受压混凝土的轴心抗压强度概率取值。

(2)模型应用

上述静力平衡方程给出了锈蚀普通混凝土受弯构件正截面抗弯承载力的实用概率极限状态计算模型，其中锈蚀普通受拉钢筋和锈蚀普通受压钢筋的名义计算强度概率取值$f_{yp,c}$和$f'_{yp,c}$可根据不同的可靠度要求取各自的平均值($f_{ym,c}$、$f'_{ym,c}$)、标准值($f_{yk,c}$、$f'_{yk,c}$)及设计值($f_{y,c}$、$f'_{y,c}$)，它们的计算公式详见3.1.3节；受压混凝土的轴心抗压强度概率取值f_{cp}也对应的根据不同的可靠度要求取其平均值(f_{cm})、标准值(f_{ck})及设计值(f_c)；锈蚀钢筋强度利用系数α_c暂且可按确定性变量考虑，其计算方法详见4.3.2节；各已知几何参数也可按确定性变量考虑，根据其设计公称尺寸取值。

在材料概率强度、锈蚀钢筋强度利用系数及已知几何参数的取值确定之后，便可根据上述静力平衡方程求解出基于材料强度平均值、标准值、设计值等三级可靠度水平的锈蚀普通混凝土受弯构件正截面抗弯承载力预计结果（即$M_{um,c}$、$M_{uk,c}$、$M_{u,c}$）。值得注意的是，等效矩形应力图形的混凝土受压区高度x_p也对应的获得三种解答(x_m、x_k、x)。

上述静力平衡方程需要满足以下条件：

$$x_p \geqslant 2a'_s \quad (6-33)$$

$$x_p \leqslant \xi_{bsp} h_0 \quad (6-34)$$

$$\frac{A_s \cdot (f_{yp,c}/f_{yp,0})}{bh_0} \geqslant \max\{0.002, 0.45\frac{f_{tp}}{f_{yp,c}}\} \quad (6-35)$$

式中 $f_{yp,0}$——普通受拉钢筋未锈蚀时的屈服概率强度，即平均值$f_{ym,0}$、标准值$f_{yk,0}$、设计值$f_{y,0}$；

f_{tp}——混凝土的抗拉强度概率取值，即平均值f_{tm}、标准值f_{tk}、设计值f_t；

ξ_{bsp}——普通混凝土构件的相对界限受压区高度概率取值，与锈蚀普通钢筋的屈服应变有关。

根据第3章的讨论，锈蚀普通钢筋的屈服应变问题比较复杂，目前尚没有相对成熟的研究结果，这里建议可取其与未锈蚀时的屈服应变相等，于是，对普通钢筋按下式计算：

$$\xi_{bsp} = \frac{\beta_1}{1 + \frac{f_{yp,0}}{E_s \varepsilon_{cu}}} \quad (6-36)$$

式中 β_1——矩形应力图与实际应力图的受压区高度比值；

E_s——普通钢筋的弹性模量；

ε_{cu}——混凝土的极限压应变。

当式(6—33)不能满足时，可近似取$x_p = 2a'_s$，于是，对应于式(6—29)，可按下式

求解 $M_{up,c}$（对应于式(6—32)的情况下式(6—33)都能满足）：

$$M_{up,c}=A_s\alpha_c f_{yp,c}(h_0-a'_s) \tag{6—37}$$

当式(6—34)不能满足时，可近似取 $x_p=\xi_{bsp}h_0$，将其代入式(6—29)或式(6—32)即可求得 $M_{up,c}$。

当式(6—35)不能满足时，仍可按式(6—29)或式(6—32)求得 $M_{up,c}$。

6.2.1.3 端部锚固黏结破坏承载力计算模型

端部锚固黏结破坏时，一些文献基于锚固区锈蚀钢筋与混凝土的黏结承载力建立了该类破坏构件的受弯承载力预计模型[162,174]；由于相关的研究成果较少，CECS 220:2007 中没有给出这种情况下的抗弯承载力的计算方法。

端部锚固黏结破坏时，受弯构件的承载力不仅仅是由锚固区锈蚀钢筋与混凝土的黏结承载力决定的，实际上是由影响主斜裂面上抗弯承载力的各因素共同决定的。参考 GB 50010—2002 中关于受弯构件斜截面抗弯承载力计算方法，以图 6—1 所示的受力条件为例，锈蚀条件下，构件承载力概率取值（由支座反力 $R_{up,c}$ 和隔离体上的均布荷载 $q_{up,c}$ 反映，其中 $R_{up,c}$ 由跨内集中荷载和均布荷载共同引起）主要由锈蚀受拉纵筋的锚固承载力 $F_{aup,c}$（概率取值）与锈蚀箍筋的抗拉承载力 $A_{sv}f_{yvp,c}$（概率取值）决定（由于箍筋特殊的闭合构造特征，锈蚀箍筋不发生锚固黏结破坏）。根据转动平衡（给受压区合力点 C 取矩）有

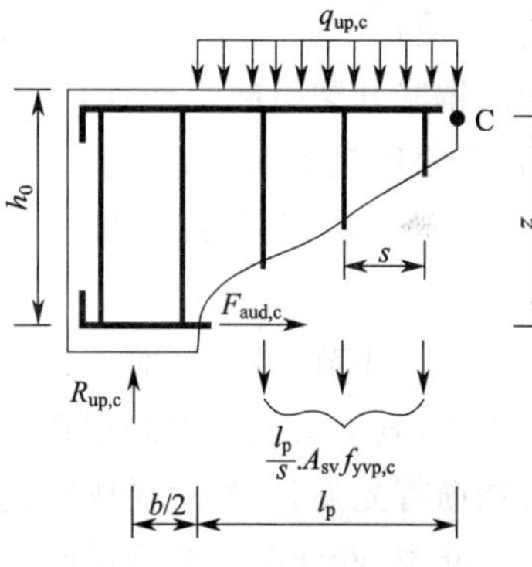

图 6—1 端部锚固黏结破坏抗弯承载力计算简图

$$R_{up,c}\left(\frac{b}{2}+l_p\right)+\frac{1}{2}q_{up,c}l_p^2=F_{aup,c}\cdot z+\frac{l_p}{S}\cdot A_{sv}f_{yvp,c}\cdot\frac{l_p}{2} \tag{6—38}$$

式中，斜裂面范围内各箍筋拉力 $A_{sv}f_{yvp,c}$ 到受压区合力点 C 的平均力臂为 $l_p/2$，斜裂面水平投影长度 l_p 近似可以取等于 h_0，受拉纵筋合力点到受压区合力点 C 的距离 z 可以取为 $0.9h_0$；锈蚀受拉纵筋的锚固承载力 $F_{aup,c}$ 可根据有关研究结果计算，第 4 章得到了基于 C20 混凝土、20 mm 保护层厚度、设置箍筋、有侧向约束等条件的变形主筋锚固承载力计算模型 $F_{aud,c}$，见式(4—30)，该模型属于确定性模型，在这里可以视作平均值模型，即 $F_{aum,c}=F_{aud,c}$；更进一步的研究应该通过统计方法获得其标准值模型 $F_{auk,c}$ 及设计值模型 $F_{au,c}$；另一方面，锈蚀箍筋的名义抗拉强度概率取值 $f_{yvp,c}$（包括平均值 $f_{yvm,c}$、标准值 $f_{yvk,c}$、设计值 $f_{yv,c}$）可根据 3.1.3 节的有关公式计算。将锈蚀受拉纵筋锚固承载力的各概率取值与锈蚀箍筋的名义计算强度各概率取值对应的代入式(6—38)即可得到具有不同可靠度水平的端部锚固黏结破坏承载力预计结果。

需要说明的是，在钢筋混凝土受弯构件中，当剪跨比大于 1 时，一侧剪跨区的主

斜裂缝位置往往有两种可能,一种是从梁底支座侧出发,按平均近似 45°的方向向上延伸;另一条是从加载点下部出发,按平均近似 45°的方向向下延伸。当剪跨比接近 1 时,主斜裂缝则从梁底支座侧指向加载点下部。上述基于主斜裂面抗弯承载力所得的端部锚固黏结破坏抗弯承载力预计模型是根据从支座侧出发的主斜裂缝推导得到的,因为这条斜裂缝上的主筋锚固长度小于另一条斜裂缝上的主筋锚固长度,虽然前者的弯矩小于后者,但锚固长度的影响更为主要。

6.2.2 锈蚀预应力混凝土构件抗弯承载力计算的实用概率极限状态模型

6.2.2.1 破坏形态

前已述及,锈蚀混凝土梁承载力退化主要体现在三个方面:钢筋抗拉、抗压承载力退化;受拉钢筋与受压混凝土的协同工作能力退化或端部锚固承载力退化;受压区保护层锈胀开裂引起截面损伤。对于预应力混凝土梁,由于其对钢筋(尤其预应力钢筋)的锈蚀较为敏感,因而一般不允许有太严重的锈蚀程度,这里将主要涉及锈蚀程度在 10% 以内的情况,因此,锈蚀的影响主要体现在钢筋抗拉、抗压承载力的退化上。

根据 5.3 节的讨论,对锈蚀程度在 10% 以内、设计为适筋截面的钢绞线预应力混凝土梁,其受弯破坏形态包括适筋破坏或断丝破坏两种情况。适筋破坏是受拉预应力钢筋首先强化,然后受压区边缘混凝土压碎而宣告破坏,这期间锈蚀钢绞线钢丝未出现断裂;断丝破坏是受压区边缘混凝土尚未压碎前锈蚀钢绞线钢丝率先被拉断而宣告破坏。

6.2.2.2 应力状态

(1)受拉钢绞线及受压混凝土的应力状态

锈蚀钢绞线的应力—应变曲线如图 6—2 所示。

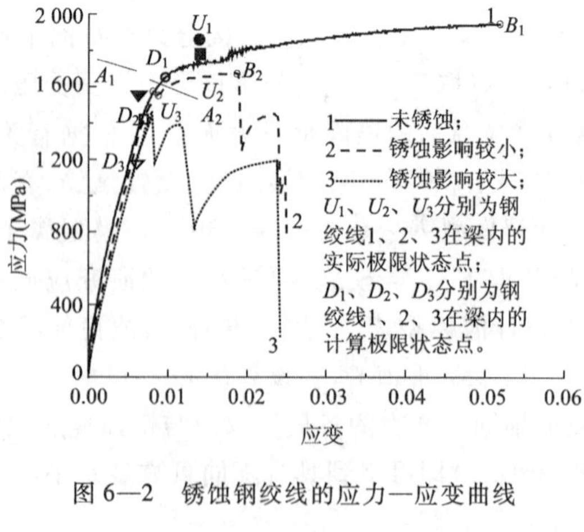

图 6—2 锈蚀钢绞线的应力—应变曲线

对于适筋破坏梁,其抗弯承载力极限状态要求受拉钢绞线具有足够长的强化段

(如图 6—2 中钢绞线 1 的 A_1—B_1 段和钢绞线 2 的 A_2—B_2 段)以保证梁段充分的弯曲变形而使受压边缘混凝土得以压碎。因此,实际极限状态时,钢绞线的应力状态介于 A、B 之间,如图 6—2 中的 U_1 和 U_2,其具体位置随有效预拉应力水平和纵筋配筋率而变化。

另一方面,规范又以极限强度的 0.85 倍作为钢绞线的计算极限状态应力(简称计算强度,记作 $f_{pyp,c}$),此时,对于未锈蚀钢绞线,计算强度应力状态(图 6—2 中的 D_1)仍能进入强化段,但更靠近强化段起点 A_1,此时受压边缘混凝土有可能压碎,也有可能没有压碎。如果能压碎,说明梁的计算极限状态与其实际极限状态相吻合,因而计算承载力也与实际承载力相吻合;如果不能压碎,说明梁的计算极限状态尚未达到其实际极限状态,因而计算承载力小于实际承载力,结果偏于保守。对于锈蚀钢绞线,如果仍按极限强度的 0.85 倍作为其计算强度,则其计算强度应力状态能否进入强化段取决于强化段的长短;如果强化段较长,则能进入强化段,反之则出现在强化段之前,如图 6—2 中的 D_2。因此,从总体上来说,锈蚀钢绞线在计算强度应力状态时对应的受压边缘混凝土压碎的可能性更小,而其实际极限状态时受压边缘混凝土又能压碎,这说明梁的计算极限状态尚未达到其实际极限状态的可能性更大,因而计算承载力小于实际承载力的可能性也更大,结果总体偏于保守。

因此,对于适筋破坏梁,可以用钢绞线的计算强度 $f_{pyp,c}$ 和混凝土的轴心抗压强度 f_{cp} 代入适筋梁承载力极限状态时的静力平衡方程获得其计算承载力。

对于断丝破坏梁,其抗弯承载力实际极限状态(图 6—2 中的 U_3)和计算极限状态(应力按极限强度的 0.85 倍计算,图 6—2 中的 D_3)时受压边缘混凝土都不能压碎,因而混凝土的等效均匀压应力都小于轴心抗压强度,且后者较前者小得更多。此时,若将钢绞线的计算强度 $f_{pyp,c}$ 和混凝土的轴心抗压强度 f_{cp} 代入适筋梁静力平衡方程计算,其结果(即计算承载力)与实际承载力有何出入呢? 显然,用混凝土的轴心抗压强度 f_{cp} 代替其等效均匀压应力等于人为夸大了其值,但受截面纵向力平衡条件的制约,混凝土压力合力是不会增大的,因而也等于人为减小了受压区等效高度、增大了截面内力臂,继而增大了承载力计算结果;不过,上述内力臂的变化幅度一般不会太大,因而承载力计算结果也不会显著增大,同时由于计算极限状态下钢绞线的应力 $f_{pyp,c}$ 只等于实际极限状态下钢绞线应力 $f_{ptp,c}$ 的 0.85 倍,因此上述计算承载力一般都会小于实际承载力,即计算结果总体偏于保守。

因此,对于断丝破坏梁,也可以用钢绞线的计算强度 $f_{pyp,c}$ 和混凝土的轴心抗压强度 f_{cp} 代入适筋梁承载力极限状态时的静力平衡方程获得其计算承载力。

(2)普通受拉钢筋的应力状态

锈蚀程度小于 10% 的条件下,普通钢筋一般会具有较为明显的屈服平台,因而适筋破坏梁的实际极限状态和设计极限状态基本吻合,两个极限状态下钢筋的应力状态都处在屈服台阶上,因而都可用屈服强度 $f_{yp,c}$ 来代表。

对于断丝破坏梁,实际极限状态下普通钢筋应力能否达到屈服强度,取决于钢绞

线从有效预应力 σ_{pe} 到极限强度 $f_{ptp,c}$（图 6—2 中 U_3 点对应的应力）之间的应力增量 $\Delta\sigma_p$ 及普通钢筋的有效预压应力 σ_{se}，如果 $\Delta\sigma_p$ 大于普通钢筋的屈服强度 $f_{yp,c}$ 与有效预压应力 σ_{se} 之和，则普通钢筋应力能够达到屈服强度，否则不能达到屈服强度。基于上述考虑，这里建议普通受拉钢筋的应力 $\sigma_{sp,c}$ 按下式计算：

$$\sigma_{sp,c} = f_{ptp,c} - \sigma_{pe} - |\sigma_{se}| \leqslant f_{yp,c} \tag{6—39}$$

式中，钢绞线的极限抗拉强度 $f_{ptp,c}$ 可根据不同可靠度水平按 3.4.4 节的有关公式计算；普通钢筋的屈服抗拉强度 $f_{yp,c}$ 对应的按 3.1.1 节的有关公式计算。

一般情况下，对于 1860 级钢绞线，其 σ_{pe} 在 1 100 MPa 左右，而 σ_{se} 大约在 60 MPa 左右，因此，为了使 HRB335 级普通钢筋受拉屈服（假定屈服强度为 335 MPa），只要钢绞线的极限强度 $f_{ptp,c}$ 大于 1 495 MPa 就可以，否则应予以折减，比如当 $f_{ptp,c}$ = 1 300 MPa时，$\sigma_{sp,c}$ = 140 MPa。

（3）受压钢筋的应力状态

不管是受压区预应力钢筋还是受压区非预应力钢筋，极限状态时的应力水平取决于对应位置处混凝土的压应变。

对于适筋破坏梁，实际极限状态时两种钢筋的应力都能达到各自的计算应力水平，而计算极限状态时则不一定。其中，对于不能达到各自计算应力水平的情况，若仍以其计算应力水平计算梁的承载力，其结果反而更接近于实际承载力。因此，在适筋破坏梁的承载力计算中，两种钢筋的应力都可以取各自的计算应力水平。

对于断丝破坏梁，实际极限状态时两种钢筋的应力不能保证都能达到各自的计算应力水平，然而，由于受压钢筋的计算应力水平是按 $x = 2a'$ 这种最极端的条件确定的，而一般情况下 $x \gg 2a'$，因此即使受压边缘混凝土没有压碎也不难保证受压钢筋达到其计算应力水平。考虑上述情况，同时也为使问题简化，在断丝破坏梁的承载力计算中，两种钢筋的应力也都可以取各自的计算应力水平。

6.2.2.3 抗弯承载力计算模型

（1）静力平衡方程

前已述及，对锈蚀程度在 10% 以内、设计为适筋截面的钢绞线预应力混凝土梁，其受弯破坏形态包括适筋破坏或断丝破坏两种情况，两种破坏形态下钢筋的锈蚀影响主要体现在钢筋抗拉、抗压承载力的退化上；同时，两种破坏形态下各类钢筋及受压混凝土的计算强度（或应力）均已确定，因此就可以根据静力平衡条件求出截面的极限承载力。

对于矩形截面或翼缘位于受拉边的倒 T 形截面预应力混凝土受弯构件，其正截面受弯承载力极限状态时的静力平衡方程为

$$A_p f_{pyp,c} + A_s \sigma_{sp,c} = \alpha_1 f_{cp} b x_p + A'_s f'_{yp,c} - A'_p \sigma'_{pp} \tag{6—40}$$

$$M_{up,c} = \alpha_1 f_{cp} b x_p \left(h_0 - \frac{x_p}{2} \right) + A'_s f'_{yp,c} (h_0 - a'_s) - A'_p \sigma'_{pp} (h_0 - a'_p) \tag{6—41}$$

对于翼缘位于受压区的 T 形、I 形截面预应力混凝土受弯构件，其正截面受弯承

载力极限状态时的静力平衡方程为

当 $$A_p f_{pyp,c} + A_s \sigma_{sp,c} \leqslant \alpha_1 f_{cp} b'_f h'_f + A'_s f'_{yp,c} - A'_p \sigma'_{pp} \tag{6—42}$$

为第一类T形截面，应按宽度为b'_f的矩形截面计算；

当不满足式(6—42)的条件时，为第二类T形截面，应按下式计算：

$$A_s \sigma_{sp,c} + A_p f_{pyp,c} = \alpha_1 f_{cp} [b x_p + (b'_f - b) h'_f] + A'_s f'_{yp,c} - A'_p \sigma'_{pp} \tag{6—43}$$

$$M_{up,c} = \alpha_1 f_{cp} b x_p \left(h_0 - \frac{x_p}{2} \right) + \alpha_1 f_{cp} (b'_f - b) h'_f \left(h_0 - \frac{h'_f}{2} \right) + A'_s f'_{yp,c} (h_0 - a'_s) - A'_p \sigma'_{pp} (h_0 - a'_p) \tag{6—44}$$

式中 b——矩形截面的宽度或T形、I形截面的腹板宽度；

A_p，A'_p——锈蚀预应力受拉钢筋、锈蚀预应力受压钢筋的名义截面面积，等于各自未锈蚀时的公称截面面积；

a'_p——受压区纵向预应力钢筋合力点至截面受压边缘的距离；

$\sigma_{sp,c}$，σ'_{pp}——锈蚀普通受拉钢筋、锈蚀普通受压钢筋的名义计算应力概率取值；

其余符号同式(6—32)。

(2)模型应用

上述静力平衡方程给出了锈蚀预应力混凝土受弯构件正截面抗弯承载力的实用概率极限状态计算模型，其中锈蚀预应力受拉钢筋、锈蚀预应力"受压"钢筋、锈蚀普通受拉钢筋、锈蚀普通受压钢筋的名义计算强度(应力)概率取值$f_{pyp,c}$、σ'_{pp}、$\sigma_{sp,c}$、$f'_{yp,c}$可根据不同的可靠度要求取各自的平均值($f_{pym,c}$、σ'_{pm}、$\sigma_{sm,c}$、$f'_{ym,c}$)、标准值($f_{pyk,c}$、σ'_{pk}、$\sigma_{sk,c}$、$f'_{yk,c}$)及设计值($f_{py,c}$、σ'_p、$\sigma_{s,c}$、$f'_{y,c}$)，它们的计算公式详见本书第3章及本章前面有关内容；受压混凝土的轴心抗压强度概率取值f_{cp}也对应的根据不同的可靠度要求取其平均值(f_{cm})、标准值(f_{ck})及设计值(f_c)；各已知几何参数也可按确定性变量考虑，根据其设计公称尺寸取值。

在材料概率强度、锈蚀钢筋强度利用系数及已知几何参数的取值确定之后，便可根据上述静力平衡方程求解出基于材料强度平均值、标准值、设计值等三级可靠度水平的锈蚀预应力混凝土受弯构件正截面抗弯承载力预计结果(即$M_{um,c}$、$M_{uk,c}$、$M_{u,c}$)，其中等效矩形应力图形的混凝土受压区高度x_p也对应的获得三种解答(x_m、x_k、x)。

上述静力平衡方程需要满足以下条件：

$$x_p \geqslant 2a' \tag{6—45}$$

$$x_p \leqslant \xi_{bpp} h_0 \tag{6—46}$$

式中 a'——受压区全部纵向钢筋合力点至受压边缘的距离；

ξ_{bpp}——预应力混凝土构件相对界限受压区高度概率取值，与锈蚀预应力钢筋的应变增量有关，由于锈蚀预应力钢筋的应变增量问题比较复杂，目前尚没有相对成熟的研究结果，这里建议可取其与未锈蚀时的情况相等。

$$\xi_{bpp} = \frac{\beta_1}{1 + \dfrac{0.002}{\varepsilon_{cu}} + \dfrac{f_{pyp,0} - \sigma_{p0}}{E_p \varepsilon_{cu}}} \tag{6—47}$$

式中 $f_{pyp,0}$——受拉预应力钢筋未锈蚀时的计算概率强度，即平均值 $f_{pym,0}$、标准值 $f_{pyk,0}$、设计值 $f_{py,0}$；

E_p——预应力钢筋的弹性模量；

其余符号同式(6—36)。

当式(6—45)不能满足时，可近似取 $x_p = 2a'$，于是，对应于式(6—41)，可按下式求解 $M_{up,c}$（对应于式(6—44)的情况下式(6—45)都能满足）：

$$M_{up,c} = (A_s\sigma_{sp,c} + A_p f_{pyp,c}) \cdot (h_0 - a') \tag{6—48}$$

当式(6—46)不能满足时，可近似取 $x_p = \xi_{bpp} h_0$，将其代入式(6—41)或式(6—44)即可求得 $M_{up,c}$。

关于最小配筋率的限制条件，在预应力混凝土受弯构件中都会满足，因此这里不必列出。

6.2.2.4 抗弯承载力计算模型算例

下面以5.2节中的试验预应力混凝土梁为模型，计算其锈蚀后的正截面抗弯承载力概率取值，并与试验结果进行对比。

试件制作前对试验所用各材料的有关强度进行了测试，并根据《民用建筑可靠性鉴定标准》(GB 50292—1999)计算出了各自的平均值、标准值及设计值，结果见表6—2。各梁的承载力计算值及试验值见表6—3。

根据算例结果讨论以下两个问题：

(1)抗弯承载力计算值与试验值的比较

计算平均值一、计算平均值二、计算标准值、计算设计值分别与试验值的偏差为 -4% ~7%、-17% ~ -7%、-21% ~ -12%、-35% ~ -27%。显然，计算平均值一与试验值比较接近，而后三者则均小于试验值，且差距逐次增大，其原因主要有两个方面：一是计算极限状态存在差异，计算平均值一中受拉钢绞线的强度按拉断状态取用，这与实际极限状态比较接近，而其他三者中受拉钢绞线的强度则按条件屈服状态取用，其值仅为拉断强度的85%，从而导致梁的计算承载力低于试验结果。这一点在普通混凝土梁中是不存在的，因为强度的85%，从而导致梁的计算承载力低于试验结果，这一点在普通混凝土梁中是不存在的，因为其中钢筋的计算应力状态和实际应力状态都是屈服状态，二者是统一的。二是不同概率强度的保证率不同，平均值的保证率较低，计算值最大可能接近试验值；标准值的保证率较高，计算值绝大部分低于试验值；设计值的保证率更高，计算值超过试验值的可能性几乎为零。

(2)腐蚀梁与未腐蚀梁的比较

8根腐蚀梁中钢绞线和普通钢筋的腐蚀率分别在0.94% ~2.87%和1.34% ~3.79%之间，钢筋腐蚀率相对较小，但腐蚀梁的正截面抗弯承载力相对未腐蚀时却有较大幅度的降低。试验值的降低幅度在4.2% ~13.5%之间，计算平均值一、计算平均值二、计算标准值、计算设计值的降低幅度分别为2.8% ~9.2%、2.8% ~9.3%、3.0% ~9.4%、3.6% ~11.2%，均大大超过钢筋的平均截面损失率（腐蚀率）。显然，这是由氯盐腐蚀钢筋(尤其钢绞线)显著的坑蚀应力集中效应导致抗拉能力严重退化所引起的。

表 6—2　预应力混凝土试验梁各材料的有关强度测试结果

概率强度	混凝土立方体抗压强度		普通钢筋抗拉屈服强度		钢绞线极限抗拉强度
	先张梁	后张梁	Φ6 钢筋	Φ12 钢筋	
测试值一	31.2	37.4	291.3	382.2	1945.0
测试值二	32.2	31.8	274.3	376.5	1879.0
测试值三	35.5	36.3	286.2	365.0	1916.0
平均值	33.0	35.2	283.9	374.6	1913.3
标准值	31.2	31.8	274.3	365.0	1879.0
设计值	22.3	22.7	249.4	331.8	1565.8

表 6—3　预应力混凝土试验梁正截面抗弯承载力

试件编号		POB0	POB1	POB2	POB3	POB4	PRB1	PRB2	PRB3	PRB4
受拉钢绞线概率强度	腐蚀率(%)	0	0.94	1.51	1.98	1.12	1.73	2.19	2.24	2.87
	强度平均值(MPa)	1913	1852	1815	1784	1840	1800	1770	1767	1726
	条件屈服强度平均值(MPa)	1626	1574	1543	1517	1564	1530	1505	1502	1467
	条件屈服强度标准值(MPa)	1538	1486	1455	1429	1476	1443	1417	1414	1379
	条件屈服强度设计值(MPa)	1282	1238	1212	1190	1230	1202	1181	1178	1149
受拉普通钢筋概率强度	腐蚀率(%)	0	1.34	1.79	2.33	1.29	2.39	2.88	2.82	3.27
	计算应力平均值(MPa)	284	280	279	277	280	277	276	276	275
	计算应力标准值(MPa)	274	271	269	268	271	268	266	267	265
	计算应力设计值(MPa)	249	212	181	155	202	196	171	168	134
受压普通钢筋概率强度	腐蚀率(%)	0	2.52	2.31	2.79	2.21	2.65	3.73	3.79	3.48
	屈服强度平均值(MPa)	375	365	366	364	366	365	361	360	362
	屈服强度标准值(MPa)	365	356	357	355	357	355	351	351	352
	屈服强度设计值(MPa)	332	323	324	323	324	323	319	319	320
梁试验承载力(kN·m)		28.9	25.8	25.3	26.3	25.8	27.7	27.5	25.1	25.0
梁计算承载力平均值一	绝对值(kN·m)	28.4	27.6	27.1	26.7	27.5	26.8	26.4	26.4	25.8
	与试验值比值	0.98	1.07	1.07	1.02	1.06	0.97	0.96	1.05	1.03
梁计算承载力平均值二	绝对值(kN·m)	24.7	24.0	23.5	23.2	23.8	23.3	22.9	22.9	22.4
	与试验值比值	0.85	0.93	0.93	0.88	0.92	0.84	0.83	0.91	0.90
梁计算承载力标准值	绝对值(kN·m)	23.3	22.6	22.2	21.8	22.5	22.0	21.6	21.6	21.1
	与试验值比值	0.81	0.88	0.88	0.83	0.87	0.79	0.79	0.86	0.84
梁计算承载力设计值	绝对值(kN·m)	19.6	18.9	18.5	8.1	18.8	18.4	18.0	17.9	17.4
	与试验值比值	0.68	0.73	0.73	0.69	0.73	0.66	0.65	0.72	0.70

注：“梁计算承载力平均值一”和“梁计算承载力平均值二”的计算中受拉钢绞线强度分别取强度平均值和条件屈服强度平均值。

6.2.3 锈蚀普通混凝土构件抗剪承载力计算的实用概率极限状态模型

6.2.3.1 破坏形态

混凝土受弯构件斜截面受剪破坏形态有三种:斜压破坏、剪压破坏、斜拉破坏。影响破坏形态的主要因素为剪跨比λ和配箍率ρ_{sv},如图6—3所示。一般来说,在构件设计中,剪跨比难以完全控制,其数值可能属于任意一个范围之中;但是,配箍率却是可以控制的,一般都会在适当的范围内。因此,正常设计的构件,在箍筋锈蚀之前,其破坏形态只有斜压破坏和剪压破坏两种可能,如图6—3中的阴影区域所示。

箍筋锈蚀之后,箍筋的屈服拉力将会减小,箍筋对混凝土的约束能力也会降低,斜裂缝开展将会加快,其效果相当于配箍率减小。配箍率减小引起的破坏形态演变过程如图6—3中的箭头所示,从中可以看出,只有当$\lambda>3$时,箍筋锈蚀(配箍率减小)有可能导致破坏形态由剪压破坏向斜拉破坏演变,这一演变当然需要较为严重的锈蚀程度才得以出现;其余两种情况下,箍筋锈蚀(配箍率减小)并不能导致破坏形态发生变化。因此,对于正常设计的构件,当箍筋锈蚀之后,其破坏形态将有斜压破坏、剪压破坏以及斜拉破坏三种可能。

λ \ ρ_{sv}	太大	适当	太小
$\lambda<1$	斜压	斜压 —锈蚀→	斜压
$1\leqslant\lambda\leqslant3$	斜压	剪压 —锈蚀→	剪压
$\lambda>3$	斜压	剪压 —锈蚀→	斜拉

图6—3 混凝土受弯构件斜截面受剪破坏形态

对于剪压破坏和斜拉破坏,承载力极限状态下箍筋都能屈服,因而箍筋的多少直接影响着抗剪承载力的大小;然而,对于斜压破坏,箍筋的多少对承载力的影响并不大,因为这种破坏模式下箍筋是不能屈服的,构件的抗剪承载力主要取决于剪跨比和截面尺寸以及混凝土的轴心抗压强度。

GB 50010—2002综合考虑剪压区混凝土、箍筋以及弯起筋的抗剪作用,并假定受剪极限状态下箍筋和弯起筋都能屈服,在此基础上给出了跨高比不小于5的一般受弯构件受剪静力平衡方程以用作抗剪承载力计算,事实上,该法仅适用于$\lambda\geqslant1$的剪压破坏或斜拉破坏的情形,而不适用于$\lambda<1$的斜压破坏情形。因此,下面分$\lambda\geqslant1$和$\lambda<1$两种情况分别讨论抗剪承载力计算问题。

6.2.3.2 $\lambda\geqslant1$时的抗剪承载力计算模型

根据图6—3,$\lambda\geqslant1$时,锈蚀混凝土构件会发生剪压破坏或斜拉破坏,两种破坏形态下箍筋都能屈服。箍筋锈蚀会引起其屈服拉力减小、对混凝土的约束能力降低、斜裂缝开展加快、斜裂缝两侧的咬合作用减弱、剪压区混凝土锈胀损伤等一系列的不利影响，并最终造成了受弯构件抗剪承载力降低。因此，箍筋锈蚀将对构件的抗剪承载力造成综合的影响。

文献[182]在试验结果的基础上，根据极限平衡理论，建立了考虑剪跨比、配箍率、箍筋锈蚀程度等因素影响的锈蚀混凝土梁斜截面抗剪承载力计算模型：

$$V_u = \alpha_3 \cdot \left(\frac{0.08}{\lambda - 0.3} f_c \frac{100\rho}{\lambda}\right) \cdot b \cdot h_0 + \alpha_4 \cdot (0.25 + 0.4\lambda) \cdot \frac{A_{sw} f_{yv}}{S} h_0 \quad (6\text{—}49)$$

$$\alpha_3 = \begin{cases} 1 & \eta_v \leqslant \eta_{vcr} \\ (\eta_v / \eta_{vcr})^{0.069\lambda - 0.43} & \eta_v > \eta_{vcr} \end{cases} \quad (6\text{—}50)$$

$$\alpha_4 = (1 - 0.010\ 77\eta_v) \quad (6\text{—}51)$$

$$\eta_{vcr} = 10.4 \frac{c}{d^2} + \frac{f_{cu}}{d} \quad (6\text{—}52)$$

文献[125]基于试验数据的综合分析，建立了锈蚀钢筋混凝土梁斜截面抗剪承载力计算模型：

$$V_u = \alpha \cdot V_{u0} \quad (6\text{—}53)$$

$$\alpha = \begin{cases} 1.0 & \eta_v \leqslant 10\% \\ 1.17 - 1.7\eta_v & \eta_v > 10\% \end{cases} \quad (6\text{—}54)$$

式中 V_u——锈蚀混凝土梁的抗剪承载力；

V_{u0}——未锈蚀混凝土梁的抗剪承载力；

η_v——箍筋锈蚀率；

η_{vcr}——箍筋锈胀开裂时的临界锈蚀率；

c——箍筋的保护层厚度；

d——箍筋直径；

ρ——纵筋配筋率。

然而，国内外类似的研究还相对较少，还没有得出相对统一的结论，因此，CECS 220:2007 关于锈蚀混凝土构件抗剪承载力计算建议中暂时仅仅考虑锈蚀引起抗剪钢筋屈服拉力降低一个因素，这里也借鉴这种做法。

(1)静力平衡方程

对于矩形、T 形和 I 形截面普通混凝土受弯构件，其斜截面受剪承载力极限状态时的静力平衡方程可写为

$$V_{up,c} = V_{csp,c} + V_{bp,c} \quad (6\text{—}55)$$

式中 $V_{up,c}$——锈蚀混凝土受弯构件斜截面抗剪承载力概率取值；

$V_{csp,c}$——其中仅配箍筋时的抗剪承载力概率取值；

$V_{bp,c}$——其中另配弯起筋部分的抗剪承载力概率取值。

$V_{bp,c}$按下式计算：

$$V_{bp,c} = 0.8 f_{yp,c} A_{sb} \sin\alpha_s \quad (6\text{—}56)$$

其中 A_{sb}——斜截面上普通弯起钢筋的截面面积；

α_s——斜截面上普通弯起钢筋的切线与构件纵轴线间的夹角。

$V_{csp,c}$分两种情况分别计算：

对一般受弯构件 $$V_{csp,c}=0.7f_{tp}bh_0+1.25f_{yvp,c}\frac{A_{sv}}{S}h_0 \tag{6—57}$$

对集中荷载作用下（包括作用有多种荷载，其中集中荷载对支座截面或节点边缘所产生的剪力值占总剪力值的75%以上的情况）的独立梁

$$V_{csp,c}=\frac{1.75}{\lambda+1}f_{tp}bh_0+f_{yvp,c}\frac{A_{sv}}{S}h_0 \tag{6—58}$$

式中 f_{tp}——混凝土的轴心抗拉强度概率取值；

$f_{yvp,c}$——锈蚀箍筋名义抗拉屈服强度概率取值；

b——矩形截面的宽度或T形、I形截面的腹板宽度；

h_0——截面的有效高度；

A_{sv}——配置在同一截面内箍筋各肢的全部名义截面面积，不考虑锈蚀影响；

S——沿构件长度方向的箍筋间距；

λ——计算截面的剪跨比，可取$\lambda=a/h_0$，a为集中荷载作用点至支座或节点边缘的距离；当$\lambda<1.5$时，取$\lambda=1.5$，当$\lambda>3$时，取$\lambda=3$。

(2)模型应用

上述静力平衡方程给出了锈蚀普通混凝土受弯构件斜截面抗剪承载力的实用概率极限状态计算模型，其中锈蚀箍筋和弯起筋的名义抗拉屈服强度概率取值$f_{yvp,c}$和$f_{yp,c}$可根据不同的可靠度要求取各自的平均值（$f_{yvm,c}$、$f_{ym,c}$）、标准值（$f_{yvk,c}$、$f_{yk,c}$）及设计值（$f_{yv,c}$、$f_{y,c}$），它们的计算公式见3.1.3节；混凝土的轴心抗拉强度概率取值f_{tp}也对应的根据不同的可靠度要求取其平均值（f_{tm}）、标准值（f_{tk}）及设计值（f_t）；各已知几何参数按确定性变量考虑，根据其设计公称尺寸取值。

在材料概率强度及已知几何参数的取值确定之后，便可根据上述静力平衡方程求解出$\lambda\geqslant1$时基于材料强度平均值、标准值、设计值等三级可靠度水平的锈蚀普通混凝土受弯构件斜截面抗剪承载力预计结果（即$V_{um,c}$、$V_{uk,c}$、$V_{u,c}$）。

上述静力平衡方程需要满足以下两个条件：

①最小截面尺寸条件

当$h_w/b\leqslant4$时 $$V\leqslant0.25\beta_c f_{cp}bh_0 \tag{6—59}$$

当$h_w/b\geqslant6$时 $$V\leqslant0.2\beta_c f_{cp}bh_0 \tag{6—60}$$

当$4<h_w/b<6$时，按线性内插法确定。

式中 h_w——截面的腹板高度，对矩形截面取有效高度，对T形截面取有效高度减去翼缘高度，对I形截面取腹板净高；

V——构件斜截面上的最大剪力设计值；

β_c——混凝土强度影响系数，当混凝土强度等级不超过C50时，取$\beta_c=1.0$；当混凝土强度等级为C80时，取$\beta_c=0.8$；其间按线性内插法确定。

显然，该条件与箍筋锈蚀无关，正常设计的构件都能自动满足。

②最小配箍率条件

$$\rho_{sv}=\frac{A_{sv}\cdot f_{yvp,c}/f_{yvp,0}}{bs}\geqslant\rho_{svp,min}=0.24\frac{f_{tp}}{f_{yvp,c}} \tag{6—61}$$

式中 ρ_{sv}——截面配箍率；

$\rho_{svp,min}$——截面容许最小配箍率概率取值；

$f_{yvp,0}$——箍筋未锈蚀时的名义抗拉屈服强度概率取值。

显然，该条件与箍筋锈蚀有关。箍筋锈蚀以后，$f_{yvp,c}$减小，ρ_{sv}减小，$\rho_{svp,min}$增大，从而可能导致不满足最小配箍率的要求。然而，对于既有锈蚀构件的承载力评估，此条件不满足时依然可以按照式(6—55)计算其抗剪承载力。

6.2.3.3 $\lambda<1$ 时的抗剪承载力计算模型

根据图6—3，$\lambda<1$时，锈蚀混凝土构件会发生斜压破坏，其所配箍筋不能屈服，构件的抗剪承载力主要取决于剪跨比和截面尺寸以及混凝土的轴心抗压强度，因此，这里建议可不考虑腹筋对抗剪承载力的贡献，按无腹筋受弯构件计算其抗剪承载力。于是，对应于式(6—57)和式(6—58)的两种受力条件，抗剪承载力计算的静力平衡方程分别为

$$V_{up,c}=0.7\beta_h f_{tp}bh_0 \tag{6—62}$$

$$V_{up,c}=\frac{1.75}{\lambda+1}\beta_h f_{tp}bh_0 \tag{6—63}$$

式中，β_h为截面高度影响系数，$\beta_h=(800/h_0)^{1/4}$，当$h_0<800$ mm时，取$h_0=800$ mm；当$h_0>2\,000$ mm时，取$h_0=2\,000$ mm。

上述静力平衡方程中，混凝土的轴心抗拉强度概率取值f_{tp}根据不同的可靠度要求取其平均值(f_{tm})、标准值(f_{tk})及设计值(f_t)；各已知几何参数按确定性变量考虑，根据其设计公称尺寸取值。于是，根据上述静力平衡方程即可求解出$\lambda<1$时基于混凝土轴心抗拉强度平均值、标准值、设计值等三级可靠度水平的锈蚀普通混凝土受弯构件斜截面抗剪承载力预计结果(即$V_{um,c}$、$V_{uk,c}$、$V_{u,c}$)。

$\lambda<1$时静力平衡方程需要满足的条件与$\lambda\geqslant1$时相同。

6.2.4 锈蚀普通混凝土构件压弯承载力计算的实用概率极限状态模型

6.2.4.1 破坏形态

钢筋锈蚀引起混凝土柱承载力退化的原因也主要体现在三个方面：钢筋抗拉、抗压承载力退化；受拉钢筋与受压混凝土的协同工作能力退化或端部锚固承载力退化；受压区保护层锈胀开裂引起截面损伤。其中受压区保护层锈胀开裂引起截面损伤对柱的承载力影响更为显著，尤其对小偏心受压构件。

受轴向压力的相对偏心距、纵向钢筋数量、钢筋强度以及混凝土强度等因素影响，偏心受压构件压弯破坏形态一般包括大偏心受压破坏和小偏心受压破坏两种类

型。钢筋锈蚀以后,钢筋截面积减小、抗拉或抗压能力降低,但这一变化一般不会改变构件的破坏形态;钢筋锈蚀引起的截面损伤则有可能使有些构件的破坏形态由小偏心受压破坏转变为大偏心受压破坏;当严重的钢筋锈蚀引起端部锚固承载力退化时,还有可能发生端部锚固黏结破坏。

CECS 220:2007 根据中冶集团建筑研究总院和西安建筑科技大学的相关研究成果给出了锈蚀混凝土柱正截面压弯承载力的计算方法,该法的基本依据仍是 GB 50010—2002 中未锈蚀构件正截面抗压承载力的计算方法,只是考虑锈蚀钢筋抗拉、抗压承载力退化和大偏心受压构件受拉钢筋与受压混凝土的协同工作能力退化以及受压区保护层锈胀开裂引起截面损伤等几方面的修正,即

(1)受压钢筋的计算压力设计值由锈蚀前的$f'_{y,0}A'_s$用锈蚀后的$f'_{y,c}A'_s$代替;

(2)大偏心受压构件受拉钢筋的屈服拉力设计值由锈蚀前的$f_{y,0}A_s$用锈蚀后的$\alpha_c \cdot f_{y,c}A_s$代替。其中系数$\alpha_c$是考虑锈蚀引起受拉钢筋与受压混凝土协同工作能力退化的锈蚀钢筋强度利用系数;

(3)小偏心受压构件中远离轴向力一侧纵筋的"拉"力由锈蚀前的$\sigma_{s,0}A_s$用锈蚀后的$\sigma_{s,c}A_s$代替;

(4)截面尺寸(矩形截面)由锈蚀前的h、b用锈蚀后的h_e、b_e代替,二者按下式计算:

$$h_e = h - \sum_{i=1}^{2} \alpha_{cc} c_i \tag{6—64}$$

$$b_e = b - \sum_{i=1}^{2} \alpha_{cc} c_i \tag{6—65}$$

式中 h_e, b_e——截面等效高度和宽度;

c_i、α_{cc}——某侧的保护层厚度及相应的保护层损伤系数,α_{cc}按以下方法计算:

对小偏心受压构件
$$\alpha_{cc} = \begin{cases} 0.25w & w \leqslant 2 \\ 0.25w + (1 - 0.25w)(w - 2) & 2 < w \leqslant 3 \end{cases} \tag{6—66}$$

式中 w——锈胀裂缝宽度(mm),当 $w > 3$ 时取 $w = 3$。

对大偏心受压构件,受压区按小偏心受压构件取用;受拉区 $\alpha_{cc} = 0$。

另外,对于I形截面构件,上述未作截面损伤规定,这里建议其截面高度 h 和翼缘高度 h_f(或 h'_f)均应考虑截面损伤,并都按式(6—64)计算各自的有效高度 h_e、h_{fe}及 h'_{fe},其中在计算 h_{fe}和 h'_{fe}时,公式右边的 h 对应的变为 h_f 和 h'_f;同样的,截面翼缘宽度 b_f(或 b'_f)也应考虑截面损伤,并都按式(6—65)计算各自的有效宽度 b_{fe}及 b'_{fe},且将公式右边的 b 对应的变为 b_f 和 b'_f;然而,对于截面宽度 b,实际上为腹板宽度,由于腹板上往往配置的纵筋较少,因而这里建议不予考虑其截面损伤。

6.2.4.2 压弯承载力计算模型

(1)静力平衡方程

对于矩形截面普通混凝土偏心受压构件,其正截面压弯承载力极限状态时的静

力平衡方程为

$$N_{up,c}=\alpha_1 f_{cp}b_e x_p+A'_s f'_{yp,c}-A_s\alpha_c\sigma_{sp,c} \tag{6—67}$$

$$N_{up,c}\cdot e=\alpha_1 f_{cp}b_e x_p\left(h_{0e}-\frac{x_p}{2}\right)+A'_s f'_{yp,c}(h_{0e}-a'_s) \tag{6—68}$$

对于I形截面普通混凝土偏心受压构件，其正截面压弯承载力极限状态时的静力平衡方程为

当受压区高度 $x_p\leqslant h'_{fe}$时，应按宽度为受压翼缘有效计算宽度 b'_{fe}的矩形截面计算；

当受压区高度 $x_p>h'_{fe}$时：

$$N_{up,c}=\alpha_1 f_{cp}[bx_p+(b'_{fe}-b)h'_{fe}]+A'_s f'_{yp,c}-A_s\alpha_c\sigma_{sp,c} \tag{6—69}$$

$$N_{up,c}\cdot e=\alpha_1 f_{cp}bx_p\left(h_{0e}-\frac{x_p}{2}\right)+\alpha_1 f_{cp}(b'_{fe}-b)h'_f\left(h_{0e}-\frac{h'_{fe}}{2}\right)+A'_s f'_{yp,c}(h_{0e}-a'_s) \tag{6—70}$$

式中 $N_{up,c}$——锈蚀混凝土构件正截面压弯承载力概率取值；

e——轴向压力作用点至纵向受拉普通钢筋合力点的距离；

α_c——锈蚀钢筋强度利用系数，对小偏心受压破坏取为零，对大偏心受压破坏按4.3.2节的方法计算；

$\sigma_{sp,c}$——受拉普通钢筋(即远离轴向力一侧的普通钢筋)的应力概率取值，对大偏心受压破坏取为$f_{yp,c}$，对小偏心受压破坏按下式计算：

$$\sigma_{sp,c}=\frac{f_{yp,c}}{\xi_{bsp}-\beta_1}\left(\frac{x_p}{h_{0e}}-\beta_1\right) \tag{6—71}$$

式(6—71)计算结果应满足 $-f'_{yp,c}\leqslant\sigma_{sp,c}\leqslant f_{yp,c}$ (6—72)

上述静力平衡方程在求解时有两个基本未知量，即 $N_{up,c}$和 x_p，其他量均应事先已知，这需要首先确定破坏形态类型。然而，确切的破坏形态类型又需要由 x_p来判断，即当 $x_p\leqslant\xi_{bsp}\cdot h_{0e}$时为大偏心受压破坏，否则为小偏心受压破坏。为此，可以事先假定为大偏心受压破坏，并求出此假定下的 x_p，若该 x_p 满足 $x_p\leqslant\xi_{bsp}\cdot h_{0e}$，则假定正确，求得的 x_p 也正确，可以往下进一步求出 $N_{up,c}$；若大偏心受压破坏假定下求得的 x_p 不满足 $x_p\leqslant\xi_{bsp}\cdot h_{0e}$，则假定错误，由此可以确定实际为小偏心受压破坏，刚求得的 x_p 也就是假的，应该按小偏心受压重新求解 x_p，并进一步求解 $N_{up,c}$。

(2)模型应用

上述静力平衡方程给出了锈蚀普通混凝土构件压弯承载力的实用概率极限状态计算模型，其中锈蚀普通受拉钢筋(即远离轴向力一侧的普通钢筋)和锈蚀普通受压钢筋的名义计算强度(应力)概率取值 $\sigma_{sp,c}$和$f'_{yp,c}$可根据不同的可靠度要求取各自的平均值($\sigma_{sm,c}$、$f'_{ym,c}$)、标准值($\sigma_{sk,c}$、$f'_{yk,c}$)及设计值($\sigma_{s,c}$、$f'_{y,c}$)，它们的计算公式详见第3章及本章前面有关内容；受压混凝土的轴心抗压强度概率取值f_{cp}也对应的根据不

同的可靠度要求取其平均值(f_{cm})、标准值(f_{ck})及设计值(f_c);各已知几何参数也可按确定性变量考虑,根据其设计公称尺寸取值。

于是,根据上述静力平衡方程可求解出基于材料强度平均值、标准值、设计值等三级可靠度水平的锈蚀普通混凝土构件压弯承载力预计结果(即 $N_{um,c}$、$N_{uk,c}$、$N_{u,c}$)。

6.3 锈蚀混凝土构件承载力评估方法

由于存在环境作用,混凝土构件不可避免地要出现老化现象。对于钢筋锈蚀问题,初期的环境作用往往要受到保护层的抵御而暂未引起结构性能的退化,但当侵蚀物质到达钢筋表面并达到临界锈蚀条件以后,钢筋即开始锈蚀,构件的承载能力(还包括正常使用性能,但这里不拟对此讨论)便会随着时间的推移而逐渐退化,从而影响到构件乃至结构的安全性。基于环境作用条件和结构条件,采用有关方法对锈蚀混凝土构件的时变承载力进行评估,这是锈蚀环境下混凝土结构使用寿命预计以及加固修复方案制订的重要基础。

6.3.1 评估体系

锈蚀混凝土构件承载力评估体系由评估依据、侵蚀状态预计、锈蚀状态预计、承载力预计4部分组成。

评估依据主要包括反应结构和环境特性、状况的信息以及有关锈蚀混凝土构件承载力计算的标准、规范或研究文献提供的方法。反应结构和环境特性、状况的信息主要包括构件的材料特性、几何参数、环境作用参数、侵蚀状态、锈蚀状态等,这些信息一般需要通过调查和检测工作获得;有关锈蚀混凝土构件承载力计算的标准、规范目前主要是 CECS 220:2007,相关研究文献提供的方法也有很多。

侵蚀状态预计包括当前即时侵蚀状态预计和未来时变侵蚀状态预计,预计结果由构件的材料特性和几何参数以及环境作用参数所决定,并由当前检测到的侵蚀状态进行修正。

锈蚀状态预计包括当前即时锈蚀状态预计和未来时变锈蚀状态预计,预计结果由构件的材料特性和几何参数、环境作用参数以及构件侵蚀状态所决定,并由当前检测到的即时锈蚀状态进行修正。

承载力预计包括当前即时承载力预计和未来时变承载力预计,预计结果应该是具有一定保证率的概率性结果,本书建议可以给出基于材料强度平均值、标准值及设计值共三级保证率水平的时变承载力预计结果。承载力预计结果取决于构件的锈蚀状态预计结果,并由有关的标准、规范或研究文献提供的方法计算所得。

上述关于锈蚀混凝土构件承载力评估体系可用图 6—4 表示。

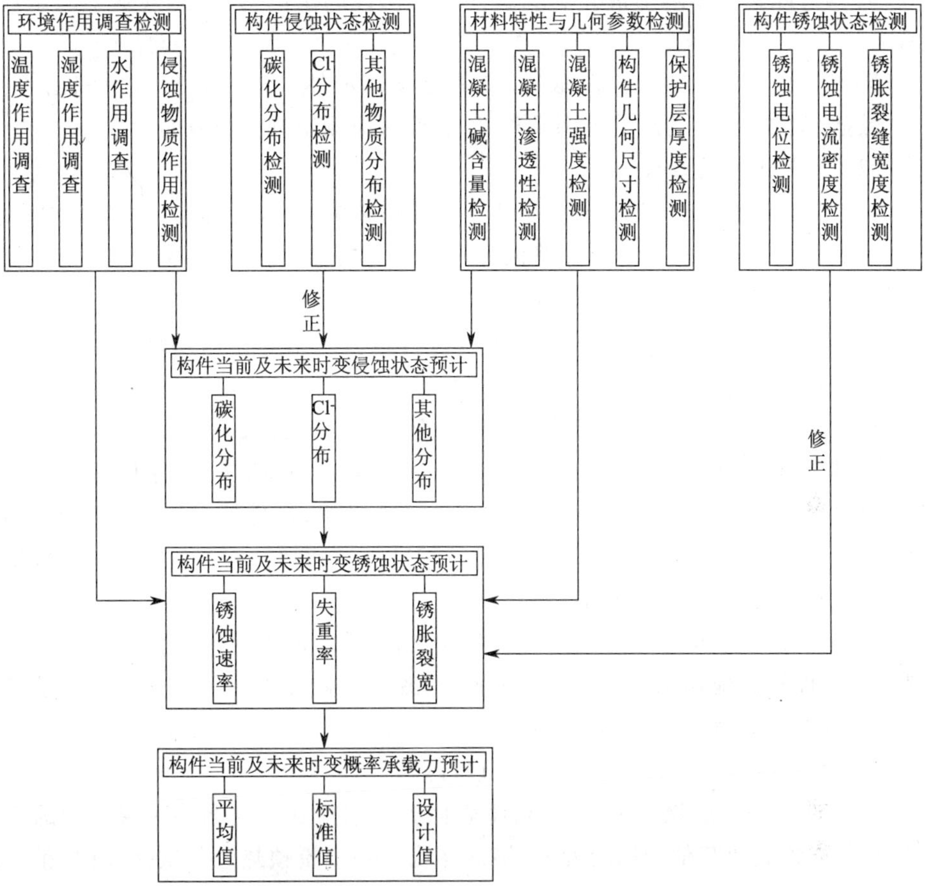

图 6—4 锈蚀混凝土构件承载力评估体系

6.2 节已讨论了基于锈蚀状态的锈蚀混凝土构件承载力预计方法，下面将有关锈蚀混凝土构件承载力评估的依据、侵蚀状态预计、锈蚀状态预计等方面的问题作一阐述。

6.3.2 环境作用参数及结构条件的调查与检测

6.3.2.1 环境作用参数调查与检测

环境作用参数是构件侵蚀状态和锈蚀状态预计的必要条件。根据构件侵蚀状态和锈蚀状态预计的需要，参考 CECS 220:2007 中的有关规定，环境作用参数调查与检测的项目应该包含以下几个方面：

(1) 大气年平均温度、最高温度、最低温度、最冷月平均温度及年低于 0℃ 的天数等；

(2) 大气年平均相对湿度、日平均相对湿度等；

(3)构件所处工作环境的年平均温度、年平均相对湿度、温度、湿度变化情况等；

(4)构件经受的年降雨情况以及水环境中构件的浸泡情况，尤其是干湿循环作用情况；

(5)侵蚀性气体(二氧化硫、酸雾、二氧化碳)、液体(各类酸、碱、盐)和固体(氯盐、硝酸盐、碳酸盐等)的影响范围及程度，必要时应测定有害成分的含量。

6.3.2.2 混凝土渗透性检测

混凝土的渗透性是反映混凝土密实度和孔隙结构的性能指标，它直接影响着水、氧气、二氧化碳以及各类酸、碱、盐溶液等侵蚀性物质向混凝土内部传输的速率及分布，因而是影响混凝土结构的耐久性的一项重要指标。

混凝土渗透性的检测指标为抗渗标号，根据《普通混凝土长期性能和耐久性能试验方法》(GB/T 50082—2009)[194]，抗渗性能试验应采用顶面直径为175 mm，底面直径为185 mm，高度为150 mm的圆台体，但对于既有构件混凝土渗透性的检测，一般是采用取芯机在构件上钻取直径为150 mm的混凝土芯样，并将其切割成高为150 mm的圆柱体作为试件[174]；抗渗试件以6个为一组，试件成型后24 h拆模，用钢丝刷刷去两端面水泥浆膜，然后送入标准养护室养护；试件一般养护至28 d龄期进行试验，如有特殊要求，可在其他龄期进行。

混凝土抗渗性能试验的主要设备为混凝土抗渗仪和加压装置，前者应能使水压按规定的制度稳定地作用在试件上的装置，后者有螺旋或其他形式，其压力以能把试件压入试件套内为宜。

混凝土抗渗性能试验应按下列步骤进行：

(1)试件养护至试验前一天取出，将表面晾干然后在其侧面涂一层熔化的密封材料，随即在螺旋或其他加压装置上，将试件压入经烘箱预热过的试件套中，稍冷却后，即可解除压力、连同试件套装在抗渗仪上进行试验。

(2)试验从水压为0.1 MPa开始，以后每隔8 h增加水压0.1 MPa，并且要随时注意观察试件端面的渗水情况。

(3)当6个试件中有3个试件端面出现渗水时，或加至规定压力(设计抗渗等级)在8 h内6个试件中表面渗水试件少于3个时，可停止试验，记下当时的水压力。

(4)在试验过程中如发现水从试件周边渗出，则应停止试验，重新密封。

混凝土的抗渗标号以每组6个试件中4个试件未出现渗水时的最大水压力计算，其计算式为

$$S = 10H - 1 \tag{6—73}$$

式中 S——抗渗标号；

H——6个试件中3个试件出现渗水时的水压力(MPa)。

6.3.2.3 混凝土强度检测

基于耐久性评估的混凝土强度检测宜采用无损或半损检测技术，见表6—4。

表 6—4 混凝土强度检测方法

检测方法	钻芯法	拔出法	回弹法	超声回弹综合法
损伤程度	半损	半损	无损	无损
误差范围(%)	7.0~9.0	9.0~12.0	14.0~18.0	10.0~15.0

(1)钻芯法

钻芯法检测混凝土强度应依据《钻芯法检测混凝土强度技术规程》(CECS 03:2007)[195],其检测要点为:按单个构件检测时,每个构件的钻芯数量不应少于3个,小构件可取2个;对构件的局部区域检测时,钻芯数量及位置应由委托单位提出。标准芯样试件的公称直径不宜小于骨料最大粒径的3倍;也可采用小直径芯样试件,但其公称直径不宜小于70 mm且不得小于骨料最大粒径的2倍;在实际钻取的试样中,若存在某一直径与平均直径相差2 mm以上、芯样端面不平整度超过0.1 mm、不垂直度超过2°、试件有裂缝等缺陷时,不能用作抗压强度试验。芯样试件的数量应根据检验批的容量确定,标准芯样试件的最小样本量不宜少于15个,小直径芯样试件的最小样本量应适当增加。测得的芯样试件强度须经过换算得到所测构件的混凝土强度;对单个构件或单个构件的局部区域,其强度推定值取芯样试件换算值中的最小值。

(2)拔出法

拔出法检测混凝土强度应依据《后装拔出法检测混凝土技术规程》(CECS 69:94)[196],其检测要点为:按单个构件检测时,在构件上均匀布置3个测点,若最大拔出力或最小拔出力与中间值之差大于15%时,应在最小拔出力测点附近再加测2个测点;按批抽样检测时,抽样数量应不少于总数的30%,且不少于10件,每个构件不应少于3个测点。测点宜布置在混凝土成型侧面;相邻两测点间距不应小于10 h,距构件边缘不应小于4 h(h为锚固深度)。测得的拔出力须经过换算得到所测构件的混凝土强度;对于单个构件强度推定,当构件3个拔出力中最大和最小值与中间值之差均小于中间值的15%时,取最小值作为该构件拔出力计算值;如有加测时,加测的2个拔出力和最小拔出力一起取平均值,再与前一次的拔出力中间值比较,取其中较小值作为该构件拔出力计算值。

(3)回弹法

回弹法检测混凝土强度应依据《回弹法检测混凝土抗压强度技术规程》(JGJ/T23—2001)[197],其检测要点为:每一构件测区数不应少于10个,对某一方向尺寸小于4.5 m且另一方向尺寸小于0.3 m的构件,其测区数量可适当减少,但不应少于5个;相邻两测区的间距应控制在2 m以内,测区离构件端部或施工缝边缘的距离不宜大于0.5 m,且不宜小于0.2 m;测区宜选在构件的两个对称可测面上,也可选在一个可测面上,且应均匀分布;在构件的重要部位及薄弱部位必须布置测区,并应避开预埋件;测区的面积不宜大于0.04 m^2。每个构件还需在有代表性的位置上测量碳化深度值，测点数不应少于构件测区数的30%，取其平均值为该构件每测区的碳化深度值。当碳化深度值极差大于2.0 mm时，应在每一测区测量碳化深度值。每个相对测区内各测8个回弹值，两侧即得16个回弹值。将测区内该16个回弹值中的最大3个和最小3个回弹值剔除，余下10个回弹值取平均值即为该测区的平均回弹值。构件每个测区的混凝土强度换算值由该测区的平均回弹值与平均碳化深度值查表得到，最后由各测区的强度换算值推定构件的混凝土强度值。

(4)超声回弹综合法

超声回弹综合法检测混凝土强度应依据《超声回弹综合法检测混凝土强度技术规程》(CECS 02:2005)[198]，其检测要点为：按单个构件检测时，应在构件上均匀布置测区，每个构件上测区数量不应少于10个；同批构件按批抽样检测时，构件抽样数不应少于同批构件的30%，且不应少于10件；对某一方向尺寸不大于4.5 m且另一方向尺寸不大于0.3 m的构件，其测区数量可适当减少，但不应少于5个。测区宜优先布置在构件混凝土浇筑方向的侧面；测区可均匀布置在构件的两个对应面、相邻面或同一面上，相邻两测区的间距不宜大于2 m；测区尺寸宜为200 mm×200 mm，采用平测时宜为400 mm×400 mm；测区应避开钢筋密集区和预埋件。每一测区内应先进行回弹测试，后进行超声测试。测量回弹值时应在构件测区内超声波的发射和接收面各弹击8点；超声波单面平测时，可在超声波的发射和接收测点之间弹击16点；回弹测点在测区范围内宜均匀布置，但不得布置在气孔或外露石子上；相邻两测点的间距不宜小于30 mm；测点距构件边缘或外露钢筋、铁件的距离不应小于50 mm，同一测点只允许弹击一次。测区回弹代表值应从该测区的16个回弹值中剔除3个较大值和3个较小值，余下10个回弹值取平均值即为该测区的平均回弹值。超声测点应布置在回弹测试的同一测区内，每一测区布置3个测点；超声测试宜优先采用对测或角测，当被测构件不具备对测或角测条件时，可采用单面平测。构件每个测区的混凝土强度换算值由该测区的平均回弹值与平均声速值计算得到，最后由各测区的强度换算值推定构件的混凝土强度值。

6.3.2.4 构件几何参数及混凝土保护层厚度检测

构件几何参数检测内容包括轴线尺寸、截面尺寸、垂直度或水平度、表面平整度以及预制构件或预埋件的安装偏差等。

混凝土保护层厚度检测应依据《混凝土结构工程施工质量验收规范》(GB 50204—2002)[199]，其检测要点为：钢筋保护层厚度的检验，可采用非破损或局部破损的方法，也可先采用非破损方法检测再用局部破损方法进行校准。当采用非破损方法检验时，所使用的检测仪器应经过计量检验，检测操作应符合相应规程的规定。钢筋保护层厚度检验的检测误差不应大于1 mm。对梁类构件，应对全部纵向受力钢筋的保护层厚度进行检验；对板类构件，应抽取不少于6根纵向钢筋的保护层厚度进行检验。对每根钢筋，应在有代表性的部位测量1点。

6.3.3 构件侵蚀状态检测

6.3.3.1 混凝土碳化深度的检测

混凝土碳化深度的检测方法有两种，一种是X射线法，另一种是化学试剂法，前者采用专门的仪器，能同时测试完全碳化深度和部分碳化深度，常适用于试验室的精确测量；后者通过在混凝土表面钻孔并喷上化学试剂，根据反应的颜色测量碳化深度，常适用于现场检测[174]。下面介绍化学试剂法检测混凝土碳化深度的方法。

化学试剂法中采用的试剂一般为酸碱指示剂（即酚酞试剂）。

测量前，首先应进行测区及测孔布置。测区应均匀布置，测区数不应小于3个；每一测区应布置三个测孔，三个测孔应呈“品”字排列，孔距根据构件尺寸大小确定，但应大于2倍孔径；测孔距构件边角的距离应大于2.5倍保护层厚度。将测区、测孔统一编号，并画出示意图以备记录检测结果。

测量时，用装有20 mm直径钻头的冲击钻在测点位置钻孔，成孔后用圆形毛刷将孔中碎屑、粉末清除，露出混凝土新茬，然后将酚酞指示剂喷到测孔壁上。待酚酞指示剂变色后，用测深卡尺测量混凝土表面至酚酞变色交界处的深度，准确至1 mm。

将每个测孔中的碳化深度值记录在示意图，并整理出最大值、最小值和平均值。

6.3.3.2 混凝土氯离子含量及侵入深度的检测

（1）氯离子含量的检测

目前，混凝土中氯离子含量的测试方法一般是通过钻取混凝土粉样并从中提萃出氯离子，然后通过化学分析方法测定氯离子含量。

从混凝土粉样中提萃氯离子的方法主要有酸溶法和水溶法两种，酸溶法是将混凝土粉样放进当量浓度为0.5 mol/L的硝酸溶液中加热至微沸，然后待冷却至室温后用定性滤纸过滤掉粉渣以获得氯化物提萃液，该法被认为可提萃出全部氯离子；水溶法是将混凝土粉样放进蒸馏水中并煮沸5 min、静置24 h，然后用定性滤纸过滤掉粉渣以获得氯化物提萃液，该法被并认为仅提萃出自由氯离子。

提萃液中氯化物含量一般采用硫氰酸钾滴定法或硝酸银滴定法测定，现场也可采用精度高而简便的离子选择电极电位差法、RCT法或用Quantab片测定[29]。

硫氰酸钾滴定法的基本原理是：在硝酸溶液中加入过量的硝酸银标准溶液，以铁矾作为指示剂，用硫氰酸钾（KCNS）标准溶液进行滴定。滴定时CNS^-首先与Ag^+生成白色的AgCNS沉淀，CNS^-略有多余时即与Fe^{3+}形成$Fe(CNS)^{2+}$络离子而使溶液显红色。当滴至红色能维持5～10 s不退色时指示滴定终点到达。单位质量混凝土中氯离子含量按下式计算[35]：

$$C = \frac{0.035\,45(NV - N_1V_1)}{mV_2/V_3} \times 100\% \tag{6—74}$$

式中 N——硝酸银标准溶液的当量浓度（mol/L）；

V——加入滤液试样中的硝酸银标准溶液量（mL）；

N_1——硫氰酸钾标准溶液的当量浓度(mol/L)；

V_1——滴定时消耗的硫氰酸钾标准溶液量(mL)；

V_2——每次滴定时提取的滤液量(mL)；

V_3——浸泡样品的硝酸溶液量(mL)；

m——混凝土粉末样品质量(g)。

硝酸银滴定法的基本原理是:在中性至弱碱性范围内(pH = 6.5 ~ 10.5),以铬酸钾为指示剂,用硝酸银溶液进行滴定。由于氯化银的溶解度小于铬酸银的溶解度,氯离子首先被完全沉淀出来后,然后铬酸盐以铬酸银的形式被沉淀,产生砖红色,指示滴定终点到达。单位质量混凝土中氯离子含量按下式计算[200]：

$$C = \frac{0.03545NV_1}{mV_2/V_3} \times 100\% \tag{6—75}$$

式中 N——硝酸银标准溶液的当量浓度(mol/L)；

V_1——滴定时消耗的硝酸银标准溶液量(mL)；

V_2——每次滴定时提取的滤液量(mL)；

V_3——浸泡样品的水量(mL)；

m——混凝土粉末样品质量(g)。

(2)氯离子侵入深度的检测

氯离子侵入深度可通过钻取构件不同深度处混凝土粉末并测定其氯离子含量的方法进行检测。根据检测到的不同深度处氯离子含量,既可以获得氯离子的侵入深度,还可以获得氯离子含量随深度的变化规律。

氯离子侵入深度还可以采用 GB/T 50082—2009 中抗氯离子渗透试验的“快速氯离子迁移系数法(RCM 法)”中的有关步骤进行检测。首先需要钻取芯样,芯样的高度根据预估的侵入深度略作扩大,直径最小尺寸以适应劈裂试验为宜。芯样取好后,在压力试验机上或采用其他方法将芯样沿轴向劈裂成两个半圆柱体,并在劈开的试件断面上立即喷涂浓度为 0.1 mol/L 的硝酸银溶液显色指示剂。指示剂喷洒约15 min后,从中心到两端每隔 10 mm 将断面等分;当劈裂面可清晰看到颜色变化时,测量每个 10 mm 条带上显色分界线到试件底面的距离,精确到 0.1 mm,从而得到不同部位的氯离子侵入深度。

6.3.4 构件锈蚀状态检测

构件内钢筋的锈蚀状态检测包括破型或半破型法和无损检测法,前者通过对构件混凝土的破型取出整根或部分锈蚀钢筋,然后对钢筋的锈蚀形态进行观察,并通过除锈称重获得锈蚀失重率,这种方法可以获得构件检测之前的累积锈蚀状态,检测结果准确,但属于有损检测,且无法获得构件当前的即时锈蚀状态;后者主要有分析法、物理法和电化学方法等方法。对既有混凝土构件钢筋锈蚀状态的检测主要采用无损检测法中的电化学检测法,下面对其作以介绍。

电化学方法通过测定钢筋混凝土腐蚀体系的电化学特性来确定混凝土中钢筋锈蚀状态，如锈蚀电位、锈蚀电流密度等，前者可以定性判断钢筋目前的锈蚀危险性，后者则可以定量反映钢筋目前的锈蚀速率。常用的电化学检测法包括半电池电位法、交流阻抗谱法和线性极化法等。

6.3.4.1 半电池电位法

半电池电位法是通过测定钢筋电极与参比电极（一般现场常用的参比电极为银/氯化银电极或铜/硫酸铜电极）的相对电位差来判断钢筋的锈蚀状况。

半电池电位法设备简单、价格便宜、操作方便，对混凝土中的钢筋锈蚀体系无干扰，实验室与现场检测均可采用。图6—5为常见的几种半电池电位法检测工作示意图。

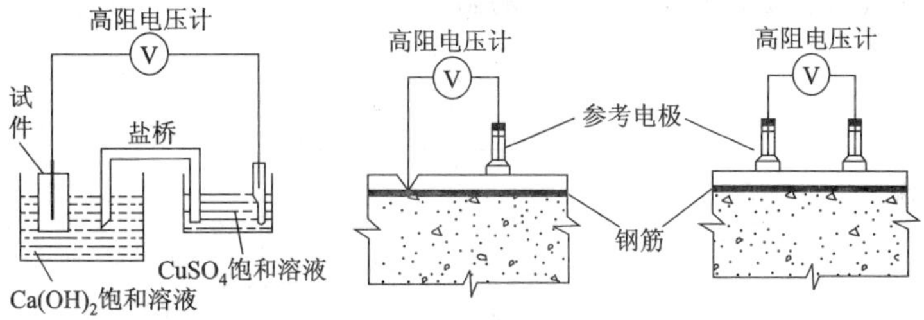

（a）试验室测量装置　（b）单电极法检测　（c）双电极法检测

图6—5　半电池电位法检测工作示意图[174]

根据检测到的半电池电位可以判断钢筋的锈蚀危险性，见表6—5。

表6—5　钢筋锈蚀危险性的判断标准[174]

标准名称	测试方法	半电池电位（mV）判别标准
ASTM C876	单电极法	> −200，5% 锈蚀概率；−200 ~ −350，50% 锈蚀概率；< −350，95% 锈蚀概率
日本锈蚀诊断草案	单电极法	> −300，不锈蚀；局部 < −300，局部锈蚀；全部 < −300，全部锈蚀
印度标准	单电极法	> −300，5% 锈蚀概率；−300 ~ −450，50% 锈蚀概率；< −450，95% 锈蚀概率
中国冶金部部颁标准	单电极法	> −250，不锈蚀；−250 ~ −400，可能锈蚀；< −400，锈蚀
	双电极法	两电极相距 20 cm，电位梯度为 150 ~ 200 时，低电位处锈蚀
德国标准	双电极法	两电极相距 20 cm，电位梯度为 150 ~ 200 时，低电位处锈蚀

半电池电位法最大的缺点是只能从热力学角度定性判断钢筋发生锈蚀的可能性，不能应用于定量测量；此外，钢筋电极电位受环境相对湿度、水泥品种、水灰比、保护层厚度、氯离子含量、碳化深度等因素的影响，因此这种评定方法要与腐蚀现场勘察相结合，对检测结果要根据经验进行综合分析，才能对腐蚀状况做出正确的结论。

6.3.4.2 交流阻抗谱法

交流阻抗谱法是对物质或系统在不同频率下施以小振幅正弦交流信号，测量物质或系统在稳态时的电响应，进而计算电化学参数的方法。在交流阻抗谱的实际应用中，一般是把物质或系统的电过程用由各种元件串、并联组成的等效电路来模拟，也可以从系统进行的过程的特征出发来推测等效电路，然后根据实测的交流阻抗谱图来进行核对。

在浓差极化可以忽略的情况下，锈蚀体系通常可以简单地表示为由电阻、电容或电感元件组成的等效电路，如图6—6所示，其中，R_p 为极化电阻，R_c 为混凝土欧姆电阻，C_p 为双电层电容。通过对该电路施加一个正弦交流电压信号 $I = A\sin(\omega t)$，在保证不改变电极体系性质的情况下，可以计算出等效电路的阻抗，从而可以对研究对象的锈蚀状态作出评价。

交流阻抗谱技术的测量时间较长，试验数据处理繁杂，所需仪器设备也较昂贵；对低速率腐蚀体系，它需要低频交流信号，因而测量有一定困难；在钢筋锈蚀的定量测量上不如线性极化法准确方便；测量的阻抗谱与构件几何尺寸有关，不适合于现场检测。

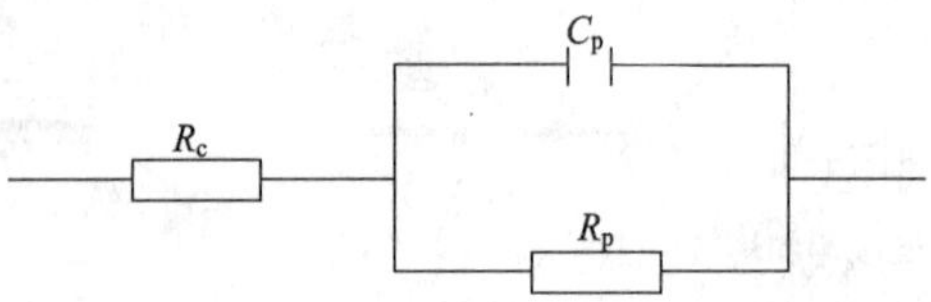

图6—6　钢筋锈蚀体系的简化等效电路图[201]

6.3.4.3　线性极化法

线性极化法是 Stern 和 Geary[202] 于 1957 年提出并发展起来的一种快速而有效的锈蚀速率测试方法。其原理是在腐蚀电位附近进行弱极化，利用腐蚀电流与极化曲线在腐蚀电位附近的斜率 R_p 成反比的关系，求出腐蚀电流，再从腐蚀电流计算出锈蚀速率。

根据腐蚀电化学理论，在极化曲线的微极化区，极化电流与过电位成正比，且有

$$i_{corr} = \frac{b_a b_c}{2.303(b_a + b_c)} \cdot \frac{1}{R_p} = \frac{B}{R_p} \tag{6—76}$$

式中　i_{corr}——腐蚀电流密度；

η——过电位；

b_a, b_c——阳极和阴极过程的 Tafel 常数；

R_p——极化电阻；

B——常数，计算式如下：

$$B = \frac{b_a b_c}{2.303(b_a + b_c)} \tag{6—77}$$

这就是著名的 Stern-Geary 方程。

线性极化技术在试验研究与现场检测中应用广泛，测量方便快捷，试验室测试精度很高，是主要的电化学检测手段。图6—7为线性极化技术现场检测装置示意图。

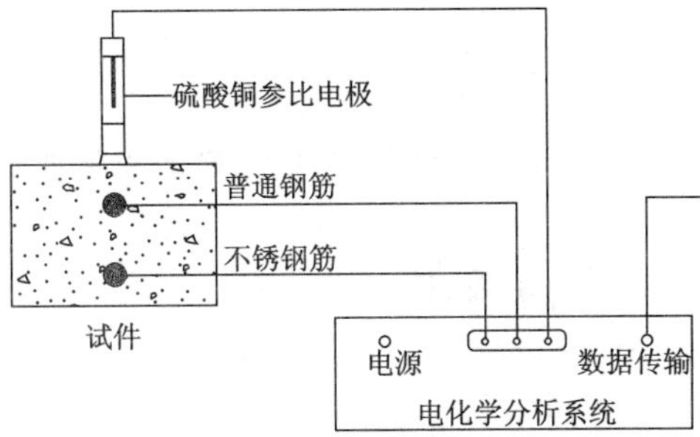

图 6—7　线性极化技术现场检测装置示意图

采用线性极化法检测时，由于混凝土构件中纵筋和箍筋的相互连接构成了一个十分复杂的电路体系，因此被检测钢筋的面积难以确定，为此，一种护环电极法(Guard Ring Electrode Method，GEM)技术得到了开发并取得较好效果，它是通过在普通三电极体系基础上添加一护环电极(GE)，将来自 CE 的电流限制在一定研究区域，从而确定钢筋极化面积。典型的检测仪器如 GECOR 系列钢筋锈蚀状态检测仪。

6.3.5　构件侵蚀状态预计模型

6.3.5.1　混凝土碳化深度预计模型

近年来，国内外学者提出了很多碳化模型，文献[203]对此作了较为详细的总结。这些模型总体上可以归纳为三种类型：基于扩散理论建立的理论模型，基于碳化试验建立的经验模型，基于扩散理论与试验结果建立的综合模型。下面对其中部分模型作以简要介绍。

文献[33]基于 Fick 第一扩散定律以及 CO_2 在多孔介质中扩散和吸收的特点提出了经典的碳化深度预测模型。

$$X = \sqrt{\frac{2D_{CO_2}C_{CO_2}}{M_{CO_2}}} \cdot \sqrt{t} \tag{6—78}$$

式中　X——碳化深度；

t——碳化时间；

D_{CO_2}——CO_2 在混凝土中的有效扩散系数；

C_{CO_2}——环境中(混凝土表面)CO_2 的浓度；

M_{CO_2}——单位体积混凝土的 CO_2 吸收量。

该模型物理意义明确，形式简单，被大多数学者接受引用，但该模型中 D_{CO_2} 与 M_{CO_2} 两个参数定义较模糊。

文献[204]应用国内外有关混凝土碳化的研究成果，在分析碳化影响因素基础上，回归给出了基于水灰比和水泥用量的混凝土碳化深度预测公式。

$$X = 104.27k \cdot k_c^{0.54} \cdot k_w^{0.47} \cdot \sqrt{t} \qquad (W/C > 0.6) \tag{6—79}$$

$$X = 73.54k \cdot k_c^{0.83} \cdot k_w^{0.13} \cdot \sqrt{t} \qquad (W/C \leqslant 0.6) \tag{6—80}$$

式中　X——碳化深度；

t——碳化时间；

k——水泥品种影响系数，普通硅酸盐水泥取1.0，矿渣水泥取1.43，掺粉煤灰硅酸盐水泥取1.56，掺粉煤灰矿渣水泥取1.78；

k_c, k_w——水泥用量与水灰比的影响系数，按下式计算：

$$k_c = (-0.0191C + 9.311) \times 10^{-3} \tag{6—81}$$

$$k_w = (9.844W/C - 2.982) \times 10^{-3} \tag{6—82}$$

式中　C——混凝土中水泥用量；

W/C——水灰比。

文献[174]基于混凝土碳化理论分析和试验结果，建立了混凝土碳化深度的实用数学模型：

$$X = k_{RH} \cdot k_{CO_2} \cdot k_T \cdot k_s \cdot 839(1 - RH)^{1.1} \sqrt{\frac{\frac{W}{C} \cdot \frac{1}{\gamma_c} - 0.34}{\gamma_{HD}\gamma_c C} n_0} \cdot \sqrt{t} \tag{6—83}$$

式中　X——碳化深度；

t——碳化时间；

k_{RH}——环境相对湿度影响系数；

k_{CO_2}——环境 CO_2 浓度影响系数；

k_T——环境温度影响系数；

k_s——混凝土应力状态影响系数；

γ_c——水泥品种修正系数，硅酸盐水泥取1.0，其他水泥取(1.0－掺和料含量)；

γ_{HD}——水泥水化程度修正系数，90 d养护为1.0，28 d养护为0.85；

n_0——环境中二氧化碳体积浓度。

文献[203]根据二氧化碳在混凝土中的扩散传质机理，首先基于Fick定律确定混凝土碳化速率的基本模型，然后通过试验研究了水灰比、混凝土内部温度、混凝土内部含水率、水泥品种、混凝土浇筑方向以及是否有钢筋阻挡等多种因素的影响，建立了混凝土碳化深度的预计模型。

$$X = \sqrt{\frac{2 \times 1.008 \times 10^5 \cdot \gamma_j \cdot \gamma_g \cdot (W/C - 0.422) \cdot RH^{-0.618} \cdot T^{0.442} \cdot f(w_p) \cdot 40.89 n_0}{8.03(1-\alpha) \cdot C/\gamma_j}} \cdot t^{0.38} \tag{6—84}$$

式中　X——混凝土的完全碳化深度(mm)；

t——碳化时间(d)；

W/C——混凝土水灰比，适用范围为0.5～0.6，相应的混凝土强度为C25～C40；

C——单位体积混凝土水泥用量(kg/m^3)；

α——矿物掺合料掺量，对于普通硅酸盐水泥，范围6%～15%，多数情况下，α

可取 15%，对于复合硅酸盐水泥，α 为 15% ~50%；

RH——混凝土内部相对湿度(%)，适用范围为 50% ~90%；

T——混凝土内部温度(℃)，适用范围为 6℃ ~33℃；

γ_j——截面位置影响参数(也为浇筑面调整系数)，对于底面取 1，对于侧面取 0.8 ~0.9，对于顶面取 0.7；

γ_g——钢筋阻挡调整系数，无钢筋阻挡面取 1，有钢筋的混凝土面取 1.1 ~1.2；

$f(w_p)$——混凝土外界风压影响函数，主要与风速及混凝土表面受风角度有关；

n_0——环境中二氧化碳体积浓度(mol/m^3)。

6.3.5.2 混凝土氯盐侵蚀预计模型

目前国内外建立氯盐侵蚀预计模型的基本理论依据有二：一是基于扩散理论的 Fick 第二定律，二是基于渗流理论 Darcy 定律。前者认为氯离子在混凝土中的传输方式主要是扩散，因此引用 Fick 第二定律将此扩散过程中氯离子扩散浓度、扩散系数与扩散时间联系起来；后者认为混凝土在非饱水状态下且有外界水时，氯离子会随着混凝土的吸水过程而向内传输，混凝土的吸水过程主要受毛细作用影响，因此引用 Darcy 定律建立基于毛细管吸收作用下的混凝土氯离子传输模型。

在上述基本理论依据的基础上，许多学者还考虑氯离子传输机理、混凝土氯离子结合能力、环境条件及混凝土自身性能等方面的修正，建立了混凝土氯离子传输的修正模型。

文献[205]对目前国内外所建立的混凝土氯盐侵蚀预计模型作了较为详细的总结，在此基础上，通过理论分析和试验研究，建立了考虑混凝土水灰比、环境温度和混凝土孔隙水饱和度的混凝土氯盐侵蚀速率模型。

$$c_f = c_0 + (c_s - c_0)\left[1 - \mathrm{erf}\left(\frac{x}{2\sqrt{Dt}}\right)\right] \tag{6—85}$$

$$D = D_0 \cdot f(W/C) \cdot f(T) \cdot f(S) \tag{6—86}$$

$$f(W/C) = \frac{-0.628 \times (W/C)^2 + 0.7822 \times (W/C) - 0.0398}{-0.628 \times [(W/C)_0]^2 + 0.7822 \times (W/C)_0 - 0.0398} \tag{6—87}$$

$$f(T) = \frac{T}{T_0} e^{q\left(\frac{1}{T_0} - \frac{1}{T}\right)} \tag{6—88}$$

$$f(S) = \left[1 + \frac{(0.89 - S)^4}{(0.89 - 0.56)^4}\right]^{-1} \tag{6—89}$$

式中 t——侵蚀时间；

x——距离混凝土表面的深度；

c_f——t 时、x 处的氯离子含量；

c_0——混凝土内初始氯离子浓度；

c_s——t 时混凝土暴露表面的氯离子含量；

D——氯离子在混凝土中的扩散系数；

D_0——温度为 T_0、水灰比为 $(W/C)_0$、混凝土相对湿度为 100% 时氯离子在混凝土中的基准扩散系数，可通过设定 T_0 和 $(W/C)_0$ 通过试验获得，亦可采用有关文献中的结果；

q——与水灰比有关的活化常数(K)，当 $0.4 \leqslant W/C \leqslant 0.5$ 时，$q = -5\,500 \times (W/C) + 8\,200$，当 $0.5 \leqslant W/C \leqslant 0.6$ 时，$q = -16\,000 \times (W/C) + 13\,450$。

6.3.6 构件锈蚀状态预计模型

钢筋锈蚀状态的基本参数是腐蚀电流密度，该参数直接反映了钢筋的即时锈蚀速率，其他锈蚀状态参数如锈蚀失重率、锈蚀深度等可以通过法拉第定律由腐蚀电流密度转换而来；另外，锈胀裂缝宽度也是一个容易测试的锈蚀状态外在参数，该参数与锈蚀失重率之间也存在一定规律的定量关系。

6.3.6.1 锈蚀速率预计模型

作为混凝土结构耐久性研究的关键基础问题，国内外已对混凝土中钢筋的锈蚀速率预计模型进行了大量研究工作，得到了许多预测模型[52-62]。

根据金属腐蚀极化理论，推导电化学极化控制和氧浓差极化控制两种条件下混凝土中钢筋锈蚀速率的理论模型[61]。

电化学极化控制下：

$$i_{\mathrm{e,m}} = \frac{3.752 \times 10^{7} \cdot \lambda \cdot \exp\left(\dfrac{-6\,417 + 5.829 \times 10^{-8} \cdot |\sigma_{\mathrm{m}}|}{T}\right)}{(c_{\mathrm{Fe^{2+},r}})^{0.202\,6} \cdot (c_{\mathrm{OH^{-},r}})^{0.405\,2}} \tag{6—90}$$

氧浓差极化控制下：

$$i_{\mathrm{lim}}^{\mathrm{O_2}} = 7.413 \times 10^{8} \cdot \frac{1}{T} \cdot \frac{\overline{D}_{\mathrm{O_2}}}{c} \tag{6—91}$$

最终结果：

$$i = \min\{i_{\mathrm{e,m}}, i_{\mathrm{lim}}^{\mathrm{O_2}}\} \tag{6—92}$$

式中 $i_{\mathrm{e,m}}$——电化学极化控制下混凝土内整个钢筋表面上的平均腐蚀电流密度($\mathrm{A/m^2}$)；

λ——钢筋表面活化面积率，与氯离子含量有关；

σ_{m}——钢筋的平均名义拉应力或压应力($\mathrm{N/m^2}$)；

T——环境温度(K)；

$c_{\mathrm{Fe^{2+},r}}, c_{\mathrm{OH^{-},r}}$——能斯特扩散层以外孔隙液中 Fe^{2+} 及 OH^- 的浓度($\mathrm{mol/m^3}$)，与钢筋周围混凝土中的含水率有关；

$i_{\mathrm{lim}}^{\mathrm{O_2}}$——氧浓差极化控制下混凝土内整个钢筋表面上的平均腐蚀电流密度($\mathrm{A/m^2}$)；

$\overline{D}_{\mathrm{O_2}}$——氧气在整个保护层内的等效扩散系数($\mathrm{m^2/s}$)；

c——混凝土保护层厚度(m)；

i——整个钢筋表面上的平均腐蚀电流密度最终取值($\mathrm{A/m^2}$)。

式(6—92)是以腐蚀电流密度的形式反映锈蚀速率的,实际应用上还需将其转化为如下两种形式:一是任一时刻 t 时的单位时间锈蚀失重率 $\rho'(t)$,二是任一时刻 t 时的累积锈蚀失重率 $\rho(t)$。

实际上,上述腐蚀电流密度本身也是与时间有关的状态变量,即 $i=i(t)$。于是,根据法拉第定律,t 时刻单位时间锈蚀失重率 $\rho'(t)$ 可表示为

$$\rho'(t)=\frac{i(t)\cdot l_c\cdot M}{|z|\cdot F\cdot \rho_1} \tag{6—93}$$

式中 $i(t)$——t 时刻的钢筋腐蚀电流密度(A/cm^2);

l_c——钢筋的实际表面周长(cm);

M——Fe 的摩尔质量,等于 56 g/mol;

z——Fe 的电极反应的电子计量数,等于 2;

F——法拉第常数,等于 96 485 C/mol;

ρ_1——钢筋的线密度(g/cm)。

将上述各已知数值代入式中得

$$\rho'(t)=2.902\times 10^{-4}\cdot\frac{i(t)\cdot l_c}{\rho_1} \tag{6—94}$$

$\rho'(t)$ 对时间积分即得任一时刻 t 时的累积锈蚀失重率 $\rho(t)$:

$$\rho(t)=\int_{t_0}^{t}\rho'(t)\,d\tau \tag{6—95}$$

式中 t_0——钢筋开始锈蚀的时刻。

文献[12]基于电化学基本理论建立了钢筋锈蚀速率的电化学基本模型,并研究了顺筋锈胀裂缝、横向荷载裂缝、混凝土构件配筋特征等因素对钢筋锈蚀速率的影响,最终建立了较为全面、实用的自然气候环境下钢筋锈蚀速率预计模型,具体情况请参阅本丛书之“混凝土构件的钢筋锈蚀与退化速率”部分。

6.3.6.2 锈蚀失重率与锈胀裂缝宽度的相互关系预计模型

文献[64]通过对 158 个试件 4 年的钢筋锈蚀及纵向裂缝的观测和对 258 根钢筋的破型分析,对于我国北方地区室内比较潮湿环境的混凝土构件,当混凝土强度等级在 C25 ~ C40、保护层厚度在 15 ~ 40 mm 时,回归给出了钢筋锈蚀量与锈胀裂缝宽度之间的关系预计模型。

位于角部的 HPB235 级光圆钢筋:

$$\eta_s=\frac{32.43+0.303f_{cu}+0.65c+27.45w}{d} \tag{6—96}$$

位于角部的变形钢筋($c=15\sim 40$ mm):

$$\eta_s=\frac{34.486w+0.789f_{cu}-1.763}{d} \tag{6—97}$$

位于箍筋位置的 HPB235 级光圆钢筋:

$$\eta_s = \frac{59.45 + 1.07f_{cu} + 276w}{d} \quad (6—98)$$

式中 η_s——钢筋的锈蚀失重率(%);

c——保护层厚度(mm);

d——钢筋直径(mm);

f_{cu}——混凝土的立方体抗压强度(MPa);

w——锈胀裂缝宽度(mm)。

文献[162]从氯盐外侵人工气候加速锈蚀的普通混凝土梁(混凝土强度等级为 C25,纵筋保护层厚度为 15 mm,箍筋为ϕ 6@ 150)中获取了 36 段 HRB335 级ϕ 12 变形钢筋和 8 段 HPB235 级ϕ 12 光圆钢筋所产生的锈胀裂缝宽度及平均锈蚀率数据(表 6—6),根据数据拟合(图 6—8)可得到该条件下锈蚀失重率与锈胀裂缝宽度之间的关系模型。

$$\eta_s = 0.051w - 0.002 \quad (6—99)$$

表 6—6 锈胀裂缝宽度与锈蚀失重率[162]

w(mm)	0.00	0.00	0.10	0.10	0.10	0.11	0.16	0.21	0.21	0.22	0.29	0.30	0.31	0.32	0.35
η_s(%)	0.00	0.27	0.34	0.19	0.24	0.33	0.54	0.84	0.90	0.95	0.88	1.07	1.79	1.38	1.17
w(mm)	0.39	0.41	0.41	0.41	0.48	0.51	0.52	0.52	0.59	0.59	0.60	0.61	0.61	0.62	0.70
η_s(%)	1.46	1.64	1.57	2.61	1.63	1.90	2.11	2.20	2.66	3.22	2.92	2.34	3.58	2.99	3.79
w(mm)	0.71	0.71	0.75	0.78	0.80	0.80	0.81	0.81	0.81	0.89	0.91	0.92	1.03	1.20	1.21
η_s(%)	3.95	2.88	4.16	3.80	3.92	3.35	4.57	4.63	4.47	5.12	4.65	4.67	2.70	6.13	6.33

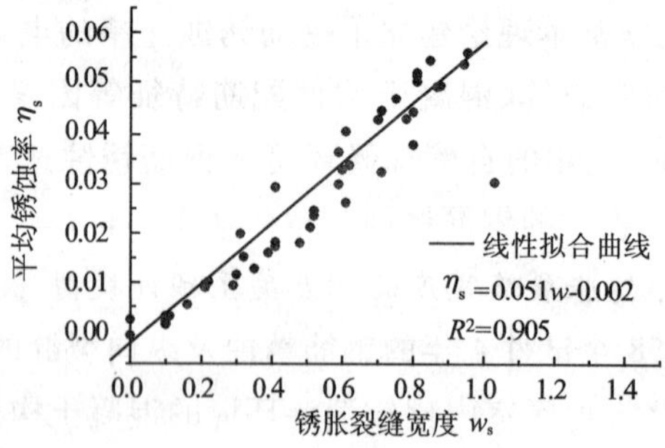

图 6—8 锈蚀失重率与锈胀裂缝宽度之间的关系

CECS 220:2007 给出了平均锈蚀深度与锈胀裂缝宽度关系预计模型。

位于角部的光圆钢筋($w \geqslant 0.3$ mm):

$$\delta = 0.07w + 0.012c/d + 0.000\,84f_{cu,m} + 0.08 \quad (6—100)$$

位于角部的变形钢筋($w \geqslant 0.1$ mm):

$$\delta = 0.086w + 0.008c/d + 0.000\,55f_{cu,m} + 0.015 \quad (6—101)$$

式中 δ——钢筋的平均锈蚀深度(mm);

$f_{cu,m}$——混凝土的立方体抗压强度平均值(MPa)。

6.4 锈蚀环境混凝土构件承载力设计方法

锈蚀环境下，混凝土构件耐久性退化进程由三大阶段组成，第一阶段是侵蚀物质在保护层厚度范围内的传输过程，这一过程不会影响构件的性能，并在整个构件全寿命时段内占有较大的比例；第二阶段是侵蚀物质到达钢筋表面并达到临界锈蚀条件以后，钢筋开始锈蚀直至出现锈胀裂缝，这一阶段一般不影响构件的使用性能，对普通混凝土构件的承载性能影响也很小，但对预应力混凝土构件（尤其钢丝预应力混凝土构件）的承载性能影响已不容忽视；第三阶段是锈胀开裂以后侵蚀速率加快、锈蚀发展加剧、构件性能退化加速的过程。

根据上述耐久性退化进程，锈蚀环境混凝土构件的承载力设计应该合理确定侵蚀环境作用和设计使用年限，在此基础上通过有关方面的耐久性设计，确保设计使用年限内构件的承载力不要退化或退化量不超过富余储备。

6.4.1 设计依据

6.4.1.1 环境类别与作用等级

根据 GB/T 50476—2008，结构所处环境按其对钢筋和混凝土材料的腐蚀机理可分为 5 类，见表 6—7。

表 6—7 混凝土结构耐久性设计用环境类别划分

环境类别	名　　称	腐蚀机理
Ⅰ	一般环境	保护层混凝土碳化引起钢筋锈蚀
Ⅱ	冻融环境	反复冻融导致混凝土损伤
Ⅲ	海洋氯化物环境	氯盐引起钢筋锈蚀
Ⅳ	除冰盐等其他氯化物环境	氯盐引起钢筋锈蚀

注：一般环境系指无冻融、氯化物和其他化学腐蚀物质作用。

环境对配筋混凝土结构的作用程度应采用环境作用等级表达，见表 6—8。

表 6—8 混凝土结构耐久性设计用环境作用等级划分

环境类别 \ 环境作用等级	A（轻微）	B（轻度）	C（中度）	D（严重）	E（非常严重）	F（极端严重）
一般环境	Ⅰ-A	Ⅰ-B	Ⅰ-C	—	—	—
冻融环境	—	—	Ⅱ-C	Ⅱ-D	Ⅱ-E	—
海洋氯化物环境	—	—	Ⅲ-C	Ⅲ-D	Ⅲ-E	Ⅲ-F
除冰盐等其他氯化物环境	—	—	Ⅳ-C	Ⅳ-D	Ⅳ-E	—
化学腐蚀环境	—	—	Ⅴ-C	Ⅴ-D	Ⅴ-E	—

6.4.1.2 设计使用年限

根据 GB/T 50476—2008,混凝土结构的设计使用年限应按建筑物的合理使用年限确定,不应低于现行国家标准 GB 50153—92 的规定。

对于城市桥梁等市政工程结构应的设计使用年限按照表 6—9 的规定确定。

严重环境作用下的桥梁、隧道等混凝土结构,其部分构件可设计成易于更换的形式,或能够经济合理地进行大修。可更换构件的设计使用年限可低于结构整体的设计使用年限,并应在设计文件中明确规定。

表 6—9 城市桥梁等市政工程结构的设计使用年限

设计使用年限	适 用 范 围
不低于 100 年	城市快速路和主干道上的桥梁以及其他道路上的大型桥梁、隧道、重要的市政设施等
不低于 50 年	城市次干道和一般道路上的中小型桥梁,一般市政设施

一般环境下的民用建筑在设计使用年限内无需大修,其结构构件的设计使用年限应与结构整体设计使用年限相同。根据《建筑结构可靠度设计统一标准》(GB 50068—2001)[206],建筑结构设计使用年分类限见表 6—10。

表 6—10 建筑结构设计使用年分类

类 别	设计使用年限(a)	示 例
1	5	临时性结构
2	25	易于替换的结构构件
3	50	普通房屋和构筑物
4	100	纪念性建筑和特别重要的建筑结构

6.4.1.3 耐久性极限状态

GB/T 50476—2008 在附录中规定了混凝土结构设计的耐久性极限状态。结构构件耐久性极限状态应按正常使用下的适用性极限状态考虑,且不应损害到结构的承载能力和可修复性要求。混凝土结构构件的耐久性极限状态可分为钢筋开始发生锈蚀的极限状态,钢筋发生适量锈蚀的极限状态,混凝土表面发生轻微损伤的极限状态等三种状态。

钢筋开始发生锈蚀的极限状态应为混凝土碳化发展到钢筋表面,或氯离子侵入混凝土内部并在钢筋表面积累的浓度达到临界浓度。对锈蚀敏感的预应力钢筋、冷加工钢筋或直径不大于 6 mm 的普通热轧钢筋作为受力主筋时,应以钢筋开始发生锈蚀状态作为极限状态。

钢筋发生适量锈蚀的极限状态应为钢筋锈蚀发展导致混凝土构件表面开始出现顺筋裂缝,或钢筋截面的径向锈蚀深度达到 0.1 mm。普通热轧钢筋(直径小于或等于 6 mm 的细钢筋除外)可按发生适量锈蚀状态作为极限状态。

混凝土表面发生轻微损伤的极限状态应为不影响结构外观、不明显损害构件的承载力和表层混凝土对钢筋的保护。

与耐久性极限状态相对应的结构设计使用年限应具有规定的保证率，并应满足正常使用下适用性极限状态的可靠度要求。根据适用性极限状态失效后果的严重程度，保证率宜为90% ~95%，相应的失效概率宜为5% ~10%。

6.4.2 设计内容

根据 GB/T 50476—2008，混凝土结构的耐久性设计应包括下列内容：

(1)选取有利于减轻环境作用的结构形式、布置和构造；

(2)提出混凝土结构材料的耐久性质量要求；

(3)提出钢筋的混凝土保护层厚度要求；

(4)提出混凝土荷载裂缝控制要求；

(5)提出防水、排水等构造措施；

(6)严重环境作用下合理采取防腐蚀附加措施或多重防护策略；

(7)提出耐久性所需的施工养护制度与保护层厚度的施工质量验收要求；

(8)提出结构使用阶段的维护、修理与检测要求。

通过上述内容的设计，一般情况下认为可以完成“不应损害到结构的承载能力”之耐久性极限状态要求。然而，这一命题只是属于经验性的命题，对每一个具体结构而言只能给出大概的、定性的结论，而缺乏定量依据。因此，对于处于锈蚀环境中的混凝土构件，除了进行上述一般性的设计内容之外，还应该尽量进行基于定量计算的精细化设计，其内容主要包括：构件时变侵蚀状态预计，构件时变锈蚀状态预计，基于耐久性极限状态的使用寿命预计。

另外，有些情况下在结构的设计使用年限内难以做到“不应损害到结构的承载能力”，而相应的耐久性修复工作又比较麻烦、造价又高，此时可以考虑通过调高构件初始承载力，使构件拥有一定的承载力富余储备，从而在设计使用年限后期允许构件承载力有所损害，但剩余承载力仍然能够满足要求。为此，锈蚀环境混凝土构件的精细化设计还应包括构件时变承载力设计值预计。

6.4.3 设计体系

锈蚀环境混凝土构件承载力设计体系由设计依据、一般设计内容、精细设计内容三部分组成。

设计依据主要包括设计使用年限和环境类别与作用等级，具体内容在6.4.1节有详细介绍；在精细设计中，还需要详细的环境作用参数，其调查检测方法详见6.3.2节。

一般设计内容主要包括材料要求、构造要求、施工质量要求以及其他特殊要求，这些要求在 GB/T 50476—2008 中有详细规定。

精细设计内容主要包括构件时变侵蚀状态预计、构件时变锈蚀状态预计、基于耐久性极限状态的使用寿命预计以及构件时变承载力设计值预计,具体方法详见 6.2、6.3 节。

锈蚀环境混凝土构件承载力设计的具体内容和相互关系如图 6—9 所示。

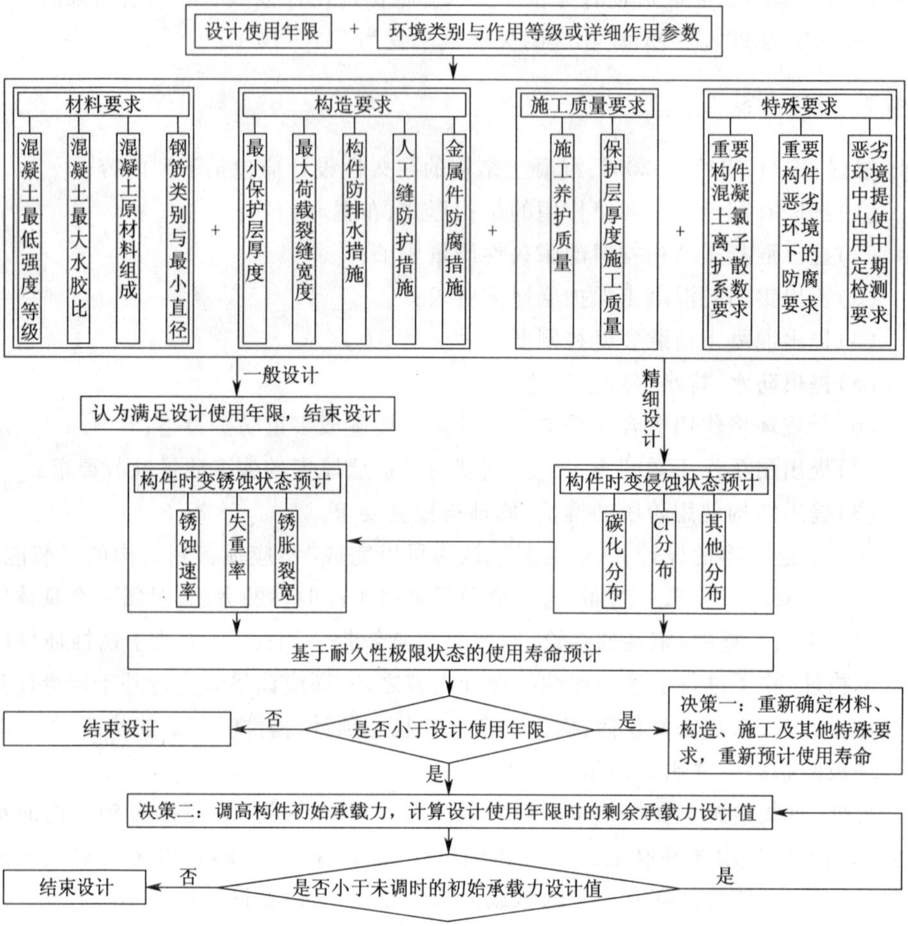

图 6—9　锈蚀环境混凝土构件承载力设计体系

6.5 小　　结

本章首先介绍了结构承载力计算的概率极限状态方法,然后以实用概率极限状态方法为依据,建立了几种常见锈蚀混凝土构件的承载力实用概率极限状态计算模型;在此基础上,并结合有关混凝土结构耐久性检测技术和预计模型以及相关规范资料,给出了锈蚀混凝土构件承载力评估方法及锈蚀环境混凝土构件承载力设计方法。

(1)结构承载力计算的概率极限状态方法

结构的极限状态包括承载能力极限状态和正常使用极限状态,耐久性极限状态应按正常使用下的适用性极限状态考虑,且不应损害到结构的承载能力和可修复性要求。

考虑耐久性的结构可靠性是以条件和功能作为限定要素，通过对结构使用时间和预定时间之间的关系来判定结构的可靠与否，属于时域可靠性。结构的可靠性可通过精确的概率方法进行度量，但实用概率方法则是更为现实的度量方法。

对于基于实用概率极限状态方法的结构承载力设计，可按结构材料强度设计值进行承载力计算；而对于基于实用概率极限状态方法的结构承载力评估，可分别按结构材料强度的平均值、标准值及设计值进行承载力计算，从而获得三级可靠度水平的计算结果。

(2)锈蚀混凝土构件承载力计算的实用概率极限状态模型

钢筋锈蚀以后，钢筋的力学性能必然遭到退化；当锈蚀比较严重时，黏结性能也将遭到退化，受压区保护层的锈胀开裂也将引起截面损伤。因此，混凝土构件的承载力也将有不同程度的下降。考虑上述影响，分别建立了锈蚀普通混凝土构件和预应力混凝土构件抗弯承载力、锈蚀普通混凝土构件抗剪承载力以及锈蚀普通混凝土构件压弯承载力计算的实用概率极限状态模型及其应用方法，并在锈蚀预应力混凝土构件抗弯承载力计算的实用概率极限状态模型中给出一个算例以便于应用参考。

(3)锈蚀混凝土构件承载力评估方法

锈蚀混凝土构件承载力评估体系由评估依据、侵蚀状态预计、锈蚀状态预计、承载力预计四部分组成。

评估依据主要包括反应结构和环境特性、状况的信息以及有关锈蚀混凝土构件承载力计算的标准、规范或研究文献提供的方法。其中对结构和环境特性信息的检测方法进行了介绍。

锈蚀环境下混凝土构件的侵蚀状态主要包括碳化分布状态和氯盐分布状态；锈蚀状态则主要包括钢筋的即时锈蚀速率和累积锈蚀程度。根据有关文献，介绍了混凝土碳化深度预计模型、混凝土氯盐侵蚀预计模型以及钢筋锈蚀速率预计模型。

(4)锈蚀环境混凝土构件承载力设计方法

锈蚀环境混凝土构件承载力设计体系由设计依据、一般设计内容、精细设计内容3部分组成。

设计依据主要包括设计使用年限和环境类别与作用等级，在精细设计中，还需要详细的环境作用参数。根据GB/T 50476—2008介绍了设计使用年限和环境类别与作用等级。

一般设计内容主要包括材料要求、构造要求、施工质量要求以及其他特殊要求。

精细设计内容主要包括构件时变侵蚀状态预计、构件时变锈蚀状态预计、基于耐久性极限状态的使用寿命预计以及构件时变承载力设计值预计。

参考文献

[1] 罗福午. 建筑结构缺陷事故的分析及防治[M]. 北京：清华大学出版社，1996.

[2] Mehta P K. Durability-critical Issues for the Future[J]. Concrete International, 1997, 19: 27-33.

[3] 卢木. 混凝土耐久性研究现状和研究方向[J]. 工业建筑，1997，27(5)：1-6.

[4] 金伟良，赵羽西. 混凝土结构耐久性研究的回顾与展望[J]. 浙江大学学报：工学版，2002，36(4)：371-374.

[5] 中华人民共和国住房和城乡建设部. GB/T 50476—2008 混凝土结构耐久性设计规范[S]. 北京：中国建筑工业出版社，2008.

[6] 杨世铭，陶文铨. 传热学(第四版)[M]. 北京：高等教育出版社，2006.

[7] 吴胜兴. 混凝土结构温度应力与温度裂缝控制研究[D]. 南京：河海大学，1994.

[8] Gustaferro A H, Selvagio S L. Fire Endurance of Simply Supported Prestressed Concrete Slabs[J]. Journal of the PCI, 1967, 12(1): 37-54.

[9] 马文彬. 气候环境变化与混凝土内微环境的响应规律研究[D]. 徐州：中国矿业大学建筑工程学院，2007.

[10] 林瑞泰. 多孔介质传热传质引论[M]. 北京：科学出版社，1995.

[11] 朱辉，袁迎曙，李晟文. 环境温湿度和水灰比对混凝土保护层氧扩散能力的影响[J]. 徐州工程学院学报，2008，23(2)：5-11.

[12] 耿欧. 混凝土构件的钢筋锈蚀与退化速率[M]. 北京：中国铁道出版社，2010.

[13] 洪定海. 混凝土中钢筋的腐蚀与保护[M]. 北京：中国铁道出版社，1998.

[14] Thiery M, Villain G, Dangla P. Investigation of the Carbonation Front Shape on Cementitious Materials: Effects of the Chemical Kinetics. Cement and Concrete Research, 2007, 37: 1047-1058.

[15] 屈文俊，郭猛. 风压影响混凝土碳化试验研究[J]. 混凝土，2005(1)：49-51.

[16] Castel A, Francois R, Arliguie G. Effect of Loading on Carbonation Penetration in Reinforced Concrete Elements[J]. Cement and Concrete Research, 1999, 29: 561-565.

[17] 袁承斌. 预应力混凝土结构在碳化及氯离子侵蚀环境下的耐久性研究[D]. 河海大学，2002.

[18] 冷发光. 荷载作用下混凝土氯离子渗透性及其测试方法研究[D]. 清华大学，2002.

[19] 金雁南，周双喜. 混凝土硫酸盐侵蚀的类型及作用机理[J]. 华东交通大学学报，2006(10)：4-9.

[20] 唐明述. 关于碱—集料反应的几个理论问题[J]. 硅酸盐学报，1990，18(4)：365-373.

[21] Mehta P K. Concrete durability: fifty year's Progress[C]//Proceeding of International Conference on Concrete Durability. Newyork: ACI SP126-1, 1991: 1-33.

[22] 柯伟. 中国腐蚀调查报告[M]. 北京：化学工业出版社，2003.

[23] Schupack M. A Survey of the Durability Performance of Post-tensioning Tendons[J]. ACI Journal,

1978, 75(10): 501-510.

[24] Schupack M, Suarez M G. Some Recent Corrosion Embrittlement Failures of Prestressing Systems in the United States[J]. PCI Journal, 1982, 27(2): 38-55.

[25] Nurnberger U. Corrosion Protection of Prestressing Steels[C]// FIP State-of-the-Art Report, Draft Report, London:FIP1986.

[26] Lie T T, Celikkol B. Method to Calculate the Fire Resistance of Circular Reinforced Concrete Columns. ACI Materials Journal[J], 1991, 88(1): 84-91.

[27] Hall C. Water Sorptivity of Mortars and Concretes: A Review[J]. Magazine of Concrete Research, 1989, 41(147): 51-61.

[28] 王新友，蒋正武，高相东，孙振平. 混凝土中水分迁移机理与模型研究评述[J]. 建筑材料学报，2002，5(1)：66-71.

[29] 司维. 海洋环境混凝土中氯离子传输过程研究[D]. 徐州：中国矿业大学力学与建筑工程学院，2010.

[30] Papadakis V G, Vayenas C G, Fardis M N. Physical and Chemical Characteristics Affecting the Durability of Concrete[J]. ACI Materials Journal, 1991, 88(2): 186-196.

[31] Cabrera J G, Claisse P A. Oxygen and Water Vapour Transport in Cement Silica Fume Pastes[J]. Construction and Building Materials, 1999, 13(4): 405-414.

[32] 耿欧，袁迎曙，朱辉，李富民. 混凝土氧气扩散系数试验研究[J]. 东南大学学报，2006，36，增刊(Ⅱ)：191-194.

[33] 阿列克谢耶夫. 钢筋混凝土结构中钢筋腐蚀与保护[M] 黄可信，吴兴祖，等译. 北京：中国建筑工业出版社，1983.

[34] Papadakis V G, Vayenas C G, Fardis M N. Fundamental Modeling and Experimental Investigation of Concrete Carbonation [J]. ACI Materials Journal, 1991, 88(4): 363-373.

[35] 姬永生. 自然与人工气候环境下钢筋混凝土退化过程的相关性研究[D]. 徐州：中国矿业大学建筑工程学院，2007.

[36] Yuan Qiang, Shi Caijun, Schutter G D, Audenaert K, Deng Dehua. Chloride Binding of Cement-based Materials Subjected to External Chloride Environment-A review [J]. Construction and Building Materials, 2009, 23(1): 1-13.

[37] Jiang Jianhua, Yuan Yingshu. Action Spectrum of Temperature in Natural Climate Environment and Prediction of Temperature Response in Concrete[J]. Procedia Earth and Planetary Science, 2009 (1): 444-450.

[38] 蒋建华，袁迎曙，孙红萍，马文彬. 人工气候下混凝土温度响应规律与预计模型[J]. 中国矿业大学学报，2009，38(6)：800-805.

[39] Glass G K, Page C L , Short N R. Factors Affecting the Corrosion Rate of Steel in Carbonated Mortars[J]. Corrosion Science, 1991, 32 (12): 1283-1294.

[40] 宋晓冰，刘西拉. 混凝土中钢筋腐蚀速度的过程控制[J]. 工业建筑，2000，30(6)：53-56.

[41] 李富民，袁迎曙，姬永生，蒋建华. 混凝土中钢筋腐蚀的动力学行为[J]. 中国矿业大学学报，2008，37(4)：565-569.

[42] Cherry B W, Price S M. Pitting, Crevice and Stress Corrosion Cracking Studies of Cold-drawn

Eutectoid Steels[J]. Corrosion Science, 1980, 20(11-12): 1163-1183.

[43] Sanchez J, Fullea J, Andrade C, Alonso C. Stress Corrosion Cracking Mechanism of Prestressing Steels in Bicarbonate Solutions[J]. Corrosion Science, 2007, 49(11): 4069-4080.

[44] Nuernberger U. Reasons and Prevention of Corrosion Induced Failures of Prestressing Steel in Concrete[C]. In: Jin Weiliang, et al. Proceeding of the International Conference on Durability of Concrete Structures. Hangzhou: Zhejiang University Press, 2008: 137-145.

[45] Li Fumin, Yuan Yingshu, Jiang Jianhua, Wang Bo. Stress Corrosion Cracking Susceptibility of Steel Strands in Concrete Contaminating Salt[C]. In: Sun Wei, et al. Proceeding of the First International Conference of Microstructure Related Durability of Cementitious Composites. Bagneux: RILEM Publication S. A. R. L., 2008: 463-472.

[46] Kayyali O A. The Cl^-/OH^- Ratio in Chloride-contaminated Concrete-a most Important Criterion [J]. Magazine of Concrete Research, 1995, 47(172): 235-242.

[47] Balabanic G, Bicanic N, Durekovic A. The Influence of *W/C* Ratio, Concrete Cover Thickness and Degree of Water Saturation on the Corrosion Rate of Reinforcing Steel in Concrete[J]. Cement and Concrete Research, 1996, 26(5): 761-769.

[48] Shamsad A. Reinforcement Corrosion in Concrete Structures, Its Monitoring and Service Life Prediction-a Review[J]. Cement & Concrete Composites, 2003, 25: 459-471.

[49] 姬永生，袁迎曙. 恒定气候混凝土内钢筋锈蚀速率的时变特征与机理[J]. 中国矿业大学学报, 2007, 36(2): 153-158.

[50] Yuan Yingshu, Ji Yongsheng, Jiang Jianhua. Effect of Corrosion Layer of Steel Bar in Concrete on Time-variant Corrosion Rate[J]. Materials and Structures, 2009, 42(10): 1443-1450.

[51] 彭涛. 混凝土内钢筋锈蚀速率时变规律与机理分析[D]. 徐州：中国矿业大学建筑工程学院, 2008.

[52] Bazant Z P. Physical Model for Steel Corrosion in Concrete Sea Structures-theory[J]. ASCE Jounal of Structural Division, 1977, 105(6): 1137-1153.

[53] Bazant Z P. Physical Model for Steel Corrosion in Concrete Sea Structures-application[J]. ASCE Journal of Structural Division, 1977, 105(6): 1155-1166.

[54] Morinaga S. Prediction of Service Life of Reinforced Concrete Buildings Based on the Corrosion Rate of Reinforcing Steel [C]// Durability of Building Materials and Components, Brighton: Proceedings of the 5th International Conference. 1990.

[55] 肖从真. 混凝土中钢筋腐蚀的机理研究及数论模拟方法[D]. 北京：清华大学土木工程系, 1995.

[56] 牛荻涛，王庆霖，王林科. 锈蚀开裂前混凝土中钢筋腐蚀量的预测模型[J]. 工业建筑, 1996, 26(4): 8-10.

[57] 牛荻涛，王庆霖，王林科. 锈蚀开裂后混凝土中钢筋腐蚀量的预测[J]. 工业建筑, 1996, 26(4): 11-13.

[58] 张伟平. 混凝土结构的钢筋锈蚀损伤预测及其耐久性评估[D]. 上海：同济大学, 1999.

[59] Song Xiao-bing, Liu Xi-la. Experiment Research on Corrosion of Reinforcement in Concrete through Cathode-to-anode Area Ratio[J], ACI Materials Journal, 2000, 97(2): 148-155.

[60] 金伟良，赵羽习. 混凝土结构耐久性[M]. 北京：科学出版社，2002.
[61] 李富民，袁迎曙，耿欧，毛燕红. 混凝土中钢筋腐蚀速率的理论模型[J]. 华南理工大学学报：自然科学版，2009，37(8)：83-88.
[62] 耿欧. 混凝土构件中钢筋锈蚀速率预计模型研究[D]. 徐州：中国矿业大学建筑工程学院，2008.
[63] 袁迎曙，贾福萍，蔡跃. 锈蚀钢筋的力学性能退化研究[J]. 工业建筑，2000，30(1)：43-46.
[64] 牛荻涛. 混凝土结构耐久性与寿命预测[M]. 北京：科学出版社，2003.
[65] 马亚丽，张爱林. 氯离子环境下钢筋最大腐蚀深度与平均腐蚀深度比值的概率分布研究[J]. 工业建筑，2005，35(12)：11-14.
[66] 耿欧，袁迎曙，李富民，吴庆，张敬东. 混凝土中变形与光圆钢筋腐蚀速率试验研究[J]. 中国矿业大学学报，2006，35(4)：488-491.
[67] Yuan Yingshu, Ji Yongsheng. Modeling Corroded Section Configuration of Steel bar in Concrete Structure[J]. Construction and Building Materials, 2009, 23(6): 2461-2466.
[68] 李富民，袁迎曙. 氯盐环境下混凝土内钢绞线的锈蚀特性试验研究[J]. 铁道科学与工程学报，2006，3(4)：23-28.
[69] Li Fumin, Yuan Yingshu, Wang Bo, Jiang Jianhua. Corrosion Characteristics of Prestressing Steel Strands in Concrete Corroded by Chloride Attack[C]// In: Yakota Hiroshi, et al. Proceeding of the 2nd International Workshop on Life Cycle Management of Coastal Concrete Structures. Yokohama: Port and Airport Research Institute, 2008: 95-98.
[70] Molina F J, Alonso C, Andrade C. Cover Cracking as a Function of Rebar Corrosion: Part 2-numerical Model[J]. Materials and Structures, 1993, 26: 532-548.
[71] Liu Youping, Weyers R E. Modeling the Time-to-corrosion Cracking in Chloride Contaminated Reinforced Concrete Structures[J]. ACI Materials Journal, 1998, 95(6): 675-681.
[72] 赵羽习，金伟良. 钢筋锈蚀导致混凝土构件保护层胀裂的全过程分析[J]. 水利学报，2005，36(8)：939-945.
[73] Andrade C, Alonso C, Molina F J. Cover Cracking as a Function of Rebar Corrosion: Part I-experimental Test[J]. Materials and Structures, 1993, 26: 435-464.
[74] 潘振华，牛荻涛，王庆霖. 钢筋锈蚀开裂条件的试验研究[J]. 工业建筑，1999，29(5)：46-49.
[75] 陈广超. 混凝土内钢筋锈蚀的力学过程研究[D]. 徐州：中国矿业大学建筑工程学院，2002.
[76] 吴谨. 海洋环境下钢筋混凝土结构锈裂损伤评估研究[D]. 南京：河海大学，2003.
[77] 牟艳君. 混凝土内钢筋锈胀效应和预测模型研究[D]. 徐州：中国矿业大学建筑工程学院，2006.
[78] 冯瑞. 混凝土内钢筋锈胀效应的力学模型和数值模拟[D]. 徐州：中国矿业大学建筑工程学院，2008.
[79] 张平生，卢梅，李晓燕. 锈损钢筋的力学性能[J]. 工业建筑，1995，25(9)：41-44.
[80] 惠云玲，林志伸，李荣. 锈蚀钢筋性能试验研究分析[J]. 工业建筑，1997，27(6)：10-13.
[81] 袁迎曙，贾福萍，蔡跃. 锈蚀钢筋的力学性能退化研究[J]. 工业建筑，2000，30(1)：43-46.
[82] 张伟平，商登峰，顾祥林. 锈蚀钢筋应力—应变关系研究[J]. 同济大学学报(自然科学版)：

2006, 34(5): 586-592.

[83] Cairns J, Plizzari G A, Du Yingang, Law D W, Franzoni C. Mechanical Properties of Corrosion-damaged Reinforcement[J]. ACI Materials Journal, 2005, 102(4): 256-264.

[84] Apostolopoulos C A, Papadakis V G. Consequences of Steel Corrosion on the Ductility Properties of Reinforcement Bar[J]. Construction and Building Materials, 2008, 22(12): 2316-2324.

[85] 吴庆，袁迎曙. 锈蚀钢筋力学性能退化规律试验研究[J]. 土木工程学报，2008, 41(12): 42-47.

[86] 陈瑞. 钢筋坑蚀效应对混凝土梁性能退化的影响[D]. 徐州：中国矿业大学建筑工程学院，2009.

[87] Macdougall C, Bartlett F M. Mechanical Model for Unbonded Seven-wire Tendon with Single Broken Wire[J]. Journal of Engineering Mechanics, ASCE, 2006, 132(12): 1345-1353.

[88] Darmawan M S, Stewart M G. Effect of Pitting Corrosion on Capacity of Prestressing Wires[J]. Magazine of Concrete Research, 2007, 59(2): 131-139.

[89] 李富民，袁迎曙. 锈蚀钢绞线的静力拉伸断裂特性[J]. 东南大学学报：自然科学版，2007, 37(5): 904-909.

[90] 罗小勇，李政. 无黏结预应力钢绞线锈蚀后力学性能研究[J]. 铁道学报，2008, 30(2): 108-112.

[91] 刘明. 普通和预应力混凝土板力学性能退化的钢筋锈蚀效应研究[D]. 徐州：中国矿业大学建筑工程学院，2008.

[92] Li Fumin, Yuan Yingshu, Jiang Jianhua, Du Jianmin. Fracture Behavior of Steel Strands Corroded in Concrete Contaminated with Salt[C]. In: Jin Weiliang, et al. Proceeding of the International Conference on Durability of Concrete Structures. Hangzhou: Zhejiang University Press, 2008: 669-675.

[93] 李富民，袁迎曙，杜健民，马欢. 氯盐腐蚀钢绞线的受拉性能退化特征[J]. 东南大学学报（自然科学版）:2009, 39(2): 340-344.

[94] Coronelli D, Castel A, Vub N A, Francois R. Corroded Post-tensioned Beams with Bonded Tendons and Wire Failure[J]. Engineering Structures, 2009, 31(8): 1687-1697.

[95] 李富民，袁迎曙，张建清. 氯盐腐蚀钢绞线的断裂抗力分布模型[J]. 土木建筑与环境工程，2009, 31(6): 34-39.

[96] 王旭光. 混凝土内锈蚀钢绞线和冷拉钢丝的力学性能退化模型[D]. 徐州：中国矿业大学力学与建筑工程学院，2010.

[97] Al-Sulaimani G J, Kaleemullah M, Basunbul I A, et al. Influence of Corrosion and Cracking on Bond Behaviour and Strength of Reinforced Concrete Members[J]. ACI Structural Journal, 1990; 87(2): 220-231.

[98] 袁迎曙，余索，贾福萍. 锈蚀钢筋混凝土的黏结性能退化的试验研究[J]. 工业建筑，1999, 29(11): 47-50.

[99] Stanish K, Hooton RD, Pantazopoulou SJ. Corrosion Effects on Bond Strength in Reinforced Concrete[J]. ACI Structural Journal, 1999, 96(6): 915-921.

[100] 潘振华，牛荻涛，王庆霖. 锈蚀率与极限黏结强度关系的试验研究[J]. 工业建筑，2000,

30(5)：10-12.

[101] 赵羽习，金伟良. 锈蚀钢筋与混凝土黏结性能的试验研究[J]. 浙江大学学报，2002，36(4)：352-356.

[102] Lee Han-Seung, Noguchi T, Tomosawa F. Evaluation of the Bond Properties between Concrete and Reinforcement as a Function of the Degree of Reinforcement Corrosion[J]. Cement and Concrete Research, 2002, 32(8): 1313-1318.

[103] Fang Congqi, Lundgren K, Chen Liuguo, Zhu Chaoying. Corrosion Influence on Bond in Reinforced Concrete[J]. Cement and Concrete Research, 2004, 34(11): 2159-2167.

[104] 吴庆，袁迎曙，蒋建华，朱金，江静. 锈蚀钢筋与混凝土黏结机理试验研究[J]. 中国矿业大学学报，2009，38(5)：686-691.

[105] 卫军，徐港，王青. 锈蚀钢筋与混凝土黏结应力模型研究[J]. 建筑结构学报，2008，29(1)：112-116.

[106] 李富民. 氯盐环境钢绞线预应力混凝土结构的腐蚀效应[D]. 徐州：中国矿业大学建筑工程学院，2008.

[107] Okada K, Kobayashi K, Miyagawa T. Influence of Longitudinal Cracking due to Reinforcement Corrosion on Characteristics of Reinforced Concrete Members[J]. ACI Structural Journal, 1988, 85(2):134-140.

[108] Ting S C, Nowak A S. Effect of Reinforcing Steel Area Loss on Flexural Behavior of Renforced Concrete Beams[J]. ACI Structural Journal, 1991, 88(3): 309-314.

[109] 袁迎曙，余索. 锈蚀钢筋混凝土梁的结构性能退化[J]. 建筑结构学报，1997，18(4)：41-45.

[110] 王庆霖，池永亮，牛荻涛. 锈后无黏结钢筋混凝土梁的模拟试验与分析[J]. 建筑结构，2001，31(4)：51-53.

[111] 金伟良，赵羽习. 锈蚀钢筋混凝土梁抗弯强度的试验研究[J]. 工业建筑，2001，31(5)：9-11.

[112] 袁迎曙，贾福萍，蔡跃. 锈蚀钢筋混凝土梁的结构性能退化模型[J]. 土木工程学报，2001，34(3)：47-52.

[113] Ballim Y, Reid J C, Kemp A R. Deflection of RC Beams under Simultaneous Load and Steel Corrosion[J]. Magazine of Concrete Research, 2001, 53(3): 171-181.

[114] 牛荻涛，卢梅，王庆霖. 锈蚀钢筋混凝土梁承载力计算方法研究[J]. 建筑结构，2002，32(10)：14-17.

[115] Dimitri V V. Deterioration of Strength of RC Beams due to Corrosion and Its Influence on Beam Reliability[J]. ASCE Journal of Structural Engineering, 2007, 133(9): 1297-1306.

[116] 孙彬，牛荻涛，王庆霖. 锈蚀钢筋混凝土梁抗弯承载力计算方法[J]. 土木工程学报，2008，41(11)：1-6.

[117] 沈德建，吴胜兴. 大气环境锈蚀钢筋混凝土梁力学性能试验研究及分析[J]. 土木工程学报，2009，42(8)：75-82.

[118] 金伟良，夏晋，蒋遨宇，王海龙. 锈蚀钢筋混凝土梁受弯承载力计算模型[J]. 土木工程学报，2009，42(11)：65-70.

[119] 张建仁，张克波，彭晖，桂成. 锈蚀钢筋混凝土矩形梁正截面抗弯承载力计算方法[J]. 中国公路学报，2009，22(3)：46-51.
[120] 朱尔玉，刘椿，何立，张洪伟，谢楠. 预应力混凝土桥梁腐蚀后的受力性能分析[J]. 中国安全科学学报，2006，16(2)：36-140.
[121] Darmawan M S, Stewart M G. Spatial Time-dependent Reliability Analysis of Corroding Pretensioned Prestressed Concrete Bridge Girders[J]. Structural Safety, 2007, 29(1): 16-31.
[122] 李富民，袁迎曙. 腐蚀钢绞线预应力混凝土梁的受弯性能试验研究[J]. 建筑结构学报，2010，31(2)：78-84.
[123] Ting S C, Nowak A S. Effect of Tendon-area Loss on Flexural Behavior of P/C Beams[J]. ASCE Journal of the Structural Engineering, 1991, 117(4): 1127-1143.
[124] 王小惠，刘西拉. 锈蚀钢筋混凝土梁的斜截面抗剪承载能力[J]. 上海交通大学学报，2007，41(6)：944-949.
[125] 赵羽习，金伟良. 锈蚀箍筋混凝土梁的抗剪承载力分析[J]. 浙江大学学报：工学版，2008，42(1)：19-24.
[126] 袁迎曙，李果. 锈蚀钢筋混凝土柱的结构性能退化特征[J]. 建筑结构，2002，32(10)：18-20.
[127] 易伟建，雷国强. 锈蚀钢筋混凝土偏心受压柱承载力试验研究[J]. 湖南大学学报：自然科学版，2008，35(3)：7-10.
[128] 陈晓晨，刘西拉，宋晓冰. 锈蚀钢筋混凝土柱承载力的计算模型[J]. 上海交通大学学报，2008，42(6)：986-988.
[129] 张克强，卫军，徐港. 锈蚀钢筋混凝土小偏心受压构件承载力评估[J]. 华中科技大学学报：自然科学版，2008，36(4)：107-109.
[130] 高丹盈，张保和. 混凝土碳化速度系数概率模型的研究[J]. 工业建筑，1992，22(5)：35-38.
[131] 牛荻涛，石玉汉，雷怡生. 混凝土碳化的概率模型及碳化可靠性分析[J]. 西安建筑科技大学学报，1995，27(3)：252-255.
[132] 金伟良，鄢飞. 混凝土碳化指数的概率模型[J]. 混凝土，2000(1)：35-37.
[133] Engelund S. Sorensen J D. A probabilistic Model for Chloride-ingress and Initiation of Corrosion in Reinforced Concrete Structures[J]. Structural Safety, 1998, 20(1): 69-89.
[134] 褚武扬，乔利杰，陈奇志，等. 断裂与环境断裂[M]. 北京：科学出版社，2000：221-232，133-143，149.
[135] 朱日彰. 金属腐蚀学[M]. 北京：冶金工业出版社，1989：71，70，70.
[136] 中华人民共和国国家质量监督检验检疫总局. GB 1499.1—2008 钢筋混凝土用钢 第 1 部分:热轧光圆钢筋[S]. 北京：中国标准出版社，2008.
[137] 中华人民共和国国家质量监督检验检疫总局. GB 1499.2—2007 钢筋混凝土用钢 第 2 部分:热轧带肋钢筋[S]. 北京：中国标准出版社，2007.
[138] 中华人民共和国冶金工业局. YB/T 146—1998 预应力钢丝及钢绞线用热轧盘条[S]. 北京：中国标准出版社，1998.
[139] 丁建生. 金属学与热处理[M]. 北京：机械工业出版社，2004：55-58.

[140] 重庆大学工程材料精品课程组. 铁碳合金相图[EB/OL]. (2005-04-19)[2007-03-15]. http//www.jpkc.cq.edu.cn/ ChongQ_2005_gccl/kj/kj044.htm.

[141] 蒋建华, 袁迎曙, 李富民, 王波, 姬永生. 混凝土中不同等级钢筋锈蚀行为的比较[J]. 建筑材料学报, 2009, 12(5): 523-527.

[142] 杨兰香. 预应力混凝土钢丝及钢绞线生产综述[J]. 四川冶金, 1994(3): 69-71.

[143] Toribio J, Ayaso F J. Anisotropic Fracture Behaviour of Cold Drawn Steel: A Materials Science Approach[J]. Materials Science and Engineering A, 2003, 343: 265-272.

[144] 张伟君, 孙金茂. 国产预应力钢绞线的生产与试用[J]. 金属制品, 1996, 22(3): 14-17.

[145] 古特曼 Э M. 金属力学化学与腐蚀防护[M]. 金石, 译. 北京: 科学出版社, 1989: 7.

[146] 汪鹰. 缓蚀剂对钢筋腐蚀的抑制及其机理的研究[D]. 南京: 南京化工大学, 1997.

[147] Toribio J, Ayaso F J. Anisotropic Fracture Behaviour of Cold Drawn Steel: A Materials Science Approach[J]. Materials Science and Engineering A, 2003, 343: 265-272.

[148] 张济忠. 分形[M]. 北京: 清华大学出版社, 1995: 2-5.

[149] 左景伊. 应力腐蚀破裂[M]. 西安: 西安交通大学出版社, 1985: 48, 115-132.

[150] 杨广里. 断裂力学及应用[M]. 北京: 中国铁道出版社, 1990: 114-117.

[151] 肖纪美. 应力作用下的金属腐蚀[M]. 北京: 化学工业出版社, 1990: 2, 46, 281-298.

[152] 杨宗放, 方先和. 现代预应力混凝土施工[M]. 北京: 中国建筑工业出版社, 1993.

[153] Klodt D T. Studies of Electrochemical Corrosion and Brittle Fracture Susceptibility of Prestressing Steel in Relation to Prestressed Concrete Bridges[C]. Proceedings of 25th Conference of National Association of Corrosion Engineers. Houston, 1969: 78-87.

[154] Parkins R N, Elices M, Sanchez-Galvez V, et al. Environment Sensitive Cracking of Pre-stressing Steels[J]. Corrosion Science, 1982, 22: 392-405.

[155] Proverbio E, Longo P. Failure Mechanisms of High Strength Steels in Bicarbonate Solutions under Anodic Polarization[J]. Corrosion Science, 2003, 45: 2017-2030.

[156] Schroeder R M, Müller I L. Stress Corrosion Cracking and Hydrogen Embrittlement Susceptibility of an Eutectoid Steel Employed in Prestressed Concrete[J]. Corrosion Science, 2003, 45: 1969-1983.

[157] 孙跃, 胡津. 金属腐蚀与控制[M]. 哈尔滨: 哈尔滨工业大学出版社, 2003: 106-110.

[158] 郑文龙, 于青. 钢的环境敏感断裂[M]. 北京: 化学工业出版社, 1988: 34, 149-151.

[159] 李富民, 袁迎曙, 樊登辉. 预应力钢绞线的腐蚀材料学特性[C]. //第十届后张预应力学术交流会议论文集. 乌鲁木齐: 中国土木工程学会. 2008: 422-427.

[160] 崔约贤, 王长利. 金属断口分析[M]. 哈尔滨: 哈尔滨工业大学出版社, 1998.

[161] 中国工程建设标准化协会. CECS220:2007 混凝土结构耐久性评定标准[S]. 北京: 中国建筑工业出版社, 2007.

[162] 吴庆. 基于钢筋锈蚀的混凝土构件性能退化预计模型[D]. 徐州: 中国矿业大学建筑工程学院, 2007.

[163] 孙维章, 梁宋湘, 罗建群. 锈蚀钢筋剩余承载力的研究[J]. 水利水运科学研究, 1993(2): 169-179.

[164] Morinaga S. Remaining Life of Reinforced Concrete Structures after Corrosion Cracking[C]//

Proceeding of 7th International Conference of Durability of Building Materials and Components. London, 1996: 127-136.

[165] 中华人民共和国建设部. GB 50010—2002 混凝土结构设计规范[S]. 北京: 中国建筑工业出版社, 2002.

[166] 白国良, 刘明. 荷载与结构设计方法[M]. 北京: 高等教育出版社, 2003.

[167] Valiente A. Stress Corrosion Failure of Large Diameter Pressure Pipelines of Prestressed Concrete [J]. Engineering Failure Analysis, 2001, 8(3): 245-261.

[168] 熊祝华. 塑性力学基础知识[M]. 北京: 高等教育出版社, 1986.

[169] 赵国藩, 金伟良, 贡金鑫. 结构可靠度理论[M]. 北京: 中国建筑工业出版社, 2000.

[170] 马欢. 锈蚀钢筋混凝土黏结性能研究及相关性分析[D]. 徐州: 中国矿业大学建筑工程学院, 2009.

[171] Mains R M. Measurement of the Distribution of Tensile and Bond Stresses along Reinforcing Bars [J]. ACI Journal, 1951, 23(3): 225-252.

[172] 徐有邻, 沈文都, 汪洪. 钢筋混凝土黏结锚固性能的试验研究[J]. 建筑结构学报, 1994, 15(3): 26-37.

[173] 金伟良, 赵羽习. 随不同位置变化的钢筋与混凝土的黏结本构关系[J]. 浙江大学学报, 2002, 36(1): 1-6.

[174] 张誉, 蒋利学, 张伟平, 屈文俊. 混凝土结构耐久性概论[M]. 上海: 上海科学技术出版社, 2003.

[175] 向伟. 钢筋混凝土梁锈蚀主筋与混凝土黏结性能退化规律与预计模型研究[D]. 徐州: 中国矿业大学建筑工程学院, 2007.

[176] Menzel C A. Some Factors Influencing Results of Pull-out Bond Tests[J]. ACI Journal, 1939, 35(6): 517-542.

[177] 黏结锚固专题研究组. 钢筋混凝土黏结锚固的研究及设计建议[J]. 建筑结构, 1986, 16(4): 2-12.

[178] Almusallam, A A, Al-Gahtani, A S, Aziz A R, Rasheeduzzafar. Effect of Reinforcement Corrosion on Bond Strength[J], Construction and Building Materials. 1996, 10(2): 123-129.

[179] Amleh L, Mirza S. Corrosion Influence on Bond between Steel and Concrete[J]. ACI Structural Journal, 1999, 96(3): 415-423.

[180] 洪小健, 张誉. 黏结滑移试验中的黏结应力的拟合方法[J]. 结构工程师, 2000(3): 44-48.

[181] 孙彬, 牛荻涛, 李林峰, 王庆霖. 模拟严重锈蚀钢筋的混凝土梁试验与钢筋应力分析[J]. 工业建筑, 2008, 38(5): 66-70.

[182] 徐善华. 混凝土结构退化模型与耐久性评估[D]. 西安建筑科技大学土木工程学院, 2003.

[183] 李学田. 锈蚀钢筋混凝土梁抗剪能力退化机理和预计模型研究[D]. 中国矿业大学建筑工程学院, 2008.

[184] 惠云玲, 李荣, 林志伸, 全明研. 混凝土基本构件钢筋锈蚀前后性能试验研究[J]. 工业建筑, 1997, 27(6): 14-17.

[185] 史庆轩, 李小健, 牛荻涛, 杨亚东. 锈蚀钢筋混凝土偏心受压构件承载力试验研究[J]. 工业建筑, 2001(5): 14-17.

[186] 孙彬，牛荻涛，王庆霖．锈蚀钢筋混凝土压弯构件非线性有限元分析[J]．西安建筑科技大学学报：自然科学版，2005，37(3)：327-331.
[187] 蒋凤昌．锈蚀钢筋混凝土柱承载力试验研究[D]．上海：同济大学土木工程学院，2008.
[188] 中华人民共和国建设部．GB 50153—92 工程结构可靠度设计统一标准[S]．北京：中国建筑工业出版社，1992.
[189] International Standard. ISO 2394—92 General Principles on Reliability for Structures[S]，1998.
[190] 姚继涛．既有结构可靠性理论及应用[M]．北京：科学出版社，2008.
[191] 中华人民共和国交通部．JTG D62—2004 公路钢筋混凝土及预应力混凝土桥涵设计规范[S]．北京：人民交通出版社，2004.
[192] 中华人民共和国铁道部．TB 10002.3—2005 铁路桥涵钢筋混凝土和预应力混凝土结构设计规范 [S]．北京：中国铁道出版社，2005.
[193] 江见鲸，李杰，金伟良．高等混凝土结构理论[M]．北京：中国建筑工业出版社，2007.
[194] 中华人民共和国住房和城乡建设部．GB/T 50082—2009 普通混凝土长期性能和耐久性能试验方法[S]．北京：中国建筑工业出版社，2009.
[195] 中国工程建设标准化协会．CECS 03:2007 钻芯法检测混凝土强度技术规程[S]．北京：中国建筑工业出版社，2007.
[196] 中国工程建设标准化协会．CECS 69:94 后装拔出法检测混凝土技术规程[S]．北京：中国计划出版社，1995.
[197] 中国工程建设标准化协会．JCJ/T 23—2001 回弹法检测混凝土抗压强度技术规程[S]．北京：中国建筑工业出版社，2001.
[198] 中国工程建设标准化协会．CECS 02:2005 超声回弹综合法检测混凝土强度技术规程[S]．北京：中国建筑工业出版社，2005.
[199] 中国工程建设标准化协会．GB 50204—2002 混凝土结构工程施工质量验收规范[S]．北京：中国建筑工业出版社，2002.
[200] 邸小坛，周燕．旧建筑物的检测加固与维护[M]．北京：地震出版社，1992.
[201] 吴荫顺．金属腐蚀研究方法[M]．北京：冶金工业出版社，1993.
[202] Stern M，Geary A L. Electrochemical Polarization-a Theoretical Analysis of the Shape of Polarization Curves[J]. Journal of The Electrochemical Society，1957，104(1)：56-63.
[203] 刘欣．与混凝土微环境相关的碳化速率预计模型[D]．徐州：中国矿业大学力学与建筑工程学院，2010.
[204] 许丽萍，黄士元．预测混凝土中碳化深度的数学模型[J]．上海建材学院学报，1991，4(4)：347-356.
[205] 季海霞．与混凝土微环境相关的氯盐侵蚀预计模型[D]．徐州：中国矿业大学力学与建筑工程学院，2010.
[206] 中华人民共和国建设部．GB 50068—2001 建筑结构可靠度设计统一标准[S]．北京：中国建筑工业出版社，2001.

后　记

本书以工程结构的工作体系为线索，重点论述了混凝土中钢筋锈蚀行为以及锈蚀构件的抗力衰变规律与模型等问题，得到以下主要结果有。

(1)揭示了混凝土中钢筋的电化学锈蚀原理与特征、氯盐环境混凝土内预应力钢绞线的应力腐蚀敏感性以及锈蚀钢筋的疲劳断裂特征。

(2)揭示了锈蚀普通钢筋、锈蚀冷拔低碳钢丝、锈蚀高强冷拉钢丝、锈蚀高强钢绞线的力学性能退化规律，并基于锈蚀钢筋拉伸试验结果统计建立了这些钢筋随锈蚀率变化的抗拉强度平均值、标准值及设计值等概率强度预计模型。

(3)揭示了锈蚀普通钢筋的基本黏结性能退化规律，建立了基于锈胀裂缝宽度变化的黏结特征参数预计模型以及基于 BoxLucas2 曲线拟合的黏结滑移本构关系一段式简化模型；揭示了锈蚀普通钢筋锚固区黏结性能退化规律，建立了基于变形椭圆曲线的黏结应力分布模型以及基于一段直线式位置函数简化模型；揭示了锈蚀普通钢筋裂缝区段黏结性能退化特征；揭示了锈蚀高强钢绞线的基本黏结性能退化规律。

(4)揭示了锈蚀普通混凝土梁及预应力混凝土梁的受弯性能退化规律、锈蚀普通混凝土梁的受剪性能退化规律以及锈蚀普通混凝土柱的压弯性能退化规律。

(5)基于锈蚀钢筋的概率强度预计模型，建立了锈蚀普通混凝土构件抗弯、抗剪、压弯以及锈蚀预应力混凝土构件抗弯承载力计算的实用概率极限状态模型；提出了锈蚀混凝土构件承载力评估方法及锈蚀环境下混凝土构件承载力设计方法。

回顾本书有关研究工作，作者认为以下几个问题迫切需要开展更进一步的研究工作：

(1)力学作用和环境作用是现代结构理论中需要考虑的两类主要结构作用。目前，大多力学作用都有了考虑随机特性的定量模型，其结构响应求解也已比较成熟，因而总体上达到了工程应用水平；相比之下，环境作用尚处于经验处置水平，还没有建立起系统的随机定量模型，其结构响应问题也十分复杂，这对全面开展结构定量可靠性研究造成了困难。本书对中国矿业大学在这方面所做的初步工作作了简要介绍，但大量更深入的研究工作尚需进一步开展。

(2)在确定未锈蚀钢筋强度时，许多研究工作和技术规范都已考虑材料性能和截面尺寸的变异性而将其视作概率问题，并给出具有一定保证率的强度取值；钢筋锈蚀以后，又增加了锈蚀分布的变异性而使其总体变异性更大，理当更应该按概率问题处理，然而，大量关于锈蚀钢筋的强度模型却没有考虑这一点，导致给出的模型实际上只能接近于统计平均值模型。本书写作中考虑到这一点，并在建立锈蚀钢绞线抗拉强度模型中提出了具体方法，但由于试验数据支持不够，最终连同其他钢筋一道都通过拉伸试验结果的简单统计给出了近似的强度概率模型。因此，关于锈蚀钢筋的概率强度这一问题需要今后开展进一步的研究工作。

(3)《混凝土结构耐久性设计规范》(GB/T 50476—2008)对结构设计中的耐久性极限状态规定比较严格，要求“不应损害到结构的承载能力”。但是，如果将刚建成时结构的可靠度适当提高，然后允许结构的承载能力在使用年限内有所退化，并通过合理的定量化计算确保使用年限内结构的承载能力可靠度不低于正常要求水平，而且全寿命总投资也保持在合理的水平，则“不应损害到结构的承载能力”这一规定还可以放宽。本书对这一思路作了初步探讨，希望今后能有更系统的研究成果为之服务。